高等职业教育公共基础课系列教材

职业素质训练

主　编　刘　锋
副主编　张立明　谢云翔
参　编　胡秀燕　袁若南　王微丹

电子工业出版社

Publishing House of Electronics Industry
北京·BEIJING

内 容 简 介

本教材在国家充分推动高质量就业、促进劳动者实现全面发展的时代大背景下,针对职业院校学生,通过职业素养的提升、职业技能的锻炼充分连接学校与社会的需求,重点围绕职业相关精神和思维能力,帮助职业院校学生在职业生涯规划及意识转变中取得成功,推动社会进步和发展。教材内容具有一定的实践性、综合性、开放性。

本教材充分考虑不同职业、不同岗位特点,分为职业与职场、职业道德与职业精神、职业意识提升、职业行为修炼、职场形象塑造、职场通用技能、职场关键能力提升、自我管理与团队管理、法律法规与健康安全九大模块,共二十六个单元,以职场相关知识与技能为立足点,结合生动有趣的案例、职业化活动训练,助力学生提升职场适应力。本教材成为高素养、全面发展的技术技能型人才。

未经许可,不得以任何方式复制或抄袭本书之部分或全部内容。
版权所有,侵权必究。

图书在版编目(CIP)数据

职业素质训练/刘锋主编. -- 北京:电子工业出版社,2024.6
ISBN 978-7-121-37555-2

Ⅰ.①职… Ⅱ.①刘… Ⅲ.①大学生—职业道德—素质教育 Ⅳ.① B822.9

中国版本图书馆 CIP 数据核字(2021)第 270526 号

责任编辑:胡辛征
印　　刷:北京市大天乐投资管理有限公司
装　　订:北京市大天乐投资管理有限公司
出版发行:电子工业出版社
　　　　　北京市海淀区万寿路 173 信箱　邮编 100036
开　　本:787×1092　1/16　印张:17.25　字数:448 千字
版　　次:2024 年 6 月第 1 版
印　　次:2024 年 6 月第 1 次印刷
定　　价:58.00 元

凡所购买电子工业出版社图书有缺损问题,请向购买书店调换。若书店售缺,请与本社发行部联系,联系及邮购电话:(010)88254888,88258888。
质量投诉请发邮件至 zlts@phei.com.cn,盗版侵权举报请发邮件至 dbqq@phei.com.cn。
本书咨询联系方式:(010)88254361,hxz@phei.com.cn。

前　言

我国经济已由高速增长阶段转向高质量发展阶段，在新发展理念的深刻影响下，我国的就业观念也在悄然发生变化，不仅要"好就业"，更要"就好业"，实现更高质量的就业。党的二十大报告强调，要"促进高质量充分就业"，使人人都有通过勤奋劳动实现自身发展的机会。

促进高质量充分就业，使劳动者实现全面发展是当前就业工作的主要任务之一。高质量就业理念强调劳动者不仅要实现充分就业、获得职业发展，更要通过职业素养的提升实现自我价值，获得全面发展。在高质量就业理念指导下，用人单位应更新用人理念，注重劳动者的职业素养；职业院校应关注各方需求，更新人才培养理念，注重培养青年学生的职业素养。而青年学生的职业素养是连接职业院校人才培养与社会需求的重要纽带，是青年学生就业和职业发展所必需的关键素养。因此，提升青年学生职业素养是实现高质量就业，满足社会和用人单位需求，促进青年学生未来职业发展和个人全面发展的有效途径。

当前，国家正在采取各项有力举措，全面落实就业优先政策，把推动实现更加充分更高质量的就业摆在突出位置。2021年印发的《国务院关于印发"十四五"就业促进规划的通知》（国发〔2021〕14号）提出，要"大规模多层次开展职业技能培训"，其中就包括了开展通用职业素质培训。《"十四五"职业技能培训规划》则进一步提出，要"加强职业素质和职业道德培育，研究编制职业素质纲要"，"强化劳模精神、劳动精神、工匠精神、职业道德、法律意识、质量意识、安全环保等通用职业素质培训教材精品化开发"。

调研发现，青年学生作为职业素养的载体和职业素养培养工作的主体，其对职业发展的需求理应是有关院校职业素养培养工作和学界相关学术研究的关注焦点。但纵观当前职业院校职业指导工作和学术界的相关研究，关于如何进行职业化训练，提高职场适应力的教材不少，而对于青年学生未来职业和职场的发展趋势做深刻分析，并从青年学生自身职业发展需求出发，对其职业素养提升进行系统指导的教材不多。因此，本教材紧密结合当前职场的实际需求，充分考虑不同职业、不同岗位的特点，以职业素养九个方面的知识与技能为立足点，结合生动有趣的案例、深入浅出的讲解和实操性强的训练，力求使青年学生能够深入理解职业素养的内涵，掌握提升职业素养的方法，从而在未来职场中更加自信、从容地面对各种挑战。

本教材由职业与职场、职业道德与职业精神、职业意识提升、职业行为修炼、职场形象塑造、职场通用技能、职场关键能力提升、自我管理与团队管理、法律法规与健康安全九个模块构成，共二十六个单元。本教材由福州软件职业技术学院刘锋主编，负责全书编写大纲及体例的制定，并编写模块二，同时进行全书的修改和定稿。参加教材编写工作的其他人员有：张立明（重庆安全技术职业学院，编写模块一），谢云翔（泉州职业技术大学，编写模块四、模块五）、胡秀燕（福州软件职业技术学院，编写模块六、模块七、模块九），袁若南（北京信息职业技术学院，编写模块三），王微丹（北京信息职业技术学院，编写模块八）。

本教材在电子工业出版社和福州软件职业技术学院、北京信息职业技术学院、重庆安全技术职业学院、泉州职业技术大学等单位的关心支持下完成，并得到了职业教育和职业指导领域的资深专家赵文平、张元的悉心指导，许小迅等人参加了编写组织工作，并承担了大量繁重的统稿校对工作。同时，在编写过程中还借鉴了国内外学者的一些理论成果，在此谨向有关提供帮助的同志和文献作者表示衷心的感谢！由于各种客观和主观因素制约，教材中难免存在不足之处，恳请广大读者给予批评指正，从而为推进我国的职业素质教育共同努力。

编　者

2024 年 3 月

目 录

前言 III

模块一 职业与职场 1
   1.1   职业认知 2
   1.2   职业素养 14
   1.3   未来职场 22

模块二 职业道德与职业精神 31
   2.1   职业道德与职业信念 32
   2.2   职业精神 43

模块三 职业意识提升 54
   3.1   规矩意识和责任意识 55
   3.2   创业创新意识和生涯规划发展意识 65
   3.3   质量意识与环保意识 73

模块四 职业行为修炼 82
   4.1   职场角色转变 83
   4.2   职业行为与职业习惯 93
   4.3   职场互动与团队合作 101

模块五 职场形象塑造 112
   5.1   职场形象 113
   5.2   职场礼仪 121
   5.3   职场面试 135

模块六 职场通用技能 143
   6.1   数字技能 144
   6.2   执行力 157
   6.3   职场终身学习和自我提高 165

模块七　职场关键能力提升 ………………………………………………… 172
7.1　问题解决 ………………………………………………………… 173
7.2　表达与沟通 ……………………………………………………… 183
7.3　压力与情绪管理 ………………………………………………… 194

模块八　自我管理与团队管理 …………………………………………… 203
8.1　时间管理与目标管理 …………………………………………… 204
8.2　职场心态与自我管理 …………………………………………… 212
8.3　现场管理与团队管理 …………………………………………… 220

模块九　法律法规与健康安全 …………………………………………… 231
9.1　职场法律法规常识 ……………………………………………… 232
9.2　劳动禁忌和职场健康 …………………………………………… 250
9.3　职场安全和应急避险 …………………………………………… 259

参考文献 …………………………………………………………………… 269

模块一　职业与职场

模块简介

　　有效的职业生涯规划有助于个人更深入地了解自己，引导个人正确认知自我特性及潜在的资源优势，帮助个人在求职途中避免或少走弯路。同时，帮助个人进行价值定位，并且持续提高个人核心竞争力，在对自己进行优势及劣势对比分析时，引导个人客观评估自身目标与现实的差距。最终帮助个人将目标与实际相结合，提高人岗匹配度，以及就业和事业的成功率。

　　通过对职业的客观认知，培养良好的职业素养，适应新时期人工智能时代未来职场的新要求，明确职业目标，树立正确的价值观，进行合理客观的自我及行业岗位分析，构建人际关系网，慎重决定实施与量力而行等。在审视自我评估机会的过程中，可不断进行自我调整，修正职业生涯规划的细节，并朝着目标努力前行，最终获得进步和成功。

能力标准

分类	具体内容
理论	1. 领会职业的定义及其内涵、特性，明晰职业化标准； 2. 领会职业素养的特征、基本要素和意义，知晓企业看重的专业素养； 3. 了解未来职场变革趋势
技能	1. 找准职业定位，厘清专业与职业的关系； 2. 完成职业规划，找到职业生涯发展方向； 3. 具有应对未来职场的能力
态度	1. 能够提高职业认知； 2. 具备良好的职业素养意识； 3. 了解未来职业生涯中应怀有积极的心态

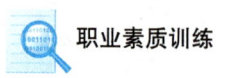

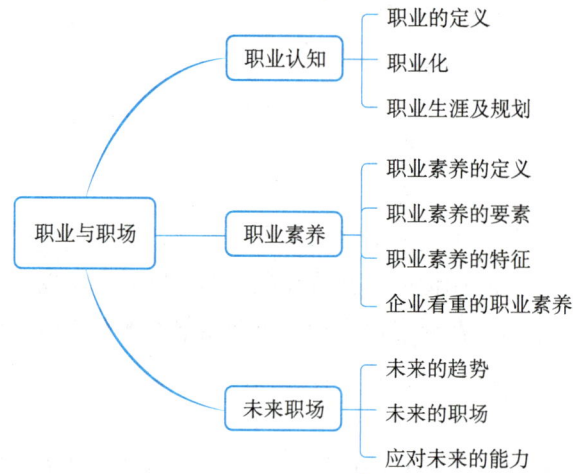

1.1 职业认知

父母职业影响孩子的职业认知

2024届春招正在进行中，很多应届毕业生都进入了职业选择阶段。一个人对职业的早期认知往往来源于父母，每个人在成长的过程中，也会受到父母职业潜移默化的影响。

今年24岁的小罗是广东一所高校的应届毕业生，家族中有多位医生，每逢春节大家聚到一起，都会聊一些和医疗相关的话题，大家会讨论医疗行业发展、某项医疗技术，有的还鼓励家中小辈继续学医。小罗感觉，一个大家庭中有多人从事相同领域工作的情况并不少见，可能是对某一行业更熟悉也更加容易上手的缘故。

你愿意从事父母的职业吗？这应该是很多大学毕业生都会思考的问题，也是一些家庭正在讨论的话题。有的人觉得，站在父母的肩上能看得更远；有的人则认为，跳出熟悉的圈子，才能看到更广阔的世界。

资料来源：杜园春，中国青年报（2024年04月19日05版）

分析：从案例中可以看出父母的职业会在一定程度上影响孩子的职业认知，但是大学毕业生选择的职业是否与父母一致要根据实际情况而定。

一、职业的定义

（一）职业及其内涵

职业是参与社会分工，利用专门的知识和技能，为社会创造物质财富和精神财富，获取合理报酬以作为物质生活来源，并满足精神需求的工作。

"职业"一词由"职"与"业"构成。"职"指的是职位、职责、权利和义务；"业"是指行业、事业。职业是参与社会分工，用专业的技能和知识创造物质或精神财富，获取合理报酬，丰富社会物质或精神生活的一项工作，是劳动者的社会角色和社会标志。

为了理解职业的内涵，首先需要比较一下工作、职业、事业这三者之间的关系。三者之间是递进关系，工作是职业发展的基础，而职业又是事业的基础，工作可以选择，职业可以塑造，事业需要经营，这是不断提升、循序渐进的过程，职业的发展自然成为我们事业承上启下的关键。职业中也存在以下多个关键要素。

1. 职业环境

职业环境包括外在的硬环境和人为的软环境。硬环境有自然环境和作业环境，即地理环境和人为布置的相关环境（办公室、工厂等），软环境有职业声望、组织制度和组织文化等。不同职业的从业者所处的工作环境有所不同，如设计师和快递员的工作环境；即使同类型的职业，具体的工作环境也会有所不同，如体育老师和数学老师的工作环境。

此外，职业环境还可划分为大环境和小环境。大环境有国家经济发展和社会等因素；小环境即组织内部环境。职业环境是多种因素构成的复合体系，有主观因素，也有客观因素。不管职业环境多么复杂，决定个人职业发展的最重要因素还在就业者自身，因此，我们应该提升自己适应环境变化的能力。

2. 职业待遇

职业待遇包括范围比较广，一般包括薪酬待遇、社保待遇、福利待遇和社会地位等方面，其中薪酬待遇是核心内容，薪酬待遇是指人们在从事相关的劳动活动后所获得的合法收入。由于不同职业所要求的技术能力和知识水平不同，因此从事不同职业的就业者所获得的职业待遇也是有差距的。

3. 职业素养

职业素养是人们在长期的职业活动中所表现出来的比较稳定的、长期的道德、观念、行为和能力的综合，是职业发展的基石，表现为职业兴趣、职业道德、职业能力、职业性格和职业礼仪等方面。影响和制约职业素养的因素很多，主要包括受教育程度、实践经验、社会环境、家庭环境、工作经历以及身体状况等。

4. 职业资格

职业资格是从事某一职业所必备的学识、技术、能力等方面的基本要求，包括从事某种职业所需的生理素质、心理素质、思想品德、职业道德、职业知识，也包括从事某种职业所必需的实践经验、技能和技巧等。

5. 职业规范

职业规范是指每种职业的特定规范，主要包括职业活动中的操作规则、办事章程、道德规范等，这些规范要符合国家法律法规和社会伦理道德。

6. 职业技能

职业技能是指从业者就业所需的技术和能力，不同的职业对从业者职业技能的要求是不同的。

（二）职业特性

"职业"作为一种社会分工现象，具有以下几个特征。

1. 社会性

职业是人类在劳动过程中的分工现象，它体现的是劳动力与劳动资料之间的结合关系，也体现出劳动者之间的关系，劳动产品的交换体现的是不同职业之间的劳动交换关系。这种劳动过程中结成的人与人关系无疑是社会性的，他们之间的劳动交换反映的是不同职业之间的等价关系，这反映了职业活动以及职业劳动成果的社会属性。

2. 规范性

职业的规范性包含两层含义：一是指职业内部的规范操作要求性；二是指职业道德的规范性。不同的职业在其劳动过程中都有一定的操作规范性，这是保证职业活动的专业性要求。当不同职业在对外展现其服务时，还存在一个伦理范畴的规范性，即职业道德。这两种规范性构成了职业规范的内涵与外延。

3. 功利性

职业的功利性也叫职业的经济性，是指职业作为人们赖以谋生的劳动过程中所具有的逐利性一面。职业活动中既满足职业者自己的需要，同时也满足社会的需要，只有把职业的个人功利性与社会功利性相结合起来，职业活动及其职业生涯才具有生命力和意义。

4. 技术性和时代性

职业的技术性指不同的职业具有不同的技术要求，每一种职业往往都表现出一定相应的技术要求。职业的时代性指职业由于科学技术的变化，人们生活方式、习惯等因素的变化，导致职业被打上时代的"烙印"。

二、职业化

职业化是人生的重大命题，也是人的社会化的主要内容。

（一）职业发展趋势

随着社会不断发展，新知识、新技术层出不穷，相应的产业结构将加快调整和升级，职业也因此表现出一些新的发展趋势。

1. 职业更新速度加快

随着社会的发展以及科技的进步，职业的种类也出现了快速的迭代，一些新职业出现并繁荣发展，一部分传统的职业悄然消失。未来，职业的发展、变化及更替将更加迅速。

2. 面向第三产业类的职业、与高新技术有关职业更加发达

随着社会的发展，以服务为主的第三产业类职业将得到全面发展，在产业结构中的比重将得到很大提高。根据统计，2023年发达国家第三产业的产值占GDP的比重普遍达到或超过70%，而我国第三产业的产值仅占GDP的54.6%，这说明我国的第三产业的发展空间非常大，相应的职业将不断扩大规模。

科学技术突飞猛进，高新技术产业、高效益产业、轻型产业、绿色环保型产业的比重越来越大，大量新技术、新工艺、新设备运用到各产业领域，这也必将带动相关职业迅速发展。

3. 职业的综合化、智能化、专业化程度越来越高

从职业的专业化程度方面分析，职业中的知识结构越来越丰富、技术含量越来越高。现代教育之所以要广泛普及、要与生产劳动相结合，且人的平均受教育年限越来越长，都是因为职业需要越来越多和越来越新的知识、技术；而高新技术产业的相关职业更是离不开强大的智力、技术、人才支持。

（二）职业人

职业人随着职业这个概念的出现而出现。职业人是参与社会分工，自身具备较强的专业知识、技能和素质等，并能通过为社会创造物质财富和精神财富而获得合理报酬，在满足自我精神需求和物质需求的同时，实现自我价值最大化的群体。

传统的职业人概念建立在物的基础上：以物为中心，以技术为中心，人是机器的附属物，"人即工具"。现代的职业人概念建立在人本主义基础上：人是目的，一切为了人，为了人的一切。而为了达到目的，人在职业活动中又发挥着"工具"的功能，但这种功能已不是物的替代，而是作业活动中上位功能和下位功能之间的关系，是一种以作业为载体的人与人之间的关系。

（三）职业化

职业化就是一种工作状态的标准化、规范化、制度化，包含工作中应该遵循的职业行为规范、职业素养和匹配的职业技能，即在合适的时间、合适的地点，用合适的方式，说合适的话，做合适的事，不为个人感情所左右，冷静且专业。

职业化包含职业化理念、职业化精神、职业化心态、职业化技能、职业化形象和职业化道德六个方面的内容。

1. 职业化理念

职业化理念是职业发展的根基，支撑着职业化的发展。

2. 职业化精神

树立职业化精神就是树立正确的职业价值观和态度，从而为个人职业生涯的发展提供必要的"养分"。

3. 职业化心态

有正确的职业心态的指引，职业化之树就能健康生长，如果没有及时调整错误的职业心态，待观念成形，再想去纠正就很困难。

4. 职业化技能

一个人在职业成长过程中要不断地学习技能，这些技能在现阶段不一定能起到作用，但在以后可能会给个人的发展带来更广阔的空间。

5. 职业化形象

一个人的形象细节可以体现这个人的职业化程度，职业化形象由自身职业素养决定。

6. 职业化道德

职业化员工通常具备很多良好的职业道德品质，如诚实、正直、守信、忠诚、公平、关心他人、尊重他人、追求卓越、承担责任。

 案例 1.1

从市场助理到产品经理的蜕变

王女士，毕业于某知名大学的市场营销专业，毕业后加入了一家快速发展的科技公司，担任市场助理一职。

在担任市场助理期间，王女士不仅积极参与市场活动的策划与执行，还主动申请参与市场调研工作。她通过深入研究竞争对手、分析消费者行为以及挖掘潜在市场需求，为公司提供了许多有价值的建议。她的努力得到了领导的认可，并逐渐被赋予了更多的职责。

随着经验的积累，王女士逐渐展现出她对市场的敏锐洞察力和对产品设计的独到见解。她发现公司在产品设计方面存在一些问题，如用户体验不佳、功能冗余等。于是，她主动与产品经理沟通，提出了一些改进建议。这些建议最终被采纳，并成功提升了产品的市场竞争力。

公司高层领导看到了王女士的潜力和价值，决定给她一个更具有挑战性的机会——担任产品经理。在新的岗位上，王女士带领团队进行市场调研、产品策划、原型设计等一系列工作。她凭借着扎实的专业知识和丰富的市场经验，成功带领团队推出了多款备受欢迎的产品。这些产品不仅提升了公司的业绩，也让她在职业生涯中实现了自己的价值。

分析：王女士的案例充分展示了职业发展的可能性与努力的重要性。在职业生涯中，我们需要勇于挑战自己，积极寻找和抓住发展机会，以实现自我价值的最大化。

（四）职业兴趣类型

实现"职业匹配"是人力资源配置与开发的基本努力目标。重视人职匹配才能提高职场人士的幸福感。美国霍普金斯大学心理学教授、著名的职业指导专家约翰·霍兰德（John Holland）提出了霍兰德职业兴趣理论，依据人们对职业的兴趣，将职业分为社会型、企业型、常规型、现实型、调研型和艺术型六种类型。

1. 社会型

共同特征：喜欢与人交往，不断结交新的朋友，善言谈，愿意教导别人。关心社会问题，渴望发挥自己的社会作用。寻求广泛的人际关系，比较看重社会义务和社会道德。

典型职业：要求能够与人打交道并不断结交新的朋友，愿意从事提供信息、帮助、培训、开发或治疗等事务，并具备相应能力。例如，教育工作者（教师、教育行政人员），社会工作者（咨询人员、公关人员）。

2. 企业型

共同特征：追求权力、权威和物质财富，具有领导才能。喜欢竞争，敢冒风险，有野心，有抱负。为人务实，习惯以利益得失、权力、地位、金钱等来衡量做事的价值，做事有较强的目的性。

典型职业：要求具备经营、管理、劝服、监督和领导才能，以实现机构、政治、社会及经济目标，并具备相应的能力。例如，销售人员、营销管理人员、项目经理、政府官员、企业领导、法官、律师。

3. 常规型

共同特征：尊重权威和规章制度，按计划办事，细心、有条理，习惯接受他人的指挥和领导，自己不谋求领导职务。关注实际和细节情况，通常较为谨慎和保守，缺乏创造性，不喜欢冒险和竞争，富有自我牺牲精神。

典型职业：要求注意细节、精确度、有系统、有条理，具有记录、归档、根据特定要求或程序组织数据和文字信息，并具备相应能力。例如，秘书、办公室人员、记事员、会计、行政助理、图书馆管理员、出纳员、打字员、投资分析员。

4. 现实型

共同特征：愿意使用工具从事操作性工作，动手能力强，做事手脚灵活，动作协调。偏好于具体任务，不善言辞，做事保守，较为谦虚。缺乏社交能力，通常喜欢独立做事。

典型职业：要求能够使用工具、机器，具备基本操作技能。对要求具备机械方面才能、体力或从事与物件、机器、工具、运动器材、植物、动物相关的职业有兴趣，并具备相应能力。例如，技术性职业（计算机硬件人员、摄影师、制图员、机械装配工），技能性职业（木匠、厨师、技工、修理工、农民、一般劳动者）。

5. 调研型

共同特征：思想家而非实干家，抽象思维能力强，求知欲强，肯动脑，善思考，不愿动手。偏向独立的和富有创造性的工作。知识渊博，有学识才能，不善于领导他人。考虑问题理性，做事喜欢精确，喜欢逻辑分析和推理，不断探讨未知的领域。

典型职业：喜欢智力的、抽象的、分析的、独立的定向任务，要求具备智力或分析才能，并能够将其用于观察、估测、衡量、形成理论、最终解决问题，并具备相应的能力。例如，科学研究人员、教师、工程师、计算机编程人员、医生、系统分析员。

6. 艺术型

共同特征：有创造力，乐于创造新颖、与众不同的作品，渴望表现自己的个性，实现自身的价值。做事理想化，追求完美，不重实际。具有一定的艺术才能和个性。善于表达，心态较为复杂。

典型职业：工作要求具备艺术修养、创造力、表达能力和直觉，并将其用于语言、行为和形式的审美、思索和感受，具备相应的能力。不善于事务性工作。例如，艺术方面：演员、导演、艺术设计师、雕刻家、建筑师、摄影家、广告制作人；音乐方面：歌唱家、作曲家、乐队指挥；文学方面：小说家、诗人、剧作家。

然而，大多数人都并非只有一种倾向。例如，一个人的倾向中很可能是同时包含着社会型倾向、现实型倾向和调研型倾向这三种。约翰·霍兰德认为，这些倾向越相似，相容性越强，则一个人在选择职业时所面临的内在冲突和犹豫就会越少。为了帮助描述这种情况，约翰·霍兰德建议将职业类型分别放在一个正六边形的每一角（如图1-1所示）。

员工的工作满意度与流动倾向性，取决于个体的人格特点与职业环境的匹配程度。当人格和职业相匹配时，会产生最高的满意度和最低的流动率。例如，社会型的个体应该从事社会型的工作，社会型的工作对现实型的个体而言可能不合适。这一模型的关键在于：一是个体之间在人格方面存在着本质差异；二是个体具有不同的类型；三是当工作环境与人格类型协调一致时，会产生更高的工作满意度和更低的离职可能性。

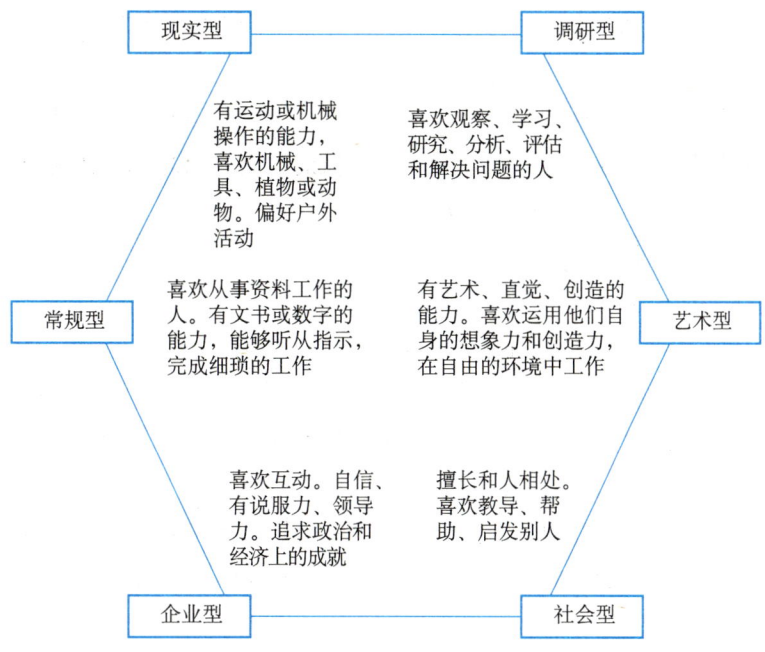

图 1-1 霍兰德职业兴趣类型

（五）专业与职业的关系

我们平常所说的专业是指中高等学校的专业门类划分；而职业是一种社会分工，二者分属两个完全不同的领域，它们之间以"能力"为纽带，存在一定对应关系，说明如下。

1. 专业与职业的关系

（1）专业与职业是包含关系（如图1-2左图所示）：一个人所从事职业一直在其所学专业领域内，这种情况，选择的职业与所学专业相吻合，能够做到学以致用。

（2）专业与职业是交叉关系（如图1-2中图所示）：这是指一个人的职业发展在其所学专业的基础上，有重点地朝某一方向扩张，这就要求学好专业知识的同时，增加新的专业技能，很多专业本身也是具有这种交叉学科属性的。

（3）专业与职业是分离关系（如图1-2右图所示），这是指所从事的职业或者行业与其所学专业没有直接关系。

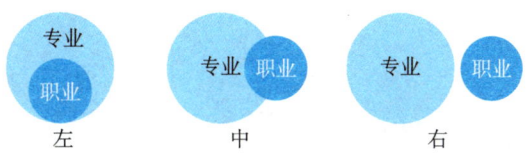

图 1-2 专业与职业的关系示意图

2. 如何获取与所学专业相关的职业信息

作为学校的学生，正确地认识所学专业与未来所从事职业之间的关系，事关未来职业的发展。获取职业相关信息的方式也有很多种，一方面是向老师、校友咨询，另一方面是进行网络搜索，有以下几类方式值得借鉴：

（1）通过招聘平台的招聘信息。通过招聘信息可以了解自身所学专业对应的岗位都有哪些，岗位的录取标准和要求的专业技能是什么样的，这些信息经过比对分析，可以形成一个信息矩阵，增加我们对专业的了解程度。

（2）访谈活动。积极参加校外的一些专业活动（分享会、行业论坛、技术培训），与行业从业者沟通，直接了解当前职业发展的最新资讯。

（3）实习实践活动。积极参加和专业相关的社会实践、企业实习，一定要与专业相关，不然只是浪费时间。例如，在街头发传单、快餐店打工，如果你是销售专业的学生，那么发传单也许是有意义的，但如果你是一个设计专业或者制造专业的学生，这样的实践意义不大，对于职业发展和专业的认知也是没有帮助的。

总体而言，职业的定位需要以对所学专业有充分了解为前提，并结合自己的兴趣、性格等因素，找到自己在专业方向下的职业目标，设定目标后有意识地提高自己需要具备的职业能力。

 案例1.2

小亮的职业定位

小亮出生于北方某省农村家庭，在某高职院校计算机应用专业读大二，是班干部，有较强的组织和协调能力，在同学中很受欢迎。刚进大学时还没有对职业规划有明确概念，认为只要好好学习专业，将来凭着专业找工作就好了。

在大一学过心理健康教育后，小亮开始认真思考个人的职业方向和定位，但总是找不到对专业技术课程的兴趣，而室友酷爱专业课程，在宿舍里经常用两台电脑同时运行程序，几乎把所有时间专注在编程上，室友对技术一心一意的沉浸式狂热，使小亮感受到了深深的危机感，自己实在不喜欢专业课程，那么将来该如何就业呢？小亮逐渐对未来产生了迷茫，由于一直没有确定职业方向，无法提前做好准备。

问题：小亮在就业前陷入了迷茫，如果我们是上述案例中的主人公，应该如何处理此类问题，规划好自己的职业方向，确定职业定位？

三、职业生涯及规划

（一）职业生涯规划的概念

职业生涯是一个人终生的职业经历，是追求自我实现的重要人生阶段，是一个动态的过程。这个动态的过程也会经历不同的阶段，不同的职业在每个阶段也会有不同的发展重心和追求。

职业生涯规划是指个人以自己的人格特征、职业兴趣、工作价值观、素质能力等综合分析权衡为依据，结合所处时代的社会、政治、经济发展、个人所扮演的社会角色等特点，与某个行业或职业相结合，确定其最佳的职业生涯目标，并为实现这一目标而付诸行动的计划安排。在制定个人职业生涯规划时所要考虑的要素主要包括三个方面：第一，个人基本情况。主要包括个人的兴趣爱好、性格、特长、能力和价值观。第二，个人能力和需求。主要包括个人能力、潜力、优势与劣势，以及达到目标所需的特殊能力与教育培训需求。第三，外部环境。主要包括经济环境，科技的发展，职业政策，社会机遇，社会、企业的需求与家庭的期望等。

个人职业生涯规划的步骤与方法主要包括：

（1）职业生涯认知：了解职业生涯规划的重要性和必要性。

（2）自我认知：全面评估自己的兴趣、性格、能力、价值观和行为取向等个性特征，通过对自己进行全面的分析而为自己做出准确的定位。

（3）外部分析：评估各种外部环境因素对自己职业生涯发展的影响，如经济环境、行业环境、企业环境、家庭环境等。

（4）确立职业目标：依据自我认知和外部分析确定个人未来所希望从事的职业领域。

（5）规划与行动：根据自己的职业目标制定有计划的、可实现的职业规划，规划中应包含时间节点、方向、实现路径，并依据计划采取行动。

（二）职业发展阶段的划分

1. 准备阶段

指进入职场前两年，该阶段主要是就业前的专业学习、技能学习、职业规划，也是职业素养启蒙的阶段。这个阶段应该多向他人咨询，充分了解未来的职业信息。

2. 选择阶段

进入职场的一年，这个阶段是职业生涯的第一个阶段，也是需要不断学习和反思职业规划的阶段，处于这个阶段的人从学校进入职场，面临着巨大的挑战和心理压力，可以做不同的尝试。但是这个阶段的时间不能超过两年，否则会进入一个不断选择职业、重新开始的死循环。

3. 适应阶段

进入职场的一到两年，这个阶段是职业经验、专业能力快速提高的一个阶段，也是职业角色转变的塑造期。处于这个阶段的人已经明确了自己的职业方向，对目前从事的工作也有了一定的了解，不断接受具有挑战性的任务，这个阶段越短，代表专业能力与职业能力越强。

4. 稳定阶段

进入职场三到五年，这个阶段是职业发展的黄金期的开始。处于这个阶段的人做事游刃有余、能够面对各种职业场景。此时也是走入管理层的一个时机。在自己提升专业技能的同时提高自己综合职业素养和管理能力，学会管理更大的项目和团队，提升职业的成就。

5. 衰退阶段

五十岁之后，由于生理条件的变化，各方面精力和能力发生了变化，这个阶段适合及时调整自己的工作方向。例如，转向教育、技术传承、管理咨询等依赖经验与阅历的岗位。

6. 结束阶段

国家的法定退休年龄目前为六十周岁，个人职业生涯结束，生活重心更多地向退休或者其他方面转移，有的被企业返聘继续为行业贡献自己的力量。随着医学的进步，这个阶段的起始年龄也逐渐地向更高的年龄迁移，六十岁后还战斗在一线的工作人员也越来越多，贡献的价值也越大。

职业发展阶段示意如图 1-3 所示。

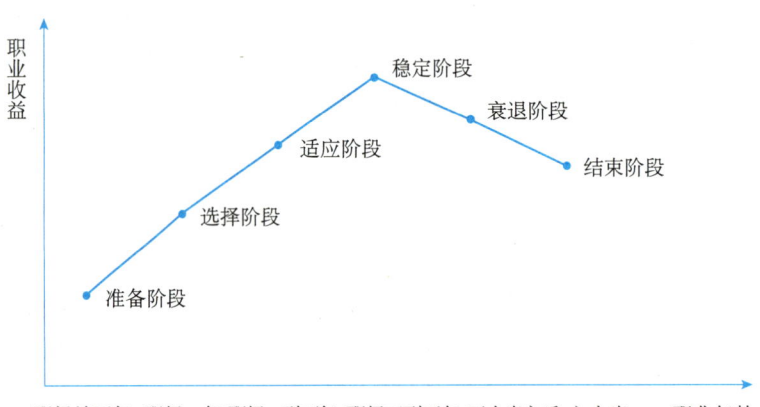

图 1-3　职业发展阶段示意图

总结案例

大学生职业规划：整合资源，提高职业发展力

2024 年的《政府工作报告》提出，要强化促进青年就业政策举措，优化就业创业指导服务。显然，增强大学生生涯规划意识，指导其及早做好就业准备，已成为社会各界的共识，但如何帮助大学生们做好职业规划，我们还有很长的路要走。

范同学毕业于一所"双一流"建设高校。"当年，考上大学时，家里人甭提多高兴了。可入学后，没有家长管着，我天天打游戏、刷剧，毕业后也没找到满意的工作。"如今，工作五年的他，已经换了三家公司，职场之路颇为不顺。"当初为什么没好好读大学"，是他时常懊悔的一件事。

由此可见，部分学生在大学期间可能会感到迷茫，不知道将来想从事什么职业。实际上，学生一进入大学就应该思考未来的职业道路。通过职业规划，学生可以更清晰地了解自己的能力、优势和潜力，从而设定较为明确的职业目标。

资料来源：杨飒，《光明日报》（2024年03月26日14版）

分析：大学生要通过不断的学习实践提升综合能力，以具备满足社会需求的职业发展力。而职业规划，正是深化学生对时代发展背景和职业发展规律的认知、形成客观稳定的自我认知，并提高职业发展力的有效途径。

活动与训练

我的职业方向

一、目标：通过霍兰德职业兴趣类型找到与学生生理和心理特点匹配的职业。

二、活动形式：分组讨论。

三、道具：卡片/A4白纸。

四、过程：

1. 第一步依据霍兰德职业兴趣类型，评价自己的生理和心理特点等。

2. 第二步分析不同职业对人的要求，以获得有关职业信息。

3. 第三步职业匹配，个人在了解自己的特点和职业要求的基础上选择一项既适合自己又有可能获得的职业。

4. 根据职业类别，对学生进行分组，职业类别相同的为一组，小组内进行讨论，成员之间互评自己的生理和心理特点以及与其相对应的职业，说明自己的观点，每人只说他人的职业匹配是否合理及理由。

5. 每组选择组长发言，总结小组成员讨论情况，以小组内争议最大成员作为案例分析小组讨论结果。

（建议时间：30分钟）

探索与思考

1. 什么是职业？专业与职业的关系如何？

2. 什么是职业生涯？职业生涯一般划分为哪些阶段？

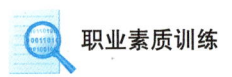

1.2 职业素养

职业化的代表

美国布奇逊中心医院的心脏科主任麦克拉斯医生是极负盛名的心脏移植专家。一次，有两名病人迫切需要进行心脏移植手术：一个是32岁的病人坎贝尔，最多只能活4个月；一个是62岁的政治家弗尼斯，最多只能活5个月。弗尼斯的身体受心脏的影响，肾脏和肝脏的受损程度已超过了标准，而坎贝尔的受损程度没有超过标准。当只有一颗心脏供应时，麦克拉斯医生把它优先给了坎贝尔。麦克拉斯说："我是一名医生，不是政治家，对任何病人我一视同仁，不管他的身份高低。现在，我的职责就是让极其宝贵的心脏能在病人体内发挥最好的作用，让他们活得更长，所以我选择了坎贝尔。"一个月后，弗尼斯心脏终于停止了跳动。弗尼斯的死成了一条轰动全国的新闻，医院董事会迅速作出了解雇麦克拉斯的决定。尽管失去了一切，但麦克拉斯始终坚持自己的行医准则，公正和良心使他成为医学界职业化的代表。

资料来源：郝幸田，新浪财经网（2009年08月10日）

分析：麦克拉斯医生的故事告诉我们，无论何时都要注意提高自己的职业素养，并遵守职业道德，这是成为职业化人才至关重要的一点。

一、职业素养的定义

"素养"一词在古代汉语中就有记载。《汉书·李寻传》记载："马不伏枥，不可以趋道；士不素养，不可以重国"。这里的素养指的是修习涵养，也就是说，素养是需要经过躬身践行才能获得的技巧或能力。学术界将职业素养定义为职业内在的规范和要求，是在从业过程中表现出来的综合品质，包括职业道德、职业能力和职业意识等方面。可见，职业素养是人们在长期的职业活动中所表现出来的比较稳定的、长期的道德、观念、行为和能力的总和。职业素养可以通过教育培训、职业实践、自我修炼等途径培养，并在职业活动中起决定性作用。

职业素养既受到个人气质等先天因素的影响，也受到教育、实践和家庭背景等后天因素的影响。其中，后天因素的影响更大。因此，学生可以通过学习和实践来提升职业素养。

1895年，弗洛伊德和布罗依尔共同提出了冰山理论。之后，冰山理论被广泛地运用于社会学、心理学、管理学等领域。弗洛伊德认为，人的性格就像海里的冰山一样，露出水面的只是一小部分，而掩盖在水下的大部分作为基础支撑着水面上的部分。1973年，美国心理学家戴维·麦克利提出了著名的素养"冰山模型"理论（如图1-4所示）。他把员工的素养比作一座冰山，浮出水面之上的部分称为显性素养，而潜在水下的称为隐性素养。其中，显性素养表现为知识经验、专业技能等，而隐性素养支撑着显性素养，表现为动机、特质、自我形象、态度、价值观和自我意识等。用人单位在招聘员工时，常常通过学历、技能证书等了解到求职者的显性素养，但是对于员工隐性职业素养，如抗压能力、沟通能力等，则应在长期共事的过程中了解。

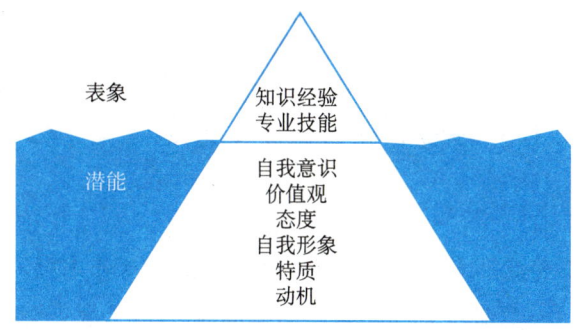

图1-4 冰山模型

二、职业素养的要素

2016年，《中国学生发展核心素养》总体框架发布，有关学者将研究学生发展核心素养定位为"落实立德树人根本任务的一项重要举措，也是适应世界教育改革发展趋势、提升我国教育国际竞争力的迫切需要"。而学生发展核心素养，主要指学生应具备的，能够适应终身发展和社会发展需要的必备品格和关键能力。职业核心素养包括职业角色、工作胜任、生涯发展三个方面的若干要素。

职业素养的要素分为显性要素和隐性要素两部分（如图1-5所示）。

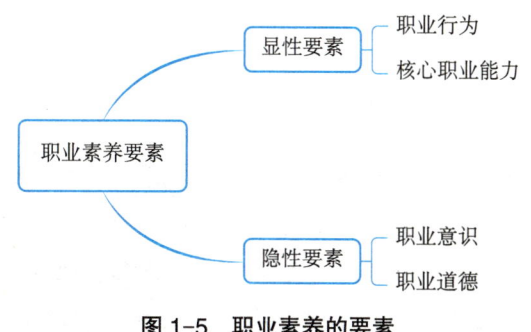

图1-5 职业素养的要素

(一)职业素养的显性要素

1. 职业行为

职业行为是人们对职业劳动的认识、评价、情感和态度等心理过程的行为反应,它是由人与职业环境、职业要求的相互关系决定的。职业行为包括职业创新行为、职业竞争行为、职业协作行为和职业风险行为等。

2. 核心职业能力

核心职业能力是人们在工作和生活中除专业岗位能力之外取得成功所必需的基本能力,它可以让人自信和成功地展示自己,并根据具体情况进行选择和应用。核心职业能力包括压力与情绪管理、高效执行力、时间管理、日常办公软件使用、思维与逻辑表达、问题分析与解决、职场面试技能、管理者情商与领导力、自学能力与终身学习等。

(二)职业素养的隐性要素

1. 职业意识

职业意识是人们对特定职业的综合情感、理性认识和工作态度,是支配和调控全部职业行为和职业活动的"调节器",是最深层的制约职业人思考能力的思维,包括责任意识、团队意识、规矩意识等。职业意识有社会共性也有行业或企业的个性:职业意识的社会共性是指全社会各行业中形成的共有的、普遍认可和遵守的意识,如敬业精神和奉献意识;职业意识的行业或企业的个性是指人们对某些行业或企业的具体岗位职责的基本认识,也就是身份认识。

2. 职业道德

职业道德是一切符合职业要求的心理意识、行为准则和行为规范,是一种内在的、非强制性的约束机制,用来调整职业个人、职业主体和社会成员之间关系的行为准则和行为规范。职业道德利用公约、守则等对职业生活中的某些方面加以规范,通过人们的职业活动、职业关系、职业态度、职业作风等表现出来。职业道德的基本要求是爱岗敬业、诚实守信、办事公道、服务群众、奉献社会。

 案例 1.3

不怕起点低,就怕境界低

21世纪初,某连锁餐饮公司看好中国市场。该公司在正式进军中国市场前,需要在当地培训一批高层领导,于是进行公开的考试。

由于公司要求的标准很高,很多初出茅庐的年轻人都没有通过考试。经过一再筛选,一位名叫王建国的年轻人脱颖而出。最后一轮面试,该公司总裁和王建国谈了3次,并且问了他一个让人意想不到的问题:"假如我们要你先去洗厕所,你愿意吗?"王建国答道:"不积跬步,无以至千里,我认为任何的大事业都是从身边力所能及的小事做起,量变引起质变,我相信,只要坚持不懈,脚踏实地,我最后也可以从这些小事中积累经验,提升自我。"总裁十分高兴,最后决定录用王建国。

服务业的基本理论是"非以役人,乃役于人",只有先从基层开始做起,才有可能了解"以家为尊"的道理。王建国不忘初心,后来创立了自己的连锁餐饮品牌。

问题:你认为王建国拥有什么样的职业素养,这对他之后的成功有何助益?

三、职业素养的特征

职业素养具有职业性、稳定性、内在性、整体性、发展性等特征(如图1-6所示)。

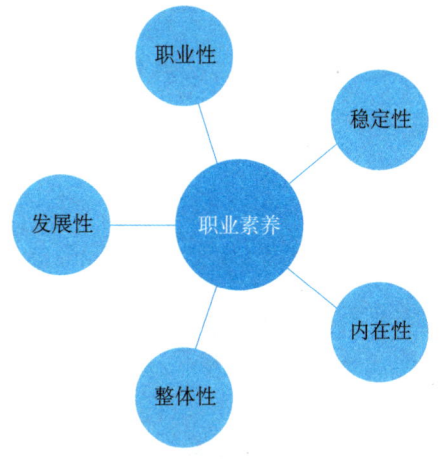

图1-6 职业素养的特征

(一)职业性

职业性是职业素养的基本属性。职业素养的要求因职业的不同而不同,不同的职业在工作性质、岗位要求、专业能力等方面都存在很大的差异。例如,对销售人员的素养要求往往不同于对财务人员的素养要求。

(二)稳定性

职业素养具有稳定性。个人的职业素养是在长期职业实践中通过认识、实践、再认识、再实践而形成的,它一旦形成,便产生了相对的稳定性,潜移默化地内化到人们的思想意识、实践行为中。

（三）内在性

职业素养是一个人内在特质的重要组成部分。从业人员在长期的职业活动中，会通过学习、认识和亲身体验意识到怎样做是对的，怎样做是不对的。有意识地内化、沉淀和升华这一心理品质，就是职业素养的内在性。

（四）整体性

从业人员职业素养和自身的整体素养密切相关。职业素养不仅包括职业道德素养、职业行为素养，还包括科学文化素养、思想政治素养、专业技能素养。如果一个人职业行为素养和专业技能素养都不错，但职业道德素养比较差，我们就不能说这个人整体素养好。

（五）发展性

职业素养具有发展性。一个人的素养是通过教育、自身社会实践和社会影响逐步形成的。社会和职场是不断变化发展的，工作岗位也会不断变化出新的职业素养要求，人们为了更好地适应、满足社会发展和职场变化的需要，必须不断提高自己的素养。

 案例 1.4

不断接纳、发展自己

50多岁的曹中希是上海圆通速递北京分公司的一名快递员，负责北京师范大学片区的收派件工作。他和千千万万的快递员一样，每天收派快件近千次，埋头工作，"连吃饭的时间都舍不得浪费"。

曹中希自创了"老曹体"，打油诗式的幽默和发自心底的关怀让不少收件人都心生温暖；为了更好地服务客户，他设立了先期赔付基金，收派件偶发失误时，第一时间将损失赔偿给客户；繁忙的工作中，他还不忘奉献社会，多次为贫困地区捐款捐物……他用爱心与热忱得到了人们的认可，被亲切地称为"老曹"。

《第五项修炼》的作者彼得·圣吉在梁冬的访谈上曾经说过，世界上所有的人，都有属于他们的那一个重要角色。虽然快递员只是一个平凡的职业，但老曹并没有甘于平庸，没有自暴自弃，没有淹没在生活的大潮中，而是尊敬那个真实的自己，在平淡的生活中毅然选择经年累月地坚守自己的岗位，永葆赤子的热情，不随波逐流，不断学习、不断创新，最终在人生的舞台上，成为一颗闪亮耀眼的明星。

资料来源：递出温暖的快递人——记圆通速递北京分公司快递员曹中希（首都文明网，2014年08月25日）

问题：对于老曹的故事你有何感想？结合所学知识谈谈你的感受。

四、企业看重的职业素养

能力的养成和提高并非一朝一夕的事情，我们都知道在职场中创新精神、"工匠精神"的重要性，但是这些精神的体现，是多种能力促成的。例如，一个逻辑思维能力很强，会分析与解决问题的人，他的创新能力就不会太差，一个对品质有执着追求的人，"工匠精神"也一定是有的。在职场中，有一些企业非常看重的职业素养能力，需要我们在进入职场前就有所了解，并在进入职场后不断提高。

（一）职场沟通与表达

职场中的沟通与表达包含同事之间、上下级之间、商业合作等多个方面，这样的沟通包括语言、文字、行为等多个层面，所以是一个必备的多元化能力。

（二）执行力

执行力的体现不仅在职场，也体现在我们平时的生活学习之中。执行力是团队、组织持续运转的保障，也是自己能够按时按质按量地完成工作任务，为企业创造价值的保障。

（三）学习能力

离开学校，进入职场，是独立自学的开始。职场是不断进化的环境，学习能力就是核心竞争力，是职场人应对未来竞争和挑战的武器，所以在学生阶段就培养自己的学习能力是非常重要的。

（四）逻辑思维

逻辑思维不是一种天赋，也不是单纯的聪明才智，它是经过一定的刻意训练可以养成的习惯，这样的思维能力体现在做事、写文章、沟通交流、提高专业技术等方面，所以逻辑思维是我们训练大脑思维、意识的工具。

（五）压力情绪管理

当一个高手在面对巨大压力的情况下，也可能发挥失常，这就是人的天性。个体不仅需要和外界斗争，还要和自己的内心斗争，学会管理自己的情绪，学会面对压力时如何做出正确的操作，最终面对更多的挑战，在挑战中不断地提升自我。

（六）问题分析与解决

工作其实就是一个不断面对问题，解决问题的过程，如果我们只是盲目地面对，而没有一个分析总结，也未形成一个解决方案，那么即使"三头六臂"，也会忙得"头破血流"。

（七）时间与目标管理

时间对于每个人而言都是最珍贵的资源，在规定的时间内创造更大的价值也是每个人所期待的，学会合理地管理时间、管理项目，不仅是管理者的工作，也是每个职业人的职业化体现。

（八）自我管理与团队管理

在职场中，很多人都经历过从管理自我走向管理他人，再小的个体也是一个团队，在团队中与团队一起成长是职场中很重要的职业意识，掌握必要的管理能力、具备管理者思维也是企业最为看重的职业能力。

（九）法律意识

法律是我们职业行为的底线，不越过这条底线，是对个人利益、企业利益的最大守护，一个疏忽大意将一个企业摧毁的案例还在不断上演，只有提高每个人的职业法律意识，才能有效地避免这样的悲剧发生。

总结案例

戴明的传奇故事

接受过入职培训的人一定听说过 PDCA 循环，而 PDCA 循环还有另一个名字，即戴明环。威廉·爱德华·戴明（W. Edwards Deming）靠着自己提出的质量管理理论，用另一种方式"拯救"了自己深爱的祖国。

1925年，刚获得硕士学位的戴明来到西门子，在公司下属著名的霍桑工场工作，没多久他又收到了耶鲁的博士录取通知书，但戴明却陷入了进退两难的境地。因为耶鲁大学的博士很难毕业，有很多人一辈子都没能拿到学位。而他的一位上司给他了很大鼓励：只要能顺利毕业，西门子肯定还会雇用他，而且年薪会涨到5000美元，这是戴明当时工资的4倍多。上司还对他说，之所以还愿意雇用他，是希望他能成为价值5万美元的人才，为公司创造更多的财富。

上面这段对话戴明终身铭记，并在他的回忆录中写道："我认识到，优秀的人才并不少见，公司最需要的，是能够不断学习、永远进步的人。"

戴明把全部精力都投入质量管理研究中，从物理，到统计，再到管理，不断学习、永远进步、融会贯通。他一生共出版过8本著作，其中有5本是在82岁之后完成的。1993年，

93岁的戴明还举办了30场讲座,就在这年12月,他在轮椅上完成了最后一讲。

资料来源:杨柯,新浪财经网(2008年01月30日)

分析:上述故事中,戴明通过不断提升职业素养,充分发挥敬业刻苦的职业精神,最终获得事业上的成功,他的故事不仅仅是个人的成功,更是对每一个努力奋斗的人的鼓励。

活动与训练

我的职业素养

一、目标:了解职业素养。

二、活动形式:5分钟演讲。

三、道具:个人汇报PPT。

四、过程:

1. 以"我的职业素养分析"为题,立足专业课程中的内容,分析本专业必备的职业素养有哪些,自身已经具备的能力和未具备的能力分别是什么,着重分析应当重点提升的几种职业素养。

2. 将分析的结果做成PPT演讲方案,限时5分钟,在班级内做个人陈述。

3. 教师总结学生汇报方案的内容、形式、现场表现,给予评价。

(建议时间:30分钟)

探索与思考

1. 职业素养应该如何培养?
2. 职业素养与专业能力的关系是什么?

1.3 未来职场

"互联网+"打开就业新空间

网约配送员、互联网营销师、人工智能训练师、全媒体运营师、供应链管理师、虚拟现实工程技术人员……近年来，互联网领域一个个分工精细的新职业正不断涌现。

"人工智能训练员就是让 AI 更聪明、更懂人，更好地为人提供服务。大家熟悉的天猫精灵、小度智能屏、小爱同学等智能产品背后，都有人工智能训练师的身影。"来自湖南省长沙市的人工智能训练师刘晓伟说。设计之初的 AI 机器人产品就像刚出生的孩子，需要人工智能训练师来"因材施教"，通过不断培养和训练，帮助 AI 机器人"长大成人"，让其有足够的智慧，适应不同的应用场景。"我很喜欢被称为人工智能训练师，这个头衔有一种时尚、前沿的气息。"

时春蕾是一家食品公司的供应链管理师，她这样介绍自己的职业："供应链是一个系统，与此相关的岗位包括采购、制造、物流配送、仓储、计划、客户服务等。以前这些岗位都是'单兵作战'，现在供应链管理师需要与相关部门'多线并战'，从大数据中确定价优质好的产品和服务，为企业降本增效。新职业对我提出了新要求，如何通过运营和管理好公司的供应链来提升竞争力，是我还需要学习的地方。"

专家认为，依托数字经济、互联网平台，灵活多样的新职业应运而生。技术创新促进了新职业的涌现，新职业的兴起也折射出中国经济的活力。新兴行业快速发展，也对相关专业的高校毕业生就业带来利好。当下，招聘需求较多的行业为互联网、电子商务、计算机软件、现代服务、智能制造等。

资料来源：李雪钦，人民日报海外版（2022 年 05 月 04 日 08 版）

分析："互联网+"的出现，开拓出更多新的职业发展模式。数字经济以市场为主导，一业带百业，并能实现全场景穿透，带来更多的工作机会。职业素养的综合性和对职业能力的可塑性，让更多的职场人有机会使自己的职业技能成为副业，甚至是新职业。

一、未来的趋势

我们生活在一个剧烈变革和转型的新时代，随着人工智能的发展，未来很多技能操作型岗位将被取代或改造，劳动力市场对技能人才的素质与能力提出了新的需求。人工智能时代要求从业者比以往更具创新精神、合作精神和终身学习能力。未来社会需要大量能够适应人工智能技术发展带来产业结构变革的新型技能人才。

（一）"互联网＋"

2019年12月，国家发展和改革委员会（简称国家发改委）、教育部等多部委联合颁发《关于促进"互联网＋社会服务"发展的意见》，要以习近平新时代中国特色社会主义思想为指导，认真落实党中央、国务院决策部署，推动"互联网＋社会服务"发展，促进社会服务数字化、网络化、智能化、多元化、协同化，更好惠及人民群众，助力新动能成长。

国家发改委对"互联网＋"的解释是："互联网＋"代表一种新的经济形态，即充分发挥互联网在生产要素配置中的优化和集成作用，将互联网的创新成果深度融合到经济社会各领域之中，提高实体经济的创新力和生产力，形成更广泛的以互联网为基础设施和实现工具的经济发展新形态。

2023年，工业和信息化部印发《工业互联网专项工作组2023年工作计划》提出，深化"5G＋工业互联网"发展，制定实施"5G＋工业互联网"512升级版工作方案。在迈向深耕细作、规模化发展的过程中，我国已建成全球规模最大、技术最先进的5G网络，工业互联网产业规模已超1.2万亿元，"5G＋工业互联网"正成为数字经济的"新名片"。5G全连接工厂将在"建网""联网""用网""护网"等四个方面赋能企业数字化转型，为未来迈入职场的年轻人提供了更多、更丰富的机会。

1. 支撑和驱动"互联网＋"的技术要素

（1）终端技术：包括移动芯片、传感器、新材料、新能源等多个方面，我们日常的手机就是最典型的终端设备。智能手机的普及造就了移动互联网的空前发展。

（2）软件技术：包含云计算、大数据、人工智能、人机交互等多个方面，这些技术的发展延展了企业和技术的边界，也降低了企业的生产成本。例如，传统压铸行业的CAE软件采购成本几十万元，而现在国产的CAE云软件，运算时间是原来的百分之一，费用也是原来的千分之一。

（3）网络技术：包含5G技术、NFC（近距离无线通信技术）、工业无线技术等，便捷、快速的网络技术是对前两种技术的强力支撑。

2. "互联网＋"将迎来的变革

"互联网＋"技术依然在发展，并且改造着我们的传统行业，不同的行业在"互联网＋"的技术浪潮里，将迎来什么变革呢？

（1）"互联网＋农业"：以互联网技术为支撑，将农业的标准化、规范化向前推进，实现现代化的耕种，在生产过程中，依托部署在农场中的各种传感节点与互联网平台的无线通信网络，实时掌控数据，将智慧化农业、牧业带到农业生产中，之后再通过网络平台打破农产品销售信息不对等壁垒，通过现代的物流体系、电商体系，为农民打开"致富之门"。

（2）"互联网+工业"：是智能制造、中国制造的未来，也是打破国外技术垄断的机遇，工业生产的智能化体现在设备的智能化、资源管理的智能化、供应链管理智能化、生产智能化多个方面，对于传统生产方式巨大的改变，也在影响着新一代产业工人的职业能力模型。

（3）"互联网+民政"：通过大数据的分析，政府的决策更加科学化、智能化，办事流程也更加简洁、高效、透明，智慧化的城市建设，也大幅度提高了人民的生活质量和幸福感。

（4）"互联网+创新创业"：在"大众创业、万众创新"的大时代，互联网让创新这件事变得更加容易，加强了不同创业者之间彼此的连接、分享和共生。

（二）人工智能

从国家顶层设计方面，已经越来越意识到人工智能作为一项基础技术，能够渗透至各行各业，并助力传统行业实现跨越式升级，提升行业效率，正在逐步成为"掀起互联网颠覆性浪潮"的新引擎。

人工智能加入国家战略规划。2017年3月，在十二届全国人大五次会议的政府工作报告中，"人工智能"首次被写入政府工作报告，要加快培育壮大新兴产业。全面实施战略性新兴产业发展规划，加快人工智能等技术研发和转化，做大做强产业集群。

随着科技的迅速进步，人工智能技术已成为推动全球经济和社会发展的新引擎。2024年，《政府工作报告》中有一个新关键词引发热议——"人工智能+"行动，这是"人工智能+"首次被写入政府工作报告。人工智能是挑战，更是机遇，将人工智能技术与其他行业或领域有机结合，如"人工智能+医疗""人工智能+教育""人工智能+金融""人工智能+制造"等，以创造更多价值。其重点在于深化大数据、人工智能等研发应用，开展"人工智能+"行动，打造具有国际竞争力的数字产业集群。

"人工智能+"与"互联网+"有概念性的差异与联系，人工智能是在其基础上更进一步发展，不仅是信息的快速流通和资源的合理配置，更重要的是通过人工智能技术提升决策的智能化水平，提高产品和服务的智能化程度，实现从信息的传递到智能的创造的飞跃。

随着人工智能的发展，未来很多技能操作型岗位将被取代或改造，劳动力市场对技能人才的素质与能力提出了新的需求。我们必须提前规划，未来职场中的人们需要更加全面的核心素养、核心能力和新的职业技能。

（三）组织变革

网络化和智能化对企业的组织和行为产生了重大影响。在互联网时代，组织内外界限模糊，企业竞争方向发生改变，顾客逐渐成为创造价值的主体，与企业共创价值。依托于互联网经济的发展，扁平化组织结构越来越多，企业内部的效率大大提高，因此企业在进行组织变革时，打破了"内外"的界限，整合内在和外在资源条件进行开放式创新。

1. 组织协同创新

创新不再是一个人的事情，而是不同团队成员之间协同完成，每个环节和上下游的关系也将更加紧密。

2. 领导者不再是管理，而是赋能

这一点可能从根本上改变了组织结构模式，这在互联网公司体现得最为明显，领导更多的是给予团队支持，而不是命令，这样的赋能，也不再是源自一个领导者，可能是一套数据系统，或是一个部门、一个管理后台。

3. 生产模式

企业与企业之间的合作和分工更加精细化，万物互联的时代，连接起来的不仅是机器，也是企业与企业之间的协同，这点可能改变公司或者颠覆传统公司的形态，团队与团队之间的合作共生不再是企业内部的事，而且扩展到了企业之外。

（四）绿色环保

绿色环保理念的深入人心，也在改变着经济发展的方向，新能源已然成为一个发展潜力巨大的行业领域，传统行业也在节能环保方面的技术上不断进步，如果未来的你在一家传统行业企业就职，那么节能环保很可能就是这家企业创新的方向，建筑、服装、能源、工业生产领域的创新很大一部分就是绿色环保理念所驱动的。

绿色环保理念的发展促使社会出现了绿色职业和绿色技能。在联合国环境规划署与国际劳工组织共同发布的《绿色职业：一个可持续、低碳的世界里实现体面工作》的报告中指出，绿色职业就是在农业、制造业、研发部门、管理和服务业领域有助于持续保护和恢复环境质量的职业。主要指那些帮助保护生态系统和生物多样性的工作，通过高效的方式减少能源、材料和水资源的消耗，避免废弃物污染环境的工作。

与绿色职业相似，绿色技能不仅包括绿色职业从业者的技能，还指所有行业从业者需要具备的绿色技能，与互联网技能一样，绿色技能将成为未来所有工作岗位的基本能力要求，因为绿色经济发展要求所有行业的工作者都具备一些基本的环境保护意识、能力和责任感，避免在工作中对环境造成破坏性影响。

 **案例 1.5**

人工智能有望创造一种全新的工作方式

2023 年 5 月 9 日微软公司推出了 2023 年年度工作趋势指数报告，该报告基于 2023 年 2 月 1 日～3 月 14 日对全球 31 个国家 31000 名全职雇员或个体经营者的调查。报告讨论了劳动者对人工智能的看法以及人工智能对生产力的影响。

调查显示，每个劳动者都需要有驾驭人工智能的能力。企业领导者表示，员工必须学习何时及如何利用人工智能。人与人工智能的协作将成为下一个变革性的工作模式，而与人工智能配合工作的能力将成为每个劳动者的关键技能。有 60% 的劳动者表示，他们目

前没有完全掌握工作所需的能力。人工智能将为学习开辟新的道路。老板们是否能让劳动者为即将到来的人工智能时代做好准备，是公司成功与否的关键。劳动者需要从今天开始培养这些新技能。

事实证明，人工智能有望减轻人们的工作负担，对于不堪重负的员工和希望提高生产力的领导者来说，这个前景太美好了。人工智能的应用衍生出了全新的工作方式。领导者需要帮助员工学会与人工智能一起负责任地工作，为企业创造更多价值，为每个人创造更光明、更充实的未来。

资料来源：49%的受访者担心被AI"抢饭碗"，微软公布2023年工作趋势指数报告，IT之家（2023年05月10日）

问题：作为一名学生，你认为人工智能对你未来的工作会产生什么影响呢？

二、未来的职场

（一）新职业不断涌现

当前，在全面建成小康社会后，我国已步入全面建设社会主义现代化国家的发展阶段。该阶段显著特点是国家整体创新能力、产业基础、产业链现代化水平明显提高，我国已成为世界上唯一拥有联合国产业分类中全部工业门类的国家。随着我国人工智能、大数据、云计算、物联网等新经济发展模式的崛起，一批新企业、新行业、新产业不断涌现，由此催生新职业、新业态的形成。

新职业是指经济社会发展中已经存在一定规模的从业人员，具有相对独立成熟的职业技能，而《中华人民共和国职业分类大典》中未收录的职业。新职业的界定包含两个方面：一是全新职业，即随经济社会发展和技术进步而形成的新的社会群体性工作。二是更新职业，即原有职业内涵因技术更新产生较大变化，从业方式与原有职业相比已发生质的变化。新职业具有几个特性：一是目的性，即有人专职从事此业并赖以谋生；二是社会性，即为他人提供产品或服务；三是规范性，即合乎法律规范；四是群体性，一般要求有不少于5000人的从业人员；五是要求有稳定性和独特技术性。

1999年5月正式颁布实施的《中华人民共和国职业分类大典》（以下统称为《职业分类大典》），是我国第一部对职业进行科学分类的权威性文献。随着社会经济的发展和科技的进步，职业结构、职业分类也发生了相应的变化。为了适应职业的动态变化，需要对原有的职业分类进行不断的补充和修订。对于《职业分类大典》中未收录的新职业，自2004年起，国家建立了新职业定期发布制度，并不断补充、修订国家职业分类体系。从2004—2009年《职业分类大典》中增加12批共122个新职业。2009—2015年，由于《职业分类大典》的修订工作，国家暂停对增加新职业的发布工作。

2019年，人力资源和社会保障部、市场监管总局、统计局正式向社会发布了人工智能工程技术人员、物联网工程技术人员、大数据工程技术人员、云计算工程技术人员、数字化管理师、建筑信息模型技术员、电子竞技运营师、电子竞技员、无人机驾驶员、农业经理人、物联网安装调试员、工业机器人系统操作员、工业机器人系统运维员等 13 个新职业信息。这是自 2015 年版《国家职业分类大典》颁布以来发布的首批新职业。截至 2022 年，我国发布了五批共 74 个新职业。

2022 年颁布的《中华人民共和国职业分类大典（2022 年版）》将近年来发布的新职业信息收录其中，优化调整了部分职业归类，围绕建设制造强国、数字中国，发展绿色经济和依法治国等要求，专门增设或调整了相关中类、小类和职业。该次修订，共计新增 168 个职业，取消 10 个职业，净增 158 个职业。

通过上述新职业，我们看到了三个趋势，具体内容如下。

1. 数字经济蓬勃发展，孕育数字职业

当前，数字经济已经融入人们的生活，促进了新产品、新业态、新商业模式的出现，进而催生出新职业。中国信息通信研究院发布的数据显示，我国数字经济规模从 2016 年的 22.6 万亿元增长到 2021 年的 45.5 万亿元，占 GDP 比重的 39.8%，我国数字经济正处于高速发展阶段，已经成为经济增长的新动力。以 2022 年发布的新职业为例，18 个新职业中，数字经济发展催生的数字职业高达 9 个，包括机器人工程技术人员、增材制造工程技术人员、数据安全工程技术人员、数字化解决方案设计师等。

2. 绿色转型全面加速，催生绿色职业

碳达峰、碳中和是实现经济社会更高质量可持续发展的必要路径，正在悄然改变能源与经济结构，推动产业转型升级。一批绿色职业应运而生：有的绿色职业产生于新领域，如碳汇计量评估师、综合能源服务员；有的绿色职业脱胎于传统产业，如占据主体能源地位的煤炭资源，其清洁化、大型化、规模化、集约化利用和由单一燃料属性向燃料、原料方向转变的产业发展新趋势，使煤提质工这一新职业从传统产业中诞生。

3. 全面追求美好生活，培育新职业

近年来，有不少人以前知之甚少甚至闻所未闻的新就业形态，逐渐演变为标准清晰、任务明确的新职业，不断满足着更加个性化、多元化、精细化的美好生活需要。例如，城市轨道交通建设如火如荼地开展，城市轨道交通设施不断投入运营，对城市轨道交通行业从业人才的需求量已达数十万人，事关广大城市居民出行安全的城市轨道交通检修工这一职业的确立，将为服务人民美好生活提供坚实保障。

（二）传统行业变革加速

互联网相关专业的火爆，让很多在校的学生为自己所学的传统专业担忧，害怕毕业之后就业困难，或者所从事的工作不够"高大上"，其实完全没有必要，首先互联网的不断发展对传统行业其实是赋能的过程，也是彼此融合的过程，所以才需要"互联网+"的理

念。对于传统专业的学生，在学生阶段，也应该有"互联网+"的思维，在自己专业技能的领域，学习一些互联网相关的知识、技能，这就是不断增值的过程，也是传统行业变革的过程，所以，不管学什么专业，在技能学习上是没有边界的。

传统行业的变革在前文中还提及，更需要传达的是各个行业的从业者的思维模式的改变，传统行业和互联网行业的边界也在逐渐模糊，对于人才的能力要求也更加多元化，一个工厂的工程师可能需要懂得简单的编程知识，一个写字楼里的程序员可能需要懂得工厂的生产流程，传统行业的变革，对人才能力的需求是多元化，智能化的。

案例 1.6

新技术催生的职场机遇

我国已建设近万家数字化车间和智能工厂，在郑州航空港经济综合实验区的比亚迪工厂，总装车间 S 形的拼装线上，一辆辆新款新能源汽车很快就被组装完成并下线。自首台车下线仅 9 个多月，产值已超 300 亿元。

郑州比亚迪汽车有限公司人力资源部门负责人介绍，园区现在有 3.3 万人，满产后总用工将增加到接近 6 万人。现在一线操作工人和技能工人数量比约为 1.35∶1。后续将持续提升自动化水平，技能工人需求将进一步提升。

"比亚迪每年的技能人才需求量都在大幅增长，年招聘各类人才量已达 15 万人。系统架构师、软件人才、人工智能人才最紧缺。"比亚迪集团人力资源处总经理坦言，"我们所需要的智能化人才不单新能源汽车行业需要，其他各行各业都需要。"

资料来源：姜琳 郁琼源 王聿昊 翟濯 王自宸 刘巍巍，新华网（2024 年 01 月 21 日）

问题：新技术、新需求催生一批新岗位、新职业，蕴藏高质量就业新机遇，我们应该如何在未来职场中抓住机会、展现自我？

三、应对未来的能力

（一）互联网 + 专业技能

无论在传统行业还是新兴行业，互联网思维已成为当下的主流，学生阶段的主要工作就是学习专业技能，但是必要的互联网技能或者思维一定是要在这个阶段养成的，关于如何自学的方式我们在后面的学习模块会讲到，这里希望通过对几个行业或者专业的分析，让大家了解什么是互联网 + 专业技能。

1. 营销专业

这是涵盖各行各业，且非常传统的专业，一些院校会细分到汽车营销、美妆营销这些具体的产业里，无论未来销售什么样的产品，都会有一个行业属性，汽车、医疗、化工这些都是在行业属性，在学校阶段除了学习与营销相关的知识，可能更多的就是这些行业的知识，但在实际的工作中，随着企业的销售模式的互联网化，营销人员就需要具备相应的技能，运用各种技术手段以达成销售的目的，如客户营销管理系统、新媒体矩阵、社群营销、直播带货等新的营销方式和技能正是互联网+营销的专业技能，那么我们就可能需要学习一些相关软件的操作技巧，甚至是管理的流程。

2. 汽车维修专业

这个专业代表了维修技师这一类传统职业，尤其在汽车领域，随着新能源汽车技术的发展，维修技术的方向也产生了巨大的改变，设备越来越趋向智能化，一方面是检测设备的智能化，另一方面是车载的智能化系统，这些都是需要学习的新方向。同时，随着汽车行业的发展，配套的充电设备的维护、车联网技术等新兴领域也是未来这个传统专业学生新的就业方向。

3. 管理专业

管理专业包含了一些细分的方向，如物流、金融、酒店、财务、生产等，这些行业的管理手段不再是过去的人管人，而是从流程上开始的数据化、在线化，每个行业也有专业的行业管理软件，这些软件让企业更加高效，让管理更标准化，所以尽早地接触这一类的软件也是互联网+职业技能的体现。

还有很多专业，此处不再一一列举，希望给学生一个思维：互联网+专业技能才是未来学习的主要方向。

（二）职业素养+专业技能

本模块重点讲述了什么是职业素养以及职业素养的能力内容，通过学习，学生可以明白职业素养不只是一个技能，而是一系列技能的综合体现，甚至包含了"互联网+"的思维以及专业技能的提高，所以真正的职场核心竞争力，就是职业素养+专业技能。

职业素养的学习要如何开始、什么时候开始呢？可以肯定的是，职业素养的培养，越早开始越好，一个人的思维、习惯养成需要花费很长的时间，一个人的表达需要不断地演练，一个人自我管理和团队合作的意识也需要尽早开始，更重要的是自学能力的培养，这些与职业素养相关的能力并非一朝一夕可以掌握，有的人甚至工作多年依然有职业素养能力不足的问题，所以在学习专业技能的同时，不断提高职业素养才能培养综合的职业能力。

总结案例

数字化转型创造战略优势

全球学术医疗保健系统实现了52亿美元的收入，吸引了3万名员工和4000多名医生。

成为并保持竞争力的关键因素是认识到变革的必要性并做出了相应的反应，这代表该系统依靠下一代数字技术提高患者参与度，提升了品牌价值。

该医疗保健系统已经有了移动应用程序，数据表明，40%的网站访问者使用移动设备获取信息，但客户想要的服务比提供的更多。数字化转型主要体现在以患者和护理人员的角度查看产品，企业高管为了提升最佳数字体验，请了一家服务提供商开发了一款新的应用程序。该程序缩小了功能范围，技术专家满足了医疗保健客户的多个需求后，创建了现场统一体验的应用程序。

在三个月内，该应用程序在50万名目标患者中获得了64%的采用率。此外，由于医生效率的提高和其他临床和后台操作流程的简化，预计这一医疗保健系统将节省1000万美元。由于该应用程序能够使患者到达时共同支付授权，客户可能会从增加的收款中获得额外的1000万美元。

资料来源：admin，新易软件（2023年05月18日）

分析：医疗保健系统的数字化转型获得了巨大成功，科技在不断发展，职场人也需要不断跟随发展脚步，数字时代改变了我们的工作方式，企业、技术的数字化转型不仅是关于技术的应用和更新，更是提供了全新赛道，掀起了职场浪潮。

活动与训练

未来的职场，你准备好了吗？

一、目标：学生对人工智能时代的未来职场有一定的了解和认知，锻炼学生信息收集、分析能力和职业规划能力。

二、活动形式：调研报告。

三、道具：运用搜索引擎、问卷、网站、App应用、书籍等手段获取调研数据。

四、过程：

1.通过调研和信息搜集，了解目前都有哪些新职业、新技能等。

2.分析调研数据，整理成一篇关于新职业的调研报告（有理论、有数据、有分析、有结论）。

（建议时间：30分钟）

探索与思考

1.如何做一名能够适应人工智能技术发展带来产业结构变革的新型技能人才？

2.在不同的行业、领域中，应该如何培养或锻炼互联网思维呢？

模块二　职业道德与职业精神

 模块简介

职业道德代表了一个行业长期形成的意识形态，也是职业法律法规的基础和底线。而职业信念更多的是个人坚定不移追求的目标、理想、方向。良好的职业道德和信念是每一个员工都必须具备的基本品质，也是企业对员工最基本的规范和要求。

职业精神的提升对新时代的从业者提出了更深刻的期望，如何领悟劳模精神、劳动精神、"工匠精神"的真谛，是从业者必须深入发掘的课题。劳模精神是出色地完成工作任务的必要前提，劳动精神是保证工作任务和工作质量必须具备的品质，"工匠精神"是追求卓越、勇于创新的思维本质。同时拥有其他敬业、创新等职业精神也是职业素养能力提升的关键因素。

 能力标准

分类	具体内容
知识	1. 了解职业道德包含的六大内容； 2. 了解职业信念的基本特征； 3. 了解职业精神的内涵
技能	1. 掌握培养职业道德的基本方式； 2. 掌握提升职业精神的方法
态度	1. 具备培养职业道德的意识； 2. 具备积极的职业信念

学习导航

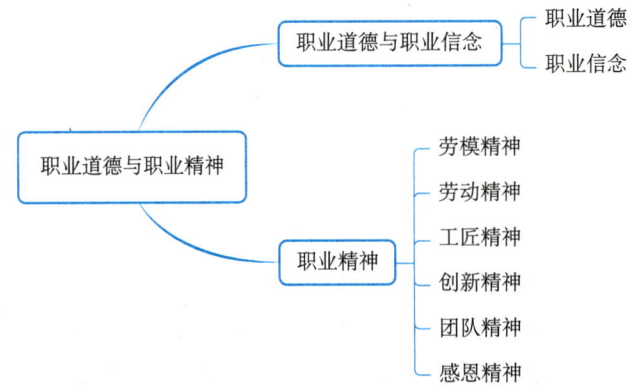

2.1 职业道德与职业信念

吴孟超院士的奋斗之路

吴孟超院士（1922—2021年）被誉为中国肝胆外科之父，他的一生充满了坎坷与奋斗，5岁随母亲远赴马来西亚，从小在艰苦的环境中长大，却始终怀揣着对祖国的热爱。

"选择回国，我的理想有了深厚的土壤；选择从医，我的追求有了奋斗的平台；选择跟党走，我的人生有了崇高的信仰；选择参军，我的成长有了一所伟大的学校。"吴孟超院士的四个选择，不仅塑造了他的职业生涯，也深刻影响了他的个人成长和价值观。

游刃于肝胆之间，也与患者肝胆相照。吴老和团队一步一步将中国的肝脏外科水平提升至世界前列，直至97岁时，仍坚持每周做两三台手术，挽救了近1.6万名肝癌患者的生命。回首吴老一生，他在医学界的贡献是不可磨灭的，他告诉我们，医者的职责是将病人的利益放在首位，他用自己的一生诠释了医者仁心的真谛，也为后人树立了一个崇高的榜样。

资料来源：周世雄，共产党员网（2021年05月22日）

问题：吴孟超院士奋斗了一生，他的经历体现了哪种职业道德？

一、职业道德

道德是社会学中的一个基本概念，是社会意识形态之一。它是由一定社会经济基础所决定的，以善恶为评价标准，以法律为保障并依靠社会舆论和人们内心信念来维系的，调整人与人、人与社会及社会各成员之间关系的行为规范的总和。不同的社会制度，不同的社会阶层都有不同的道德标准。

职业道德是众多道德准则中的一种，是一般道德在职业行为中的反映，表现为从业者在职业活动中应当遵守的行为准则和行为规范。在职场中，员工是否具备良好的职业道德成为企业对其考核的首要内容。企业选人首先考察的就是员工的道德素质和职业素养，员工职业道德的缺失给企业带来的风险和危害是巨大的。

（一）职业道德的含义

职业道德是社会分工的产物，是人类职业活动实践的产物，也是职业活动的客观要求。职业道德在个体、社会等方面体现了实践的不同意义，遵守职业道德不仅是一种责任和义务，更是获得职业成功和社会认可的基础。职业道德在不同角度拥有不同的含义。

1. 在社会关系上，职业道德是生产发展和社会分工的产物

由于社会分工，人类的生产就必须通过各行业的职业劳动来实现。随着生产发展的需要，科学技术的进步，社会分工越来越细，从而形成各种职业，而职业道德就是作为适应并调整职业生活和职业关系的行为规范而产生的。

2. 在形式上，职业道德是人们在职业实践活动中形成的规范

人们对自然、社会的认识，依赖于实践，正是由于人们在各种各样的职业实践中，逐渐地认识人与人之间、个人与社会之间的道德关系，从而形成了与职业实践活动相联系的、特殊的道德心理、道德观念、道德标准。职业道德通过人们的职业活动、职业关系、职业态度、职业作风等表现出来，是用来调整职业个人、职业主体和社会成员之间关系的行为准则和行为规范。

3. 在内容上，职业道德是职业活动的客观要求

每种职业都承担着一定的社会责任（即职责）也都享有一定的社会权力（即职权）；每种职业都体现和处理着一定的利益关系，即职业利益，没有相应的道德规范，职业就无法真正担负起它的社会职能。职业道德是人们在进行职业活动过程中，遵循的具有自身职业特征的行为规范，也是一切符合职业要求的心理意识、行为准则和行为规范的总和。

（二）职业道德的内容

良好的职业道德是每个从业者都必须具备的基本品质，是企业对从业者提出的最基本的规范和要求。职业道德主要体现在热爱祖国、爱岗敬业、诚实守信、办事公道、热情服务、奉献社会六个方面。

1. 热爱祖国

热爱祖国是指从业者在职业实践中，强化个人对故土家园、民族和文化的归属感、认同感、尊严感与荣誉感。热爱祖国是立身之本、成才之基，是每个公民的神圣义务。立志技能成才，走技能报国之路是每个技能从业者热爱祖国的具体表现，需要立足本职工作，努力践行爱国主义精神。

 案例 2.1

钱学森的爱国精神

钱学森（1911—2009 年）是中国航天事业的奠基人之一，钱学森于 1955 年冲破重重阻力回到祖国，那时的新中国正处于百废待兴的状态。他放弃了在美国的优厚待遇和学术地位，选择投身到祖国的科技事业中。回国后，他迅速投入工作中，从指导设计我国第一枚液体探空导弹的发射，到研制成功我国第一个人造地球卫星；从组织领导运载火箭和洲际导弹的研制工作，到我国第一艘动力核潜艇的设计制造，以及我国第一颗回收式卫星的成功发射，他始终站在新中国科技事业的最前沿，突破无数科研难题。

钱学森的家国情怀和坚定信仰更是让人敬佩。他深知国家的强盛需要强大的科技支撑，因此他将自己的全部心血都投入到科研工作中。晚年，他获得的两笔 100 万港元的科学奖金，也悉数捐出，用于沙漠治理，情系祖国西部。面对多个实权官衔，他没有向谁伸手，而是主动放手。即便美国曾多次邀请他访美，并授予他美国科学院院士、美国工程院院士称号，他也毫不动摇，始终坚守在祖国科研第一线。

资料来源：总装备部科学技术委员会，光明日报（2011 年 12 月 16 日 06 版）

分析：钱学森的一生，是对家国情怀的最好诠释，他的爱国精神将激励着一代又一代的中国人，为祖国的繁荣富强贡献自己的力量。

2. 爱岗敬业

爱岗敬业是指从业者热爱本职工作，干一行爱一行，严肃认真地对待工作岗位的每一项任务，恪守岗位规范，遵守职业道德，珍惜职业声誉。从业者既要热爱自己所从事的职业，又要以恭敬的态度对待自己的工作岗位，爱岗敬业是职责，也是义务。

爱岗敬业是职业道德的基础，是社会主义职业道德所倡导的首要规范。爱岗敬业要求从业者热爱工作、忠于职守、尽心尽力、一丝不苟，专心、认真、负责任地为职业目标努力奋斗。

案例 2.2

忘我工作，坚守岗位

焦裕禄（1922—1964 年），一个在兰考担任县委书记时，展现出了亲民爱民、艰苦奋斗、科学求实、迎难而上、无私奉献的精神的人，他的精神被后人誉为"焦裕禄精神"。他的一生都在为人民服务，为了人民的福祉而无私奋斗。

1958 年春，焦裕禄承担了试制新中国第一台 2.5 米双筒卷扬机的任务。这是一项艰巨的任务，但他并没有退缩，反而以极高的热情和坚定的决心接受了挑战。为了缩短工期，焦裕禄以厂为家，吃住在车间，困了就躺在车间的板凳上休息一会，饿了就啃几口馒头充饥，进入了忘我的工作状态。

然而，试制过程中并非一帆风顺。有一次，卷扬机的整铸齿轮加工过不了关，他两天两夜守在滚齿机旁和工人们一起研究改进工艺。长时间的超负荷工作使焦裕禄患上了严重的肝炎。疼痛使他有时候连腰都伸不直，但他仍然坚守在岗位上，甚至用筷子顶住肝部，以缓解疼痛。

最终，焦裕禄和他的团队成功试制出了新中国第一台 2.5 米双筒卷扬机，为国家的建设做出了巨大的贡献。

资料来源：贾关青 蔡相龙，中国纪检监察报数字报刊（2021 年 06 月 11 日 06 版）

问题：焦裕禄的事迹体现了哪种职业精神？

3. 诚实守信

诚实守信是指从业者在工作中说老实话、办老实事、做老实人，做到言行一致，表里如一，信守承诺，诚实负责，认真完成组织交办的工作任务，履行所签订的合规合法的合同、契约。

诚实守信要求从业者在工作中严格遵守国家的法律法规和本职工作的条例、纪律，秉公办事，坚持原则，不以权谋私，实事求是、信守诺言，对工作精益求精，注重产品质量和服务质量，并同弄虚作假、坑害他人的行为进行坚决的斗争。

案例 2.3

以诚待人

孔子一生勤于学习，知识渊博，后人尊称他为圣人。但他本人依旧诚实、谦虚。

有一次，孔子到齐国去，路上看见两个小孩在辩论。一个说："早上的太阳凉飕飕的，一点也不热；可中午的太阳却像开水一样烫人，这不就说明太阳早上离我们远，中午靠我们近吗？"另一个争辩道："不对！早上太阳又大又圆，就像车顶上的篷盖那么大；可到中午太阳就变小了，顶多也不过菜盘那么大，近大远小，这是常识。"两个孩子争得不可开交时，看见两个大人站在眼前，就问那位年长者："你是谁？"年长者回答："我叫孔丘，是鲁国人。"孩子高兴地说："噢，原来是孔夫子呀，听说你很有学问。就请你评一评看谁说得对。"孔子老老实实地承认："这个问题我回答不了，以后我向有学问的人请教，再来回答你们吧。"孩子们哈哈大笑起来："人家都说孔夫子是个圣人，原来也有回答不了的问题呀！"孔子望着笑着离去的孩子，对身边的学生子路说："在学习上知道的就说知道，不知道的就说不知道，只有抱着这种诚实态度，才能学到真正知识。"

资料来源：列子，《列子·汤问》

问题：孔子被誉为圣人，依然以诚待人，对我们有什么启示？

4. 办事公道

办事公道是指从业者在执行工作任务和处理工作问题时，秉持公正立场，按照程序和规章平等待人，公平办事。

办事公道需要从业人员按照同一标准和同一原则办事的职业道德规范完成工作，即处理各种职业事务必要公道正派、不偏不倚、客观公正、公平公开，对不同的服务对象一视同仁、秉公办事，不因职位高低、贫富亲疏的差别而区别对待。

案例 2.4

清廉为政不徇私情

邓颖超（1904—1992年）是一位伟大的无产阶级革命家、政治家，党和国家的卓越领导人。她是20世纪中国妇女的杰出代表，也是中国妇女的骄傲，蜚声海内外。

邓颖超当选为全国人大常委会副委员长后，有关部门要为她换汽车，她坚持表示不换。党的十一届三中全会增补邓颖超为政治局委员后，她又婉言谢绝一些人要给增加秘书、警卫员的好意，并主动找有关部门说："一切照旧，职务变了，地位变了，一切待遇不变。"

周恩来邓颖超夫妇对亲属的要求一直极其严格，甚至近乎苛求。为此，他们曾不得不干预对晚辈中一些人的工作安排，明确表态，不同意任命较高的职务，当了兵的要退役，要到牧区、农村劳动，甚至爱人从外地调北京的要返回原籍等。

资料来源：中共中央党史和文献研究院，人民日报（2024年02月04日05版）

分析：邓颖超毫不含糊、坚持原则的态度，折射出老一辈共产党人在细节处时刻严格要求自己，带头身体力行、严格自律的作风精神。

5. 热情服务

热情服务是指从业者在工作中尊重服务对象，以积极主动的态度提供服务。热情服务是从业者个人才华和良好职业素质的外在表现，也是从业者有效满足客户期望和需求的行动、过程及结果。热情服务需要从业人员做到以下几点：

（1）对待工作要充满热忱和积极性。热情服务不仅仅是完成任务的表面行为，更是一种发自内心的热爱和投入。需要听取客户意见，了解客户需要，为客户着想，端正服务态度，怀揣热情为客户服务，这种热情能够激发个人潜力，提高工作效率，并创造出更加出色的工作成果。

（2）对待服务对象要真诚友善。对待服务对象包括主动与客户沟通，耐心解答疑问，关注客户需求，努力提供满意的服务，履职尽责，坚持工作的高标准，尽力满足客户需要。通过积极互动和真诚关怀，能够建立起良好的关系，增强客户的信任感和满意度。

 案例2.5

"点灯人"钱海军

2022年5月，中共中央宣传部授予宁波慈溪供电公司职工钱海军"时代楷模"称号，通过报道钱海军的感人事迹，这位百姓身边的"万能电工"火爆全网。

不是在服务，就是在去服务的路上。23年来，钱海军从未间断这样的行程。从社区义工起步，他用一技之长为社区居民免费提供电力维修。"用电有困难，请找钱海军"是百姓的定心丸，而"马上到""马上修""马上好"是他对群众最温暖的承诺。

"万能电工"的名气越传越大，志愿服务的范围也越来越广，钱海军开着自己的车不管跑多远、有多累，坚持不喝群众一口水，不收群众一分钱。钱海军自学了电风扇、电饭锅、洗衣机等基础家电维修，他把孤寡老人当成自己的父母去关爱。上百名老人，他定期去检查电器、线路，再陪老人说说家常，顺带调解一下邻里纠纷。逢年过节，他带上礼物去看望，甚至大年三十都与老人一起度过。他服务的老年人，年纪最小的67岁、最大的108岁。

资料来源：王璐怡 徐子渊，浙江日报（2022年05月07日01版）

分析："幸福源自奋斗、成功在于奉献、平凡造就伟大。"钱海军用一个人的微光点亮了千万家的灯火，也映射出了一个高尚而纯净的心灵。

6. 奉献社会

奉献社会是指从业者以对社会和他人的感恩之心，在工作岗位上兢兢业业地工作，自觉地为组织、为社会做贡献。奉献社会的本质是全心全意为社会做贡献，是为人民服务精神的最高表现，是社会主义职业道德的最高境界和最终目的，是职业道德的出发点和归宿。

奉献社会要求从业人员履行对社会、对他人的义务，自觉地、努力地为社会、为他人做出贡献。当社会利益与局部利益、个人利益发生冲突时，要求每一个从业人员把社会利益放在首位。

案例2.6

无私奉献，点亮孩子的求学路

张桂梅曾荣获"时代楷模""感动中国2020年度人物"等称号。她坚守初心，响应党的号召，毅然到云南支援边疆建设，创办免费女子高中，帮助数千名山区女孩改变命运。把工资、奖金和社会各界捐款100多万元全部投入贫困山区教育中。

张桂梅为了不让一名女孩因贫困失学，坚持家访11年，遍访贫困家庭1300多户，行程十余万公里。她长期拖着病体工作，超量的付出透支了原本羸弱的身体，换来女子高中学生学习的好成绩。她不遗余力践行着"只要我还有一口气，就要站在讲台上"的诺言，用实际行动铺就贫困学子用知识改变命运的圆梦之路。多年来她一直住在学生宿舍，和孩子们吃住在一起，陪伴学生学习生活。

张桂梅同志执着奋斗，无私奉献，20年来含辛茹苦养育136名孤儿，被孩子们亲切称呼为"妈妈"，她把全部身心都献给了祖国西南贫困山区的教育和福利事业。

资料来源：庞明广　王安浩维，新华社（2022年10月08日）

分析： 作为时代的"燃灯者"，张桂梅用实际行动展现了对山区学子的爱心和对教育事业的信仰，她把一生都奉献给了社会和人民，始终坚守在西南边陲的岗位上，帮助一个个孩子改变人生轨迹，可称之为大爱。

（三）职业道德的特征

职业道德具有职业性、实践性、继承性、多样性等特征（如图2-1所示）。

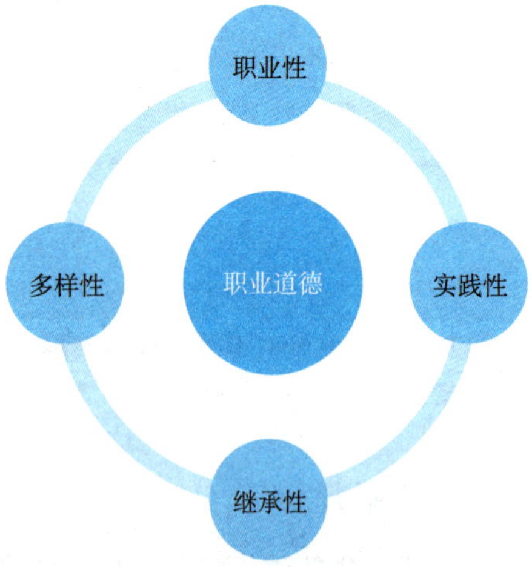

1. 职业性

职业道德的内容与职业实践活动紧密相连，反映了特定职业活动对从业人员行为的道德要求，每一种职业道德都只能规范本行业从业人员的职业行为，在特定的职业范围内发挥作用。

2. 实践性

职业行为过程就是不断实践的过程，只有在实践中，才能体现出职业道德的水准。职业道德的作用也是通过实践去体现的，从而对从业人员职业活动的具体行为进行规范。

图2-1　职业道德的特征

3. 继承性

职业道德是在一个行业的长期实践中形成的，会作为经验和传统继承下来，即使在不同的社会经济发展阶段，同样一种职业因服务对象、服务手段、职业利益、职业责任和义务而相对稳定，职业道德要求的核心内容也将被继承和发扬，从而形成被不同社会发展阶段普遍认同的职业道德规范。

4. 多样性

不同行业和不同职业有着不同的职业道德标准，在各自领域中，根据不同的职能和作用创造了不同的职业道德规范。

 案例 2.7

永驻心中的"螺丝钉精神"

"一别五十载，从未曾离开。"因为一场意外事故，雷锋不幸倒地牺牲。人们一提起雷锋，就想到他的奉献精神。现如今，只要有人干了好事，人们就会把他们赞为"活雷锋"，"活雷锋"象征着好人，隐喻着奉献、良善以及纯粹等优秀品质。

雷锋是一名士兵，驾驶卡车是雷锋的本职工作，他的岗位是平凡的，但是"干一行爱一行、专一行精一行"，在平凡的岗位上做出了不平凡的业绩。他不把工作当成负担，而是当作一种快乐，全心投入，积极创新。据报道，雷锋当年驾驶的卡车很破旧，是连队出了名的"耗油大王"，但经过他精心维修保养，竟成为节油标兵车。在那个时代，雷锋的内心深处也许没有职业道德这样的字眼，但他对职业道德有颇为形象的表达："我愿永远做一个螺丝钉。螺丝钉要经常保养和清洗，才不会生锈。"

资料来源：曹嫒嫒　泠汐　王越莹，南方 plus（2023 年 03 月 05 日）

分析：从上述名言可以看出，其中提到的螺丝钉，后被赞为"螺丝钉精神"，即像螺丝钉一样爱岗敬业，雷锋这些朴素的表达，深刻地诠释了职业道德的真义。

二、职业信念

信念是指人们坚信自己所干的事、所追求的目的是正确的前提下，在任何情况下都毫不动摇地为之奋斗、执着追求的意向动机。职业信念就是从业者在职场上坚定不移地追求目标、理想、方向的不竭动力。

我们通常说的"事业心"，就是职业信念。在心理学看来，"事业心"不是人与生俱来的，也不是后天教育灌输的，而是通过能力学习和训练得到的一种本领。职场成功，比拼的是一个人的职业素养、专业技能等综合能力，职业信念是我们心理强大的动力，也是实现职业理想的根源。

（一）职业信念的特征

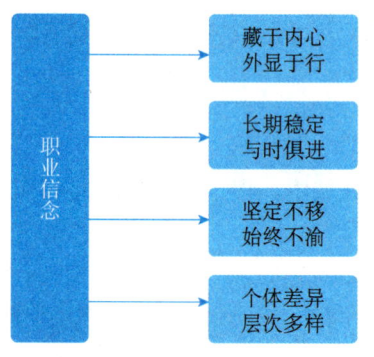

图 2-2 职业信念的特征

职业信念在于坚定职业追求，激发工作热情，铸就职业精神，实现社会价值，推动个人在职业生涯的不断前行，包括了以下几种特征（如图 2-2 所示）。

1. 藏于内心，外显于行

职业信念是人们对于职业的强烈认同感。坚定的信念往往伴随着炽热的感情，也正因为如此，人们总是会在感情的驱使下做出与职业信念相应的职业行为。职业信念不是仅仅深藏于人的内心，也体现在了外在行动上，具体表现在行为和实践意志上。在职业信念的鼓舞下，人们的职业意志是坚强的，职业行为是坚决的，而且始终不渝。

2. 长期稳定，与时俱进

职业信念是人们在长期的工作实践中逐步形成的，其中积淀了一个人多年的生活经验，包含了社会环境的长期影响。职业信念一旦形成，不会轻易改变。职业信念通过一定的思想观念形成，除了理智上的反复认识和深刻认同外，还有感情上的强烈支持。

信念与人格密切相关，信念的稳定是人格可靠的表现。一个随意改变自己信念的人，是没有原则的、不可信赖的人，职业信念亦是如此。但这种稳定性并不是绝对不变，职业信念作为一种精神现象是对现实的反映，它必然随着客观实际的改变而有所变化。这样的变化并不可怕，只要不断调整和完善自己，与时俱进，职业信念就能从现实工作中获得更多的支持，从而更有活力。职业信念正是在现实变化的考验中变得更加完善、更加坚强，僵化不变、脱离现实的信念往往是最脆弱的，它经不起现实变化的冲击。因此，坚定自己职业信念的过程是一个与现实相结合、与实践相结合的过程。

3. 坚定不移，始终不渝

当一个人抱有坚定的职业信念时，就会全身心投入自己的事业和工作中去，精神上高度集中，态度上对自己的事业充满热情，从而在行为上坚定不移、始终不渝。应该说，这正是对待事业和生活应有的态度。只有投身于生活的怀抱，才会被生活接纳，只有全力以赴地为事业而奋斗，才会走向成功。

4. 个体差异，层次多样

在社会中，人们各自的职业信念有相同之处，从而形成共同的职业信念，但不同个体意志之间，也存在着巨大的差异。事实上，一个人所拥有的职业信念也会有不同的层次，有的处于最高层，有的处于中间层，还有的处于最低层，它们各安其位，形成有序的职业信念系统。其中，高层次的信念决定了低层次的信念，低层次的信念服从于高层次的信念，这个职业信念系统体现了从业人员的职业信仰层级。

（二）职业信念的实现方式

1. 职业理想进化为信念

职业理想的形成基于个人的兴趣、能力、价值观以及对社会的认知，后期职业理想清晰和具体化后，人们会随着经验的变化不断调整修正个人的职业理想。

而信念在追求理想过程中是一种强有力的精神力量。是情感上的执着与坚持支撑起了理想的实现，所以职业信念是实现个人生活理想、道德理想和社会理想的重要精神手段，职业理想的进化过程也是职业信念不断确定的过程。

2. 保持职业热爱和追求

保持职业热爱和追求是实现职业信念的驱动力，需要深入思考职业中的价值意义，坚定地追求职业目标。

首先保持对新知识、新技能的热情和好奇心，不断学习和提升自己；其次寻找职业独特点，在工作中找到乐趣和动力，并将其作为职业发展的重点；最后设定挑战和目标，保持对职业的热情追求，不断提升自己的能力水平。

3. 积极探索未知

对未知的探索是实现职业信念和理想进程中不可或缺的一部分，可以通过以下步骤实现：

（1）明确目标和愿景。保证目标和愿景与职业信念和个人价值观相一致，激发自己的工作热情和动力。

（2）制订具体的行动计划。将计划分解为具体的步骤任务，时刻关注其进展。

（3）保持灵活性和适应性。根据实际情况进行调整修改，考虑未知因素可能产生的影响，保持积极心态面对各种挑战。

信念创造《无穷之路》

一部反映全国脱贫攻坚题材的纪录片《无穷之路》火了，主创是中国香港的媒体人陈贝儿，也因此获得了"感动中国2021年度人物"。历经3个月，陈贝儿一行5人，穿梭全国6个省份，10个脱贫地区，拍摄制作了12集纪录片，全面翔实地见证了中国的脱贫之路。

出发前，她看到许多西方媒体对中国脱贫成功的质疑。陈贝儿说："我觉得作为一个媒体人，我真的不可以只看人家的报道就信以为真。我是真的要亲身去看、去听。"一直生活在繁华都市的陈贝儿对贫穷没有什么概念，对去脱贫地区的艰辛是她未曾预料的，为了拍摄悬崖村易地扶贫搬迁的原因，她两次攀爬天梯上悬崖村，来回共一万多级，每次花费十几个小时，但还是坚持了下来。在去怒江拍摄交通扶贫时，陈贝儿不顾危险，亲身体验了过去百姓过江用的溜索。

《无穷之路》播出之后，出乎陈贝儿的意料，不仅中国大陆的观众赞誉不绝，中国香港观众也对此记录片给予了好评。陈贝儿说："很多香港观众朋友给我的留言，他们都说看得很感动，因为这个节目他们也都知道了现在国家发生的变化，这给了我莫大的鼓励"。

资料来源： 赵旭阳，上观新闻（2022年03月06日）

问题： 坚持"从生活出发，才是最能打动人心的"去拍摄的陈贝儿，是怎样实现自己的职业信念的？

活动与训练

我的职业道德追求

一、目标：了解在职场中需要哪些职业道德。

二、活动形式：课堂讨论、情景模拟。

三、道具：白色卡纸。

四、过程：

1. 分小组扮演职场角色，模拟职场工作情境，列举在工作中可能遇到的困难及挫折。
2. 讨论在工作中需要何种职业道德，能否合理利用相对应的道德来解决实际问题。

（建议时间：30分钟）

探索与思考

1. 职场中是否每个人都拥有职业道德和信念呢？
2. 未来工作中应该如何实现职业信念的提升？

2.2 职业精神

"时代楷模"鲍卫忠：新时代职业精神诠释者

鲍卫忠，一位对党无限忠诚的人民好法官。他坚守在边境民族地区长达24年，用一生干好本职工作来报答党和人民。鲍卫忠担任执行局长期间，办理的800多件执行案件中，化解了650多件"骨头案"；一个标的几千元的纠纷案件，也要带着干警数次到现场调解办理，只为尽可能化解民间矛盾，促进人民和谐。在其履行执行局长的几年里，累计为60多位特困申请执行人发放司法救助金近百万元，自己还帮助垫付8000多元执行款。

2021年10月，鲍卫忠在工作岗位上突发疾病，经抢救无效不幸去世。鲍卫忠同志先进事迹经媒体报道后，在全社会引起热烈反响。2023年2月18日，中央宣传部向全社会宣传发布鲍卫忠同志先进事迹，追授他"时代楷模"称号。

资料来源：王长山、严勇、王研，新华网（2023年12月17日）

分析：鲍卫忠同志长期扎根我国西南边陲，爱岗敬业，始终奋斗在服务群众最前沿、执法办案第一线，堪称是新时代职业精神的诠释者。

职业精神是从业者对职业责任和职业价值的自觉，体现从业者的职业理想和工作追求，包括从业者在工作中所表现出来的职业态度、职业操守、职业作风和职业境界等。职业精神在内容上可以鲜明地表达职业根本利益，以及职业责任、职业行为上的精神要求。同时，职业精神表现为某一职业特有的精神传统和从业者特定的心理和素质，是社会主义核心价值观在职业领域中的具体体现。随着社会发展和科技进步，知识、技术力量的凸显，人们对职业精神的理解也发生了很大变化，它与人们的劳动及职业活动紧密相关，是从业者基于对职业的敬畏和热爱产生的全身心投入职业的精神状态。

职业精神的科学内涵主要可概括为劳模精神、劳动精神和"工匠精神"，三个精神紧密联系构成了一个有机整体，需要总体把握、一体弘扬、统筹推进。

一、劳模精神

（一）劳模精神的含义

劳模精神是指从业者在平凡岗位上，爱岗敬业、争创一流、艰苦奋斗、勇于创新、淡泊名利、甘于奉献。劳模精神是通过劳动模范这一先进群体所展现出来具有示范意义的敬业精神，是所有从业者应该学习和追求的一种职业境界。

（二）劳模精神的内涵

1. 爱岗敬业

爱岗是从业者出于对职业的敬畏与热爱，全身心地投入职业当中，认认真真、恪尽职守的一种职业精神。同样，敬业是中华民族的传统美德，也是当今社会正确的职业价值观的要求。爱岗敬业是劳模精神的本质特征之一，体现了劳模对国家、社会、职业的高度责任感、使命感和舍我其谁的主人翁精神。

2. 争创一流

争创一流也是劳模精神的本质特征，并非指简单地达到标准，而是超越，追求卓越。在企业领域，争创一流意味着不仅要在产品质量上做到卓越，还需要在管理、创新、服务等多个方面达到领先水平；在个人层面，争创一流意味着个人应不断学习、成长，追求卓越的职业发展和个人成就。

3. 艰苦奋斗

艰苦奋斗是中华民族的传统美德，代表了不屈不挠、奋发向前的精神，是对生活的积极态度和对目标的坚定追求。它不仅是一种勤俭节约、艰苦朴素，反对铺张浪费、奢侈挥霍的生活作风和道德品质，也是一种不畏艰难、坚忍不拔、奋发图强、拼搏创业的精神状态和高尚情操。

4. 勇于创新

追求突破，创新改变，也是劳模精神的重要内涵。随着社会的发展，创新已经成为世界科技进步的重要推动力。创新是国家发展和民族复兴的前提，国防实力的增强，教育水平的提高，科技的进步，皆是因为创新。

5. 淡泊名利

淡泊名利是劳模精神的要素之一，劳模不追求个人的名利和荣誉、甘于奉献的精神是伟大和崇高的。他们敢于面对困难问题，乐于分享知识经验，愿为团队和集体的发展贡献力量，为从业者们树立了榜样，同样也激励着人们不断追求卓越。

6. 甘于奉献

甘于奉献就是一种无私的付出精神，它体现在为了团队、组织或公司的利益，愿意主动承担更多责任，付出更多努力，甚至牺牲个人利益。这种精神表现为一种强烈的责任感和使命感，不仅体现了个人的职业素养和道德品质，更是推动团队和谐发展、组织进步的重要动力。

（三）弘扬劳模精神的途径

1. 树立榜样，加强宣传教育

通过广泛宣传劳动模范先进事迹，让更多的人了解和学习劳模的精神风貌，从而激发全社会对劳模精神的认同和尊重。同时，还可以通过举办劳模事迹展览、开展劳模精神讲座等形式，让劳模精神深入人心。

2. 营造崇尚劳动、尊重劳模的良好氛围

在全社会范围内营造崇尚劳动、尊重劳模的良好氛围，让劳动者感受到自己的价值和尊严。例如，以举办劳动节庆祝活动、设立劳模纪念日等形式，让全社会共同关注劳模、学习劳模。

3. 强化技能培训，提升劳动者素质

通过加强职业培训、技能提升等措施，提高从业者的专业技能和综合素质，使他们能够更好地适应市场需求和岗位变化，这样不仅可以提高劳动生产率，还可以激发从业者的创新精神和创造力。

 案例2.8

向劳动模范看齐

徐立平是中国航天科技集团公司第四研究院7416厂航天发动机固体燃料药面整形组组长，国家高级技师、航天特级技师。1万多个日日夜夜，徐立平和他的同事们一直在用心做着一件事：给发动机药面进行微整形，按工艺要求用特制刀具对已经浇注固化好的推进剂药面进行精细修整，以满足导弹飞行的各种复杂要求。

由于固体火药有很强的韧性，含有粗糙的颗粒，很难把握，用刀的力道、多少，药面平不平，都靠技能人员自己判断。为了练好手上功夫，徐立平不停地琢磨和练习怎么用力、怎么下刀，手臂酸痛还不放下，上岗操作时更是一丝不苟，虚心请教、勤学苦练，多年下来练坏了30多把刀具，手越来越有感觉，药面整度也越来越高。到后来，用手摸一下，他就知道如何修整出符合设计要求的药面，经过他整形的产品保持了100%的合格率。

资料来源：雷婷，经济日报（2017年03月28日16版）

分析：30余年来，徐立平不畏艰险，始终坚守在一级危险岗位的第一线；他追求卓越，带领班组实现整形技术的变革；他以国为重，于无声处默默奉献，被誉为"大国工匠"，他用自己的爱岗敬业、甘于奉献诠释了职业精神，彰显了劳动模范应有的风范。

二、劳动精神

（一）劳动精神的含义

劳动精神是指从业者把劳动创造美好生活、劳动实现人生价值作为职业实践的精神追求。

（二）劳动精神的内涵

劳动精神是从业者在工作过程中体现出来的崇尚劳动、热爱劳动、辛勤劳动、诚实劳动的精神品质。

1. 崇尚劳动

崇尚劳动是树立正确的劳动价值观，充分认识到"劳动最光荣""劳动最伟大""劳动最崇高""劳动最美丽"等精神的有效途径。崇尚劳动意味着要尊重劳动的价值和地位。无论是体力劳动还是脑力劳动，都值得尊重。

2. 热爱劳动

热爱劳动是培养正确的劳动态度，促进从业者自觉劳动、积极劳动、主动劳动，激发个人潜能和创造力的关键，热爱劳动的人会在工作中找到乐趣和成就感，从而更加努力地追求进步和创新。

3. 辛勤劳动

辛勤劳动是实现个人价值和促进社会发展的基础，是对劳动过程及其强度的充分肯定。通过辛勤劳动可以积累丰富的经验和技能，提高自己的能力和素质，为社会的繁荣和发展做出贡献。

4. 诚实劳动

诚实劳动是对从业者品德的客观规定，是维护社会公平正义和良好劳动秩序的重要保障。这要求从业者要踏踏实实、求真务实、真抓实干、实事求是，以诚实的态度对待工作和他人，赢得他人的信任和尊重。

（三）劳动精神的具体表现

1. 较高的专业素质和职业道德

在职场中对待工作严谨认真，注重实效，而非仅追求表面的虚名或利益。在工作中始终坚守职业操守，诚实守信，遵守各项规章制度，以此赢得同事和上级的信任与尊重。

2. 勤奋刻苦，勇于创新

职场从业者应保持不畏艰难，勇于面对挑战的态度，以高度的责任感和使命感对待每一个工作任务，确保工作的高质量完成。同时积极寻求新的思路和方法，勇于尝试新的技术和领域，以期在工作中取得突破和创新，为公司的发展带来新的机遇和动力。

3. 注重团队协作

劳动精神的深入落实也体现在团队中，善于与同事沟通合作，共同解决问题，才能达成团队的目标。在团队中，具有劳动精神的人乐于分享自己的知识和经验，也愿意倾听他人的意见和建议，共同促进团队的和谐与进步。

案例 2.9

踏实劳动，才能收获

有一个农民工叫张富清，在十多年的时间里，他坚持每天干 15 小时的工作，不断努力、踏实干活，改善自己的生活和家庭的生活。最初，他离开家到大城市打工只是为了赚钱维持家庭，但在工作中他的劳动精神逐渐被激发。在工厂中从基层做起，任劳任怨，半夜值班时认真听取机器的声音，分辨是不是出了故障，一有发现就立刻处理。慢慢地他的工作效率越来越高，被公司领导看重，成为车间的主管。在工作中张富清始终保持一种认真负责的态度，不仅为自己赢得了尊重，也为公司创造了巨大价值，最终成为公司的技术骨干和优秀员工代表。

分析： 只有脚踏实地、不断努力，用付出和汗水去追逐自己的梦想，才能在生活的舞台上赢得属于自己的人生奖章。张富清用自己的努力和汗水诠释了劳动精神的真谛，他在劳动中获得了尊重和自豪，也获得了比金钱更为珍贵的成长与收获。

三、"工匠精神"

"工匠精神"（Craftsman's spirit）是一种职业精神，是指从业者在工作中体现出来的执着专注、精益求精、一丝不苟、追求卓越的精神品质。"工匠精神"是从业者基于职业价值取向的行动表现，不仅是一种工作态度，也是一种人生态度，代表着一个时代的精神气质，即坚定、踏实、严谨、专注、坚持、敬业、精益求精等。

（一）新时代的"工匠精神"

"工匠精神"一词最初是形容工匠们不断雕琢自己的产品，不断改善自己的工艺，使产品升华的工作态度。工匠们对细节要求很高，追求完美和极致，致力把品质从 0 提高到

1,其利虽微,却长久造福于世。

与此同时,"工匠精神"的不断追求、永不满足的创新精神持续催生着新的技术、新的服务、新的标准和新的品质,直接推动了技术升级、质量升级和产品升级,进而推动经济发展动力向创新驱动转换。在企业中,"工匠精神"是企业文化的一部分,体现了生产者或服务者对于工作品质的不断追求与坚守。

(二)"工匠精神"的内涵

"工匠精神"无论对于企业还是社会的发展都有着非常重大的意义,当今时代,很多人看重效率,从而忽略了产品的品质。因此企业迫切需要具有"工匠精神"的人才,对产品进行不断的改进;对于社会而言,可以推进社会的进步。"工匠精神"的内涵集中体现在执着专注、精益求精、一丝不苟、追求卓越(如图2-3所示)。

图2-3 "工匠精神"的内涵

1. 执着专注

执着专注是"工匠精神"的基本内涵,是指将自己的全部精力凝聚到自己认定的目标上。具有优秀"工匠精神"的人都是有毅力、有信念的,在时代发展的洪流中坚持抱负、不改其心、不移其志,实现自己的价值。

2. 精益求精

精益求精是"工匠精神"的核心,是指将自己的工作坚持做到完美的行为,精益求精是工匠具备的思想特质和从业准则。

3. 一丝不苟

优秀的从业者每一次打造产品时都会认真对待,绝不会因为"手熟"就粗心大意,越认真越熟练,越熟练也越认真,在细节中打造品质。

4. 追求卓越

追求卓越的精神,表现在从业者对自身技艺和工作对象的超越性追求上,不断创新,把技能技艺提升到更高层次,做到99分还不够,要做到101分。

(三)"工匠精神"的提升方式

从业者置身职场时,需要立足于本职工作,锤炼"工匠精神"。不管哪个行业,哪个岗位,都要做到干一行,爱一行,专一行,精一行。在职业中坚守"工匠精神"是一种义务,更是一种精神,需要从以下六点执行。

1. 不走捷径

捷径,是想要快速达到目的时使用的手段与方法,但在不具备基础的前提下,往往会弄巧成拙,也就是所谓的"欲速则不达"。不管在哪个领域或行业,脚踏实地,严谨认真才是成功的途径。对于初入职场的人来说,只要沉下心来。踏踏实实工作就一定能让自己"破茧成蝶"。

2. 忠于职守

忠于职守是指尽力遵守自己的职业本分,履行自己应尽的职责。忠于职守最重要的品质就是忠诚,每个从业者,特别是对于刚刚步入职场的从业者,要培养自己对职业的忠诚度,将自己的工作看作是分内之事。当对职业的忠诚融入我们自身的时候,我们就可以更好地完成自己的工作。

3. 积极进取

工作是否积极进取影响着自己的工作。国家、社会、个人的发展都与积极进取相关联。遇到问题一味地退缩,并不能真正解决问题。所以,在工作中我们必须有理想、有追求,不断地与他人进行比较,改正自己的缺点。

4. 充满热情

热爱工作并对工作充满热情,是"工匠精神"的基础,只有真正热爱一个行业才能做到努力工作。每个从业者都是公司运行中的重要一环,只有热爱,才能保证自己在工作时精益求精。工作在不断变化发展中,在工作过程中拥有诗意的世界才是热情工作的源泉,用满满的激情与热爱去对待工作,才能提升自己的职业素养和能力。

5. 坚持不懈

在职场当中也许工作并不会以你预想的状态来完成,失败是常事,但失败后的态度至关重要,只有坚持不懈,才能继续做下去,保证工作的完成度。

6. 团队协作

新时代工匠,尤其是产业工人已不再依赖纯手工生产,而是运用机器协同生产。团队需要的是"协作共进",而不是"各自为战",因此,"协作共进的团队精神"才是现代"工匠精神"的要义。所谓"协作",就是团队成员的分工合作;所谓"共进",就是团队成员的共同努力、共同进步。

 案例 2.10

用实际行动传承工匠精神

参加工作20多年来,他坚守生产一线,苦练技术本领,专注于解决生产难题,始终秉持"国家利益至上、消费者利益至上"行业共同价值观,在生产一线创新进取、勇攀高峰。他就是第三届"颐中工匠"——赵钢。

赵钢自参加工作以来,一直用行动诠释着"工匠精神":以高标准、严要求约束自己;作为领班,时刻关注车间的生产状况,确保每日生产按计划顺利推进;以精益项目为抓

手，主持并参与了多项精益课题和小改小革创新工作；积极发挥"传帮带"作用，将自己的专业技能毫无保留地与机台同事分享。

"'颐中工匠'的荣誉不是终点，而是起点，我接下来的重要任务，是把多年积累的工作经验毫无保留地进行传授，培养年轻的后备力量，以高标准、严要求，教技术、教经验，努力创造爱岗敬业的环境氛围，更好地传承工匠精神。"赵钢以实际行动深刻诠释了"工匠精神"的时代内涵，用服务和坚守树立了榜样。

资料来源：刘颖婕　邢曼华，人民网（2023年12月26日）

问题1："工匠精神"是一种职业道德标准还是一种职业制度？

问题2："工匠精神"的养成需要长时间的坚持还是短期塑造？

四、创新精神

在快速变化的社会发展中，拥有创新精神，会更加敏锐地感知到环境和市场的变化。通过创新的方式来发现和抓住机遇，不断地探索和尝试新的工作方式和技术；通过提高工作效率来节约时间和成本，提升个人和团队的竞争力。

（一）保持好奇心和求知欲

好奇心和求知欲是激发创造力和创新精神的重要动力，在职场中，个人应保持对工作的热情和兴趣，积极探索新的知识和领域，不断挑战自己的思维和认知。

（二）主动尝试挑战问题

挑战问题是激发创造力和创新精神的"催化剂"，个人应主动寻找问题，勇于面对困难和挑战，并关注工作的痛点和难点，思考如何改进和优化工作流程和方法。个人应敢于尝试新的思路，不断实践并总结经验教训，通过不断尝试和实践，发现自己的潜力和新的做法，从而创造出更多的价值。

（三）培养独立思考和主动行动能力

创新需要独立思考和主动行动，个人应培养自己独立思考的能力，并在遇到问题时主动行动，寻求解决方案。通过独立思考和主动行动，可以更好地应对职场中的挑战和问题。

 案例 2.11

齐白石的继承与创新之路

我国著名画家齐白石，曾荣获国际和平奖。然而，面对已经取得的成功，他并不满足，而是不断汲取历代画家的长处，不断改进自己作品的风格。他60岁以后的画与他60岁以前的画有很大的不同。70岁以后，他的风格又变了。80岁以后，他的画风又变了。齐白石一生，曾五易画风。

齐白石曾以"草间偷活"为题，赋予草虫画更深的文化内涵。历代草虫画家中，宋朝作品鲜有自题诗文，元代亦不多见，明清时期虽崇尚文雅，此类作品仍属罕见，直至齐白石，方将诗书画融为一体，成为画史上独树一帜的草虫画家。

正因为齐白石在成功后，仍然马不停蹄地改变、创新，所以晚年的作品比早期的作品更完美成熟，也形成了自己独特的流派与风格。

问题： 齐白石的守正创新精神给予了我们什么启示？

五、团队精神

团队精神是大局意识、协作精神和服务精神的集中体现，团队精神是职业精神中不可或缺的一部分，它强调的是团队成员之间的相互协作、共同合作的精神，在现代职场中，不仅要具有很强的团结协作精神，还要具有很强的团结协作能力。

（一）诚信沟通

在团队合作中首先要建立诚信沟通的氛围和环境。当团队中的人遇到困难而自己无法提供帮助时，坦诚地表达自己的局限性，避免产生误解。这种真诚的沟通不仅维护了人际关系，也可以为日后的合作打下坚实的基础。

（二）具备共同的目标和愿景

同样在一个企业里，把企业的任务目标、企业的发展愿景，和个人的职业生涯、奋斗目标结合起来，在遇到困难的时候每个员工就能想办法、出主意，通过协作和合作，发挥出最大的效益。

（三）积极协调，相互激励

团队成员在沟通过程中难免遇到争议，这时需要时刻保持沟通畅通，积极协调问题，共同寻找解决方案。同时，制订更适合自己团队的激励措施，给团队带来积极正面的引导。

案例2.12

中国女排的团队精神

"在我的字典里，'女排精神'包含着很多层意思。其中特别重要的一点，就是团队精神。"中国女排原主教练郎平说。女排当年是从低谷处向上攀登，没有多少值得借鉴的经验，但是在困难的时候，大家总能够团结在一起，心往一块想、劲往一处使。主攻、副攻、二传、接应、自由人……作为集体项目成员，女排队员在场上各有分工，但也需要及时、有效的相互补位，团结协作是排球项目制胜的关键因素。

2019年女排世界杯，中国女排以全胜战绩卫冕，第十次荣膺世界"三大赛"冠军。而本届东京奥运会，这支创造了许多辉煌的队伍却无缘八强。怀疑有之，反思有之，外界的声音蜂拥而至，让最后一个征战日显得更为艰难。

但重压之下，当比赛哨音吹响，没有一位队员以任何理由逃避退缩，反而在接连失利下越挫越勇。赛后，女排队员纷纷表示，尽管这次奥运会成绩欠佳，但大家会继续发扬团结协作、顽强拼搏的女排精神，重拾信心，再创佳绩。

资料来源：李丹阳　王东　舒天楚，光明日报（2021年09月02日05版）

分析：将集体利益置于个人利益之上，是女排精神的重要体现，是每一位队员直面挑战、争取胜利不可或缺的能量。

六、感恩精神

在这个世界上，没有人愿意帮助一个不知回报的人，因为每个人都希望自己的善意和付出能够得到应有的回报。在职业生涯中，我们难免会遇到各种困难和挑战，甚至是人际关系的摩擦和冲突。面对这些问题，如果只是一味地抱怨和责怪他人，那么结果只会越来越糟糕。

拥有感恩的心，能积极发现他人的优点和长处，是我们应该保持的最佳心态。只有真正从内心深处感激他人的帮助和支持，才能真正地做到"饮水思源"。同时，我们也要在行动上回馈他人的帮助，用我们的实际行动来表达我们的感激之情。

 总结案例

做具备职业精神的人

李明是一位年轻木匠，在村子里有着良好的声誉，他总是以高度的责任心和"工匠精神"对待自己的工作。

李明从小就对木工手艺充满了热爱，为了追求卓越，他努力学习木工技术，阅读相关书籍、观看教学视频，并积极参加培训课程，不断提升自己的技能。他深知，精湛的工艺是体现"工匠精神"的关键，于是以极高的标准对待不论简单还是复杂的作品。他善于观察，耐心研究每一块木料的特点和用途，注重细节，精心处理每一个连接点和雕花部分。

同时李明相信劳动的力量和价值。他从不轻视任何一份工作，把每一项工作都看作对自己手艺的检验，始终秉持着对劳动的敬畏之心。并且他还通过不断尝试和实践来提高自己的技术，不断追求进步。

作为一名有追求的木匠，李明不仅注重自己的成长，还积极传承和分享自己的技术。他愿意与学徒们分享自己的经验和知识，帮助他们提升技艺。他相信通过传承和分享，可以让更多的年轻人受益，并且延续"工匠精神"。

问题：李明通过什么样的行动体现了职业精神？

活动与训练

我的职业精神

一、目标：了解职业精神在不同职业环境中的实践。

二、活动形式：分组讨论。

三、道具：卡片/A4白纸。

四、过程：

1. 在卡片上列举自己关注的职业或者未来所希望从事的职业都需要哪些职业精神，分析它们在不同场景下的表现是否有差异性。

2. 以小组讨论的形式，分析如何拥有所学专业需要具备的职业精神，可能会遇到哪些阻力，遇到困难怎么办。

3. 将小组讨论的结果和自己列在白纸上的内容作对比，再次思考自我职业精神应当如何形成和修炼。

（建议时间：20分钟）

探索与思考

1. 只做好本职工作和专业工作能否满足新时代对职场人提出的更高要求？
2. 联想并对比自己和劳动模范对待职业的态度有何相同和不同。

模块三　职业意识提升

模块简介

职业意识是职场人不可或缺的职业素养，是个人对于职业劳动的认知、评价、情感和态度的综合体现，是调节和引导全部职业行为和活动的内在规范，承载着职业道德、操守和行为等要素。拥有强烈的职业意识是职业成功的基石。具备了扎实的职业意识，不仅可以提升个人的竞争力和影响力，也能够使个人在激烈的职场竞争中立于不败之地，实现职业目标和追求。

职业意识涵盖了规矩意识和责任意识、创业创新意识和生涯规划发展意识、质量意识和环保意识等多个方面。我们要培养规矩意识和责任意识，只有讲规矩，担责任才能心有所畏、言有所戒、行有所止。创业创新意识和生涯规划发展意识则是推动社会、企业发展的动力。树立正确的质量意识与环保意识，可提高工作效率，增长经济效益，还可促进可持续发展。

能力标准

分类	具体内容
知识	1. 了解什么是规矩意识和责任意识； 2. 了解什么是创业创新意识和生涯规划发展意识； 3. 了解什么是质量意识和环保意识
技能	1. 能够树立规矩意识和责任意识； 2. 能够树立创业创新意识和生涯规划发展意识； 3. 能够树立质量意识和环保意识
态度	1. 能够体会规矩意识和责任意识的重要性； 2. 能够体会创业创新意识和生涯规划发展意识对于个人与社会的重要性； 3. 能够体会质量意识和环保意识对于企业和社会的重要性

学习导航

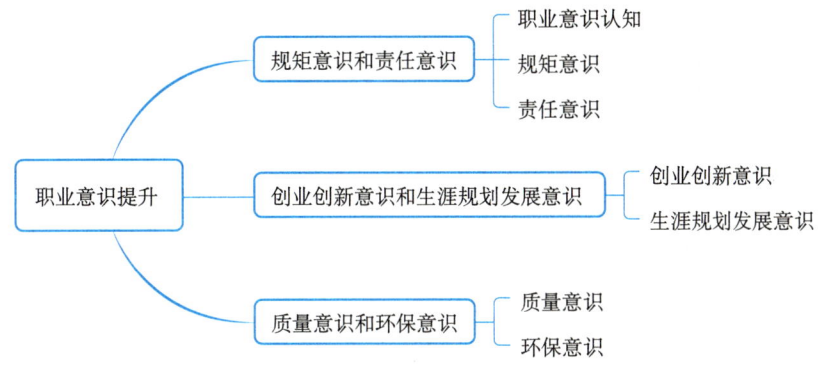

3.1 规矩意识和责任意识

坚守 20 年 责任记心间

2002 年，开远市乡镇企业局下属的 6 家企业相继倒闭停产，企业职工自谋出路，其中一些党员难以正常参加组织活动。那一年，上级党委任命 49 岁的代红辉为乡镇企业局综合党支部书记，随后交给她一项重要任务：按照名单把失联党员再组织起来。

当时对党务工作还不太熟悉的代红辉一看名单就愣住了，总共 15 个人的名单，除了名字以外别无其他信息。没地址、没联系方式，该上哪儿找？代红辉眉头紧蹙。一阵犹豫后，她还是咬牙答应了，"既然党组织把任务交给了我，我就有责任完成好这项工作。"

拿着名单，代红辉从市区到乡村，从西山到东山，她的脚上磨起了泡，短暂休整后又接着找。历时 48 天，走了 300 多公里路，名单上的党员被一一找到。第一次集中开会时，党员们说："我们真的找到家了。"

党员找回来后，代红辉向上级党委申请学习资料，并开始认真学习。从党史知识到中央最新文件，她都要先自己反复钻研明白，再讲给支部的同志们听。越来越多人找到代红辉，向党组织递交入党申请书。随着党员数量增多，2011 年，经上级党组织批准，开远市乡镇企业局综合党支部改为党总支；2015 年，开远市成立非公经济组织联合党委，党员人数达到 177 名。2021 年，代红辉被评为"全国优秀党务工作者"。回首过去 20 年，她却说："我做得还不够，以后要加倍努力。"

资料来源：沈靖然，《人民日报》（2022 年 04 月 18 日 11 版）

分析：代红辉对党忠诚，富有极高的责任感。她历经48天、300多公里的寻找，把15名失联党员带回"家"。"绝不让关停、倒闭企业党员找不到组织。"这是她的铮铮誓言。她坚守自己的职责和使命，值得我们学习。

一、职业意识认知

（一）职业意识的定义

职业意识是职业道德、职业操守、职业行为等职业要素的综合体现，对于指导个体的职业认知和行为具有重要作用。在当前激烈的市场竞争下，职业意识作为职业素养的核心，直接影响着个体职业生涯的发展。高职教育致力于满足市场用人需求。因此，职业院校学生在日常学习生活中应积极培养规矩意识、责任意识、创业创新意识、生涯规划发展意识、质量意识和环保意识。通过自觉深化对职业意识的理解和认同，逐步提升个人职业素养，为未来成功就业打下坚实基础。

职业意识是人们对职业劳动的认知、评价、情感和态度的综合反映。由于每个人的职业意识不同，所以职业轨迹各不相同，产生的职场结果也不同。因此，积极的职业意识是实现职场成功的关键因素之一。

（二）职业意识的影响

树立良好的职业意识，可以为职业院校学生未来成功进入职场奠定坚实的基础。积极的职业意识对于个人的影响主要体现在以下三个方面。

1. 提高工作效率

影响工作效率的因素众多，但是良好的职业意识一定是众多因素中最重要的一个，因为职业意识会影响到职业行为、工作过程、个人情绪等方面。

2. 养成良好的工作情绪

良好的职业意识会增强工作的动力，让工作更加积极主动。

3. 促进职业成功

研究表明，职业的成功60%取决于职业意识，30%取决于职业技能，而10%则靠运气。因此，积极的职业意识对于职场人来说至关重要。

在生活中，我们经常会听到有人评价另一个人缺乏"眼力见儿"。如果这种情况出现在职场，很可能是由于此人的职业意识存在问题。在应该表现出职业化行为或态度的场合，做出不成熟、不合理的举动是常见的错误，尤其是对于新人来说，一些在日常生活中容易被忽略的细节，在职场中可能会被放大成为问题。

（三）增强职业意识的基本要求

增强职业意识具体要从规矩意识与责任意识、创业创新意识和生涯规划发展意识，质量意识和环保意识三个方面探讨。

1. 规矩意识与责任意识

强化规矩意识和责任意识是现代社会个人、组织发展的重要基石，它们在维护秩序、提高效率、增强信任及实现目标等方面发挥着关键作用。

规矩意识指的是个体或集体对既定规则、制度、法律、道德规范等社会行为准则的认同、遵守和维护的自觉性。它要求人们在日常生活中，无论是工作还是生活，都能自觉遵守各种规章制度，不越界、不违规。

责任意识是指个体或集体对自己所承担的任务、职责以及由此产生的结果的自觉认识和负责态度。人们必须明确自己的角色定位，积极履行职责，勇于承担责任，对结果负责，责任意识的增强有助于提高团队的凝聚力和战斗力，提升个人能力和素质。责任意识是成长的重要组成部分。

职业院校学生应在专业学习和实习中培养规矩意识和责任意识。这是未来成功就业、实现个人价值的重要前提。通过培养这些素养，个人可以更好地适应职场环境，并为自己的职业生涯打下坚实基础。

2. 创业创新意识和生涯规划发展意识

创业创新意识是决定一个国家或民族创新能力的核心精神动力之一。在当今社会，创新能力已成为国家和民族发展的代名词，也是解决自身生存和发展问题的关键。个人职业生涯占据了绝大部分时间，因此职业生涯的成功直接影响着个人的生活质量。社会是学校所学知识的最终考验场所，因此职业院校的学生必须做好准备，迎接社会的挑战。

职业院校的学生应具备灵活的思维，深入了解自身的个性特征、能力素质和需求等内在因素，同时了解外部环境和资源等外部因素。在此基础上，结合个人理想和追求，强化创业创新意识和生涯规划发展意识，为未来顺利融入社会做好全面准备。

3. 质量意识和环保意识

质量意识是指企业内部从领导层到每个员工对质量和质量工作的认识和理解，它是企业生存和发展的理念基石。提高质量意识对于规范和促进质量行为具有至关重要的作用。职业院校学生具备实践操作能力强、上岗适应周期短的优势。因此，同学们应该充分发挥自身潜力，提升职业技能，增强质量意识，以便展现出毕业即上岗的竞争优势。

环保意识不仅是企业员工的责任，更是企业生存的重要保障。树立质量意识和环保理念是职业素质教育中的关键内容。学生们在学校树立了质量意识和环保观念，才能在未来的工作中自觉保证产品或服务的质量，成为社会的"环保卫士"，通过各种方式减少对自然环境的不良影响，使地球充满生机，家园绿意盎然。

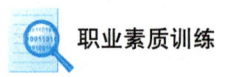

案例 3.1

聪明的人，都懂得先准备好自己

一位主播桃子小姐，在一次录制节目时出了一个小差错，上司拿这事做文章，让她回家待岗。

每天早上，老公去上班后，桃子小姐把孩子送到幼儿园，回到家，面对着空荡荡的大房子，她的心底就会生出许多绝望。

那些日子，她十分焦灼不安，经常会不停地问自己，该怎么办？

她的朋友安慰她，你的专长是播音，就是待在家里，这项技能也不能丢。谁都有遇到坎坷的时候，都会过去的。

接下来的日子，她渐渐变得比上班还忙碌，天天接一些录音的活，有时忙到深夜。

过了半年，单位换新上司了，全体主播需要重新竞争上岗。一周后，桃子小姐来和朋友报喜，这次竞争上岗，她的成绩在全台排第一。

重新回到台里的桃子小姐更加勤奋，一气拿下几个奖项和证书，简直像打了鸡血一般。前段时间，更高一级的电台选主播，桃子小姐报了名，初试也很成功。她的眼里光芒万丈，是那种努力后换来自己想要的结果充满无限力量的光。

分析： 只有自己逐渐变好，世界才愿意为你的努力和能力买单，无论是哪种回报，都是对你的认可和尊重。

问题： 在桃子小姐的经历中，体现了什么样的职业意识，她为何能够获得全台第一的成绩？

二、规矩意识

（一）规矩意识的内涵

1. 规矩意识的定义

规矩意识是指人们在日常生活、工作和学习中，遵循一定的行为准则和规范，以保持秩序、维护公平、促进和谐。规矩意识强调的是一种自觉性和自律性，要求人们自我约束、自我管理，以实现个人和社会的共同发展。

2. 规矩意识的三个层次

规矩意识是现代社会每个公民都必备的一种意识。规矩意识有三个层次：

（1）规矩的相关知识。
（2）遵守规矩的愿望和习惯。
（3）遵守规矩成为人的内在需要。

3. 规矩意识的内涵

职场中的规矩相当于数学中的公理,往往是无须公示但又普遍运用的规则。在长时间的沉淀下,各行各业都形成了很多规矩。职场中的很多规范是写在制度中的,也有一些是表现在工作场景中的。例如,每日的上班时间,财务报销手续,给客户发邮件的标准邮件格式,规范的工作话术,公文书稿的字体、标题、排版规则都有明确的文献说明,而职业着装,与同事、上级的沟通流程等则没有明确的文献说明,但每日都在工作场景中反复出现。打破规矩不是创新,在不理解某些职场规矩及其背后设立的原因的情况下贸然打破规矩,是对自己的职业生涯,以及对公司、同事、上级领导的不负责任。

(二)规矩意识的分类

通过前面的内容,我们可以发现在职场,规矩可以分为两种类型:看得见的和看不见的,即显性规矩和隐性规矩(如图3-1所示)。

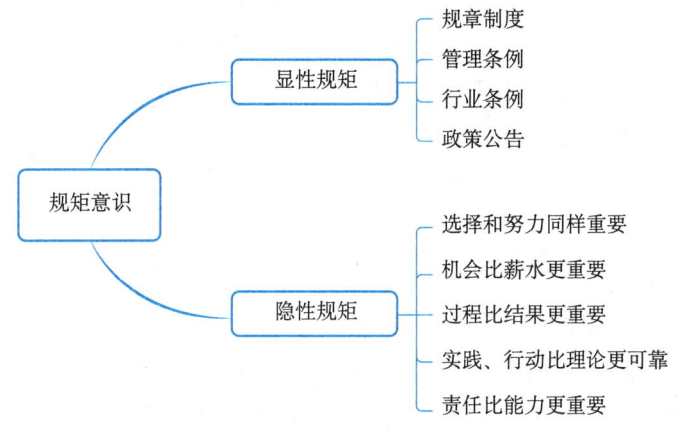

图3-1 规矩意识的分类

1. 显性规矩

显性规矩一般是经过权威认证或普遍认知的公开性的条陈,也是对集体利益的保障,如公司的规章制度、管理条例、行业条例、政策公告等。显性规矩最大的特点是有据可查,有规可循。

2. 隐性规矩

职场中的隐性规矩是相对于显性规矩而言的。一般情况下,职场中很多规矩不是通过条例方式公示于众,而是约定俗成,人人都遵守的约定。例如,工作的服装,与上级及同事交流的方式等。这些隐性规矩潜移默化地影响着职场中每一个人的行为和职业意识。

(1)选择和努力同样重要。人生就是在一次次选择中度过的,有关乎人生际遇的重大抉择,更有无数无关大局,但一点一滴影响生活质量的小选择。意大利经济学家帕累托曾发现著名的二八定律,也叫"最省力的法则",他认为,任何一组东西中,最重要的是其

中20%的部分，20%的选择，决定了一个人80%的人生。在做好选择的基础上，进行努力，才会事半功倍。

（2）机会比薪水更重要。薪水可以满足我们的物质需求，为我们提供稳定的生活质量。一方面，仅仅追求高薪工作可能会限制我们的发展前景和个人成长。另一方面，机会则可以为我们的职业生涯带来突破和提升。一个好的机会可以让我们不断学习和成长，拓展人际关系和资源，进而实现更高的职业目标和人生价值。

（3）过程比结果更重要。只有重视过程，认真做好工作中的每一件小事，重视每一个小环节，保证每一个事项与事项之间、环节与环节之间的环环相扣、规范有序，讲究效率和质量，才会产生一个好的结果。如果做事敷衍了事，头绪混乱，流程不清，效率太低，质量太差，在职场中很难有一个好的结果。在工作中不能仅仅以结果为导向。虽然朝着目标努力是非常好的职业态度和工作方式，但是在工作中一定要时时关注工作过程，只有对工作过程全面把握才可能收获结果之外的丰富经验与工作感悟。

（4）实践、行动比理论更可靠。职场上的许多问题不需要高深的理论，而是需要实际操作，千里之行始于足下，只有行动起来，才能在实践中发现问题、解决问题。

（5）责任比能力更重要。敢于承担责任是职场人必备的能力。只有勇于担当更大的工作任务，攻克更难的关卡，积极主动地为公司贡献自己的力量，才能更早地被领导或上级部门注意到，从而获得更多的职业机会。

（三）规矩意识的重要性

首先，规矩意识有助于维护社会秩序，减少混乱和冲突，保障人们的合法权益。其次，规矩意识强调公正、公平的原则，能够保障人们的平等权利，减少不公现象的发生。最后，规矩意识较高的社会中人们的生活与工作行为更加规范，能够减少不必要的浪费和延误，提高社会运行效率。

（四）如何强化规矩意识

第一，加强教育引导。例如，通过开展主题教育活动引导工作人员深入学习党纪国法与单位的相关制度，增强规矩意识；领导带头遵守规矩，发挥示范引领作用，带动全体员工自觉遵守规矩；通过宣传教育、舆论引导等方式，营造尊崇规矩、遵守规矩的良好氛围。

第二，完善制度建设。建立健全各项规章制度，明确工作流程和行为规范，使职工在工作中有章可循。加强制度执行情况的监督检查，确保各项制度得到有效执行，维护制度的严肃性和权威性。根据形势发展变化，及时修订完善相关制度，使制度更加科学合理、切实可行。

第三，强化监督。建立健全日常监督机制，对员工遵守规矩情况进行实时监督。对违反规矩的行为要严肃查处，形成有力震慑。

案例 3.2

"欲知方圆,则必规矩"

"规矩"是习近平总书记口中的高频词,在不同场合,他也多次强调"规矩"。

2012年11月16日,刚刚履新中共中央总书记的习近平就强调"没有规矩,不成方圆",提出党章是"根本大法"和"总规矩"。"这里是立规矩的地方。"2013年7月,习近平总书记在西柏坡面对当年毛泽东同志提议的"六条规矩"时发出感叹。"治理一个国家、一个社会,关键是要立规矩、讲规矩、守规矩。"在2015年1月13日的十八届中央纪委第五次全体会议上,习近平总书记进一步提出了"政治规矩"这个词,要"严明政治纪律和政治规矩","把守纪律讲规矩摆在更加重要的位置"。在2015年1月16日的中央政治局常务委员会会议上,又进一步提出,"坚持党的领导,首先是要坚持党中央的集中统一领导,这是一条根本的政治规矩"。

"规矩"是我党从胜利走向胜利的重要法宝。从上海初试啼声,到井冈山星星之火,再到延安、西柏坡筚路蓝缕,直到北京"中华人民共和国成立了",每一段行程的跨越,靠的都是规矩,靠的都是全党的统一意志、统一行动。可以说,我党历经多年艰难曲折的奋斗,正是靠着讲规矩,才有了今天的辉煌。

资料来源:赵银平　王萌萌　张明宇,新华网(2016年03月02日)

问题:习近平总书记为什么要反复强调规矩意识?

三、责任意识

(一)责任与责任意识的定义

1. 责任的定义

(1)为社会中的一员,个体分内应做的事,如职责、岗位责任。
(2)没有做好自己的工作,个体应承担不利后果或履行强制性义务。

2. 责任意识的定义

责任意识就是清楚明了地知道什么是责任,能自觉、认真地履行社会职责和承担在参加社会活动过程中的责任,把责任转化到行动中的心理特征。

(二)责任意识的内涵

新时代,我国社会主要矛盾已经转化为人民日益增长的美好生活需要和不平衡不充分的发展之间的矛盾。新时代青年作为推动社会发展的重要力量,肩负着实现中华民族伟大复兴的历史使命。培育新时代青年的责任意识,对于引导他们投身社会实践、促进社会和谐

健康有序发展具有重要意义。

社会责任意识是一种自觉意识，表现得平常而又朴素。人们能自觉、认真地履行社会职责和承担在参加社会活动过程中的责任，就是责任意识的体现。新时代青年应关心社会大局，积极参与社会生产，推动社会进步。

（三）职业责任

1. 职业责任的定义

职业责任指的是劳动者在职业活动中所承担的特定的职责，包括人们应该做的工作和应该承担的义务。

职业责任包含两个层次的内容：

（1）普遍的、共同的职业责任和义务。

（2）个人工作所在的行业所特有的责任和义务。

2. 个人责任、集体责任与社会责任

（1）个人责任。是由自己而非他人或其他机构团体强迫个人产生的责任意识。个人责任要求自己对自己及自己的行为负责，且对自身进行评判。一个人首先要有自我责任意识，才能履行社会责任。

（2）集体责任。即对组织的责任，指的是从业人员对工作单位所承担的职责和义务。从事不同职业的劳动者、担任不同岗位工作的劳动者，所承担的责任是不同的，如经理的职业责任一般要大于普通员工的职业责任。每位职业人都应当树立明确的责任意识，认真对待工作。

（3）社会责任。指的是从业人员所承担的社会任务，以及为社会做出的贡献。每一个人都是社会的一分子，都承担着一定的社会责任，应当为社会做出应有的贡献。工作者必须明白自己自身职业与社会之间的关系，认清自己所肩负的社会责任，对国家应承担的义务。

3. 责任的承担形式

职业责任的承担形式不一，主要包含了道德责任、纪律责任、行政责任、民事责任和刑事责任。道德责任指的是从业人员所承担的良知与道德的责任。纪律责任指的是从业者在履职的过程中违反职业规范与职业纪律，所受到的纪律处分。行政责任指的是人们在工作时，违反行政法规而依法承担的责任。民事责任指的是从业者在工作的过程中，因故意或过失而违反了相关法律法规、职业纪律，构成民事侵权、形成债权债务关系等依法应当承担的责任。刑事责任指的是从业人员在工作过程中，因个人行为给国家、集体或他人造成损失与伤害，并触犯了刑法，应当依法应当承担的责任。

（四）工作中的责任意识

责任意识的表现在我们的工作与生活中的各个方面。责任意识强，再大的困难也可

以克服；责任意识差，很小的问题也可能酿成大祸。有责任意识的人，受人尊敬，让人放心。

在工作中，我们每个人都有自己的责任，勇于承担自己的责任，是职业精神的体现。只要稍稍留意，我们就会发现，总有一些人用自身行动诠释着责任意识最高境界。

党的好干部牛玉儒以勤政为民、忘我工作诠释"生命一分钟，敬业六十秒"；桥吊工人许振超在普通岗位上创出世界一流的"振超效率"；乡邮员王顺友二十年如一日在大凉山中用脚步丈量工作的苦乐；"公安卫士"任长霞以炽热情怀书写执法为民的人生壮歌；导弹司令杨业功用赤胆忠心浇铸共和国的"和平之盾"；科学家马祖光在实验室里以"生命之火"点燃"科学之光"；艺术家常香玉用德艺双馨八十人生唱响"戏比天大"；门头沟区落坡岭社区党支部书记孟二梅在断水、断电、断网的情况下，积极救助因暴雨滞留的乘客……

从他们身上，我们无不感受到一种品格，一种境界，这就是对国家、对人民、对事业的责任。责任意识是一个人做好任何一件事都不可或缺的心理品质。而缺乏责任的人，令人不安，对个体与公司都会造成危害。作为职业院校的学生，应当提高责任意识、培养责任感。

总结案例

稻浪千重，路远情长

"丝绸包裹的种子，来自中国，饱满飘香的稻谷，长在非洲。从一个项目，到一个产业，黄皮肤汉子的执着，让黑皮肤的兄弟理解了人类命运共同体的深意。稻浪千重，路远情长。"这是2024年4月8日"感动中国2023年度人物盛典"给中国援布隆迪高级农业专家技术援助项目组长杨华德的颁奖词。

自2009年以来，中国在布隆迪已连续实施6期高级农业专家技术援助项目，援建农业技术示范中心，为当地人民提供种子、设备和农用物资，推广传授先进农业技术。杨华德自2015年担任布隆迪项目组长以来，扎根非洲近十载，多年如一日，带领专家组开拓创新，将当地水稻单产由2吨/公顷提升至示范田的10吨/公顷，并培养出110名青年带头人，点燃布隆迪农业发展"星星之火"。杨华德推动成立的"生产性投入基金"减贫模式契合当地国情实际，成功实现示范村全村脱贫，已推广至布隆迪全国15省56个村庄，正在进一步向津巴布韦、圣多美和普林西比、布基纳法索等其他非洲国家推广。杨华德的学生恩达·伊克基已担任布隆迪国家合作经济发展署署长，成为布隆迪最年轻的高级官员。布隆迪总统五次亲临视察，对专家组工作给予充分肯定，授予杨华德组长布隆迪国家功勋证书。

资料来源：扬懿瑾，国家国际发展合作署（2024年04月10日）

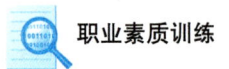

分析：杨华德和其他中国专家远离故土，认真工作，将先进的农业技术和宝贵的中国经验传授给非洲人民，为构建人类命运共同体倡议做出努力，体现了责任意识与规矩意识。稻浪千重，路远情长。

活动与训练

不守规矩的恶果

一、目标：理解规矩、责任的范畴和重要性。

二、活动形式：事例分享。

三、道具：故事演绎、视频采访。

四、过程：

1. 依据本节课所学内容，以小组为单位，设计一组路人采访问题，围绕不守规矩、不负责任带来的坏影响和恶果，对周边人展开突击采访。

2. 收集汇总采访的视频或文字，制作成一组短片。

3. 以视频的形式在班级内分享，深刻理解规矩责任在生活中、工作中的重要性。

（建议时间：20分钟）

探索与思考

1. 在生活中，你是否见过责任意识差的案例？

2. 请结合具体案例，谈谈规矩意识对工作的重要性。

3.2 创业创新意识和生涯规划发展意识

导入案例

用创新点燃活力 老字号逆势新生

北京稻香村品牌创始于1895年,至今已近130年,主要经营糕点、肉食、速冻食品等特色食品,共16大类600多个品种。近年来,北京稻香村在经营模式、产品研发等方面相继推出了多项创新举措,取得显著成效。

为顺应消费形势变化,北京稻香村推出了"一店一策"创新经营发展战略,根据门店地理位置、文化背景、消费人群等不同特点,陆续打造了"零号店""南城生活店""东城食尚店""西单拾味店""朝阳时光店""西城山水店"和"工厂店"共7家特色门店。"零号店"选在了北京稻香村复业时期第一家门店原址处,店内设有文化展示区、烘焙体验区、现烤烘焙区、特色茶饮区和文创产品区。"中国象棋""北京胡同"等融合了传统文化、北京民俗文化的新产品也不断涌现。"零号店"开业后获得了众多青睐,不仅登上了大众点评"北京热搜",也一度荣登北京地区面包烘焙榜单第一,更是凭借着良好的口碑和火爆的热度,成功上榜"2021年北京网红打卡地"。店铺单日最高销售额可达18万元,年轻顾客占比70%以上。

通过提炼传统糕点中的特色口味,北京稻香村还相继推出了"牛舌鲜乳茶""枣泥鲜乳茶""五仁牛乳茶"等多款京味茶饮。2022年夏天,北京稻香村推出了一款极具老北京特色味道的"二八酱冰激凌",一举成为"网红"新品,门店单日最高可销500余杯。

资料来源:明慧,中国改革报(2023年02月13日 第03版)

分析:北京稻香村的创新表现,刷新着人们对老字号的固有认知,也让人们看到了老字号品牌更多的可能性。

一、创业创新意识

创业和创新是当今社会中至关重要的实践活动。无论是社会进步还是企业发展,都深受创新力的影响。因此,对于职场人来说,具备创业创新能力至关重要。而了解创业创新的基本知识则是培养这种能力的基础。

首先,创业和创新不仅仅是企业家们的专利,而是每个人都可以参与的社会活动。通过创业,人们可以提出新的商业理念,创造就业机会,促进经济发展。而创新,则是推动

社会进步的引擎，无论是在科学技术领域还是在社会制度方面，都需要不断地创新来适应不断变化的环境。

其次，创业和创新能力是职场人成功的重要因素之一。在竞争激烈的职场环境中，那些具备创业精神和创新意识的人更容易脱颖而出。他们能够在工作中发现问题，并提出新的解决方案，从而为企业带来更大的价值。

最后，了解创业创新的基本知识对于培养个人能力至关重要，这包括对市场趋势、技术发展、商业模式等方面的了解。只有通过不断学习和实践，我们才能够提升自己的创业创新能力，更好地适应未来的职场挑战。

（一）什么是创业创新意识

创业是指创立基业、开创事业的意思，是创新的实践性应用。创业意识是个体寻求机会进行价值创造的过程。例如，某人在大学期间发现了一种新型的智能家居设备，并开始着手研发和推广时，他展现了创新的思维和行动。但当他决定辞去稳定的工作，投入自己的创业公司中，将这一设备推向市场时，他便进入了创业的阶段。因此，最佳的创业不仅是创新活动的延伸，更是从事自己喜欢的事情的一个自然而然的结果。

创新意识指的是人们根据社会和个人生活发展的需要，产生创造前所未有的事物或观念的动机，并在创造活动中表现出的意向、愿望和设想。这种意识是人类思维活动的一种积极而富有成果的表现形式，是进行创造活动的出发点和内在动力，也是创造性思维和创造力的前提。

（二）创业创新意识的构成

创业创新意识包括创造动机、创造情感、创造意志。

1. 创造动机

创造动机是指驱使人们进行创造性活动的内在或外部因素。它是激发个体进行创新、发明、创作等活动的动力或愿望。这种动机可以来自个体内部的热情、好奇心、追求卓越的渴望，也可以来自外部的奖励、认可、社会压力等因素。创造动机通常激发人们去尝试新的想法、解决问题或者改善现状，从而促进个体的成长和社会的发展。

2. 创造情感

创造情感指的是与创造性活动相关的情感体验和情绪状态。这种情感可能包括兴奋、好奇、愉悦、满足等积极的情绪，也可能包括挑战、焦虑、不安等负面情绪。在创造性过程中，个体可能会经历不同的情感体验，这些情感对于激发创造性思维和行为至关重要。创造情感在创新、创作、发明等领域中发挥着重要的作用，它不仅影响着个体的创造力和成就感，也影响着整个创造性过程的质量和效果。

3. 创造意志

创造意志是指人们在面对困难、挑战或者未知情况时，坚定不移地追求创造性目标的意愿和决心。这种意志力量驱使个体克服种种障碍，持续不断地努力实现自己的创新想法、创作目标或者创业计划。创造意志包括对于创造性活动的热情和奉献精神，以及面对困难时不轻言放弃的坚定决心。它是支撑个体在创造过程中持之以恒、不断进步的动力源泉之一。

（三）创业创新意识的作用

1.创业意识对国民就业和经济发展具有倍增效应

创业对国民就业和经济发展有着显著的增长效应。

具备创业意识的人们更容易发现市场机遇，敢于尝试新的商业模式和经营理念，从而促进企业的成长和壮大，推动就业机会的增加。创业的成功不仅对个人有利，也造福于国家和民众。个人除了获得一份工作外，还能激发和发展自己的潜能；而对国家而言，自主创业意味着减轻社会就业压力，并为其他人提供就业机会。

2.创业意识培养了人们的自主性和责任感

在创业过程中，创业者不仅要承担起企业的风险和挑战，更需要具备自主思考、自主规划的能力，以及对团队成员、投资者、合作伙伴和社会的责任感，由此才能够有效地推动企业的发展。

3.创新意识决定一个民族创新能力

在今天，创新能力实际就是国家、民族发展能力的代名词，是一个国家和民族解决自身生存、发展问题能力大小的最客观和最重要的标志。

4.创新意识推动社会的全面进步

创新意识根源于社会生产方式，它的形成和发展必然进一步推动社会生产方式的进步，从而带动经济的飞速发展，促进上层建筑的进步。创新意识进一步推动人的思想解放，有利于人们形成开拓意识、领先意识等先进观念；创新意识会促进社会政治向更加民主、宽容的方向发展，这是创新发展需要的基本社会条件。这些条件反过来又促进创新意识的扩展，更有利于创新活动的进行。

5.创新意识能促成人才素质结构的变化

创新实质上确定了一种新的人才标准，它代表着人才素质变化的性质和方向，它传递着一种重要的信息：社会需要充满生机和活力的人、有开拓精神的人、有新思想道德素质和现代科学文化素质的人。它客观上引导人们朝这个目标提高自己的素质，使人的本质力量在更高的层次上得以确证。它激发人的主体性、能动性、创造性的进一步发挥，从而使人自身的内涵获得极大的丰富和扩展。

案例 3.3

科技创新和产业创新深度融合

2024年3月5日，习近平总书记在参加十四届全国人大二次会议江苏代表团审议时强调，要牢牢把握高质量发展这个首要任务，因地制宜发展新质生产力。

"江苏牢记习近平总书记嘱托，根据本地的资源禀赋、产业基础和科研条件等，加快发展新质生产力。"

在江阴市，即将通车的黄山路斜拉桥自亮相以来就成为城市地标和热门打卡地。这项工程率先在跨百米大桥中应用了两根超长碳纤维复合材料斜拉索，这源自江苏两家新材料龙头企业——中复神鹰碳纤维股份有限公司和法尔胜泓昇集团有限公司的接力创新。

中复神鹰连云港分公司的碳纤维自动化生产线上，乳白色的聚丙烯腈原丝经过氧化、低温碳化等工艺，成为一轴轴闪着光亮的黑色碳纤维。这些碳纤维单根直径只有7微米左右，强度却比钢铁还高——一束1米长的碳纤维，重量只有0.5克，可承受500公斤的拉力。碳纤维性能优异，广泛应用于航空航天、交通运输、绿色能源等领域。

在位于江阴市的法尔胜泓昇集团，这些碳纤维材料经过二次创新，成为碳纤维复合材料拉索，"拉"起主跨百米长的斜拉桥。

2023年，江苏省新材料规模以上企业实现营业收入1.6万亿元。目前，江苏省聚焦新材料等16个先进制造业集群重点攻关方向，强链延链补链，构建完善以国家实验室为引领的创新链，着力打造具有全球影响力的产业科技创新中心。

资料来源：何聪 姚雪青，人民日报（2024年03月17日02版）

问题：江苏是如何将科技创新和产业创新深度融合的？

（四）培养创业创新意识

即将面临职场的学生，应当培养自己的创业创新意识。可以从以下几个方面入手。

1. 理性的创业创新观念

创业意愿能够促成创业行为，甚至影响创业结果。但是，创业不是一拍脑门就能决定的。在创业前，应当认真思考、反复评估、考虑成熟再行动。大学生有热情，有理想。但在行动前，一定要了解自己，理性分析是否真正做好充分的创业准备、是否准备好付出努力与汗水，因此在决定是否创业之前，学生必须了解自己是否真的适合创业，切不可仅凭一时兴起而盲目地加入创业的潮流中。

2. 勇气与坚持

创业创新的过程总是机会和风险并存，只有勇于创新，敢于挑战，才能闯出一番事业。同时，创业创新是一个漫长的过程，良好的耐力、坚定的信念、对于目标的执着能够帮助创业者们走得更远。保持积极向上的心态、兼顾勇气与坚持，才可以在创业的道路上乘风破浪，勇往直前。

3. 对于市场的准确把握

学生在校期间，应当关注市场热点，找准目标客户及其痛点，明确创业方向。在创业前，可通过打工、市场调研等方式，积累行业经验，收集行业资讯。当从业者对行业知识、客户资源渠道、盈利模式都有了深入了解，再创业，成功就指日可待了。

二、生涯规划发展意识

（一）生涯规划发展意识的认知

1. 生涯规划发展意识的定义

美国生涯理论专家舒伯认为，生涯（Career）是"生活中各种事件的演变方向和历程，包括人一生中的各种职业和生活角色，及由此表现出的个人独特的自我发展类型"。生涯规划发展意识是指个体对自己的职业发展和生涯目标具有清晰认识和积极意识的状态。这种意识涵盖了对个人兴趣、价值观、能力和职业目标的认知，以及对未来发展方向的规划和追求。具有生涯规划发展意识的人通常能够清晰地认识到自己的优势和劣势，明确自己的职业目标，并制订发展计划和行动方案。

2. 生涯规划发展意识的特点

首先，具有生涯规划发展意识的人通常对自己的职业目标有清晰的认识和明确的规划，知道自己希望在未来的职业生涯中达到何种成就和地位。

其次，生涯规划发展意识是一个随着对自己和对职场掌握的信息的增加，不断进行自我调整的动态意识过程。具备生涯规划发展意识是在了解自己的优势、劣势、兴趣和价值观之后，能够客观评估自己的能力和特长，以此为基础做出职业发展的决策。它能帮助我们从长远的角度来考虑自己的职业发展，制订长期的职业目标和规划，注重未来的发展潜力和可能性，以此适应职业市场的变化和挑战。

最后，具备主动性和积极性。能够积极主动地寻求机会进行个人和职业发展，不满足于现状，而是主动地去追求职业发展的机会和挑战。能够持续学习和自我提升，在职业生涯中不断地积累新的知识、技能和经验，以保持竞争力并实现职业目标。

（二）生涯规划发展意识的目的与意义

1. 生涯规划发展意识的目的

生涯规划发展意识的目的是突破障碍、激发潜能、实现自我，帮助个人找到适合自己的工作，实现人与职位匹配。

2. 生涯规划发展意识的意义

（1）明确方向。帮助学生明确自己的职业目标和生涯方向，有助于学生更清晰地了解自己的职业兴趣、价值观和能力，从而在职业生涯中做出明智的选择。

（2）增强动力与自信。具备生涯规划发展意识，可以帮助学生树立明确的职业目标，并制订实现这些目标的计划和步骤，这样的明确性有助于增强个体的动力和自信心，使其更有信心地迈向职业发展的道路。

（3）提升自我认知。生涯规划发展意识促使学生及时进行自我评估和认知，了解自己的优势和劣势，有助于更好地发挥自己的潜力，实现自我提升和成长。

（4）适应变化。生涯规划发展意识使个体能够更好地适应职业市场的变化和挑战，通过灵活调整职业规划和发展方向，从而更好地应对不断变化的职业环境。

（三）生涯规划发展意识面临的困难与挑战

在生涯规划发展意识的形成过程中，不解、困惑和不适时常出现，令我们感到迷茫，中途我们可能失去耐心，急切地希望产生一些进展。但是，不要担心，这些情绪都是正常的。因为面临任何一项挑战，都需要一定的心理准备和适应期。这个过程也是提高自我认知的过程。在这个过程中，我们会更加了解自己，会发现许多对自我满意的地方，同时还有一些希望改进的地方。任何改变或成长都会伴随不适、担忧等不良情绪，这些改变和成长帮助我们更深入地了解自己，与职场建立初步联系。

（四）如何树立生涯规划发展意识

1. 做自我评估

自我评估应包含对自己的技能与特长、兴趣与性格、智商与情商、思维方式等方面的评估。只有对于自身有清晰的了解与评价，才能对自己的职业做出正确的选择。这也是树立生涯规划发展意识的第一步。

2. 确定目标

树立清晰的目标，是树立生涯规划发展意识中最重要的一步。目标的设定要以自己的最佳才能、最优性格、最大兴趣、最有利的环境等信息作为依据。目标可以分为短期目标、中期目标、长期目标和人生目标。在不同阶段，完成不同的目标。将一件庞大的事情划分为一件件清晰的、可规划可实现的小事。

3. 制订行动计划与措施

行动计划与措施是指落实目标的具体措施，主要包括市场调研、实习、打工、轮岗等方面的具体措施。制订行动计划与措施，不仅可以增加对工作市场的了解，还可以提高工作效率，提升业务能力，以便随时根据市场环境，调整自身的职业生涯规划。

新生活是从选定方向开始的

比塞尔是西撒哈拉沙漠中的一个小村庄，它靠在一块 1.5 平方千米的绿洲旁，在没有被发现之前，那里没人走出过大漠。不是那里的居民不愿离开那儿，而是尝试多次都没走出去。肯·莱文作为英国皇家学院的院士，完全不相信这种说法。他用手语问当地居民原因，答案竟然是：无论向哪个方向走，最后都还是要转回到这个地方来。为了证实这种说法的真伪，他做了一次实验，从比塞尔向北走，结果三天半就走了出来。后来，经过实验，肯·莱文发现比塞尔人走不出沙漠的原因是他们不认识北斗星。在沙漠中，如果凭着感觉走，人会很难走出直线。比塞尔村位于一望无际的沙漠中间，周围缺少参照物。再加上当地居民不认识北斗星，又缺少指南针，因此无法走出沙漠。肯·莱文在离开比塞尔时，告诉当地的一个青年阿古特尔："只要白天休息，夜晚朝北面那颗最亮的星走，就能走出沙漠。"阿古特尔照着去做，三天后果然来到了大漠边缘。

现在每年有数以万计的旅游者来到比塞尔，阿古特尔作为比塞尔的开拓者，他的铜像被竖在小城中央。铜像的底座上刻着一行字：新生活是从选定方向开始的。

资料来源：比赛尔人的故事，百度文库

分析：当你找到一个热爱的领域并深耕下去，你会发现，随着知识和经验的积累，你的不可替代性会越来越强，人生的道路也会越走越宽。明确的目标和方向，可以帮助我们在生活、学习和工作的道路上少走弯路。

活动与训练

旧物创新与售卖

一、目标：了解创新的方法和应用。

二、活动形式：手工制作。

三、道具：利用生活中常见的材料、工具。

四、过程：

1. 对市场进行调研，了解哪种小商品制作容易、市场需求大。
2. 利用身边常见的材料，设计和制作一件新颖的、可售卖的物件。
3. 制作过程中记录自己用到了哪些创新的方法。
4. 新物品完成后进行售卖。

（建议时间：20 分钟）

 职业素质训练

探索与思考

1. 为什么高职学生需要具备创业创新意识？
2. 作为一名高职学生，你对于提升自己的生涯规划发展意识，有何具体举措？

3.3 质量意识与环保意识

品质过硬，国货"常青"

观察近些年的消费市场会发现，越来越多的国货品牌获得了市场的认可。蜂花、上海硫磺皂等老牌国货在社交平台、直播电商平台上赢得好口碑；陶陶居、北京稻香村等老字号，收获了一大批年轻粉丝；大白兔、回力等品牌，通过跨界经营和产品迭代焕发新活力。今年"双11"期间，在一家电商平台上，共有402个品牌成交额破亿元，其中有243个是国货品牌。国货大放异彩，品牌影响力更上一层楼。

国货"蔚然成风"，凭的是什么？

质量是产品的核心竞争力，是品牌的基础，也是国货备受市场欢迎的关键。曾几何时，不少消费者到国外旅游时纷纷抢购电饭煲。而如今，国产品牌的电饭煲质量好、功能全，而且价格实惠，不仅受到国内消费者的青睐，还远销海外。不只是电饭煲，扫地机器人、无线吸尘器、智能洗地机、高速吹风机等国产品牌家电，也因功能升级、质量优良，销量不断上升。质量好是硬道理，是赢得市场的不二法门。聚焦市场需求，在提升质量上做足文章，国货品牌才能在激烈的市场竞争中站稳脚跟。

习近平总书记强调："推动中国制造向中国创造转变、中国速度向中国质量转变、中国产品向中国品牌转变。"今天，国货品牌已经站在了一个新的历史起点，我国消费市场足够广阔，为国货品牌创新发展提供了宽广的舞台。提升质量，勇于创新，深入挖掘文化价值，期待更多高品质国货引领消费热潮，让中国品牌点亮美好生活。

资料来源：翟研，《人民日报》（2023年12月21日06版）

分析：好的产品不仅价优，更重要的是质优。质量才是产品的核心竞争力，也是国货备受市场欢迎的关键。

一、质量意识

（一）质量意识的概念

在ISO质量体系中，"质量"被理解为：一组固有特性满足明示的、通常隐含的或必须履行的需求或期望的程度。广义地讲，"质量"包括过程质量、产品质量、组织质量、体系质量及其组合的实体质量、人的质量等。

"质量意识"是一个企业从领导决策层到每一个员工对质量和质量工作的认识和理解，对质量行为起着极其重要的影响和制约作用。质量意识应该体现在每一位员工的岗位工作中，也应该体现在企业最高决策层的岗位工作中。它是一种自觉地去保证企业所生产的、交付顾客需求的产品的质量，如硬件、软件和流程性材料质量、工作质量和服务质量的意志力。质量意识是企业生存和发展的思想基础。有质量意识的员工和领导层，不是被动地接受对产品质量的要求，而是主动地关注产品质量，且提出改善意见，促进质量的提高。

（二）质量意识的内涵

质量意识是质量理念在员工思想中的表现形式，包括质量认知和质量知识。

1. 质量认知

所谓对质量的认知，就是对事物质量属性的认识和了解。任何事物都有质量属性，这种属性只有通过实践活动直接接触事物才能把握。

对质量的认知需要通过教育培训来强化。对员工来说，他们对产品质量特性、质量的重要性的认知，仅仅是通过他们自发的、盲目的、放任自流的实践得来的。因此，加强对员工的质量教育培训很有必要。

2. 质量知识

所谓质量知识，包括产品质量知识、质量管理知识、质量法制知识等。一般说来，质量知识越丰富，对质量的认知也就越容易，对追求质量也越容易产生坚定的信念。

质量知识丰富，也能够提升员工的能力，从而使其产生成就感，增强对质量的感情。可以说，质量知识是员工质量意识形成的基础和条件，但是，质量知识的多少与质量意识的强弱并不一定成正比。

实践表明，质量意识强的员工，学习积极性高，学得快，学得好；相反，质量意识差的员工，学习往往出现困难，学不好，记不牢。意识和态度对信息还具有"过滤"作用，这种作用甚至会反映到实际操作中。

（三）质量意识与质量管理

提高产品和服务的质量、形成完整的质量保障体系，需要质量意识和质量管理的共同发力。有了质量意识的基础，员工个人自觉性和责任感提升，在质量操作层面，可以通过具体管理和控制活动，依靠制度和程序的规范性，确保产品和服务满足预定标准。质量管理为质量意识的培养提供了具体的实践平台和方法，形成良性循环。

1. 质量管理的要素

目前，人们对质量管理有"三大要素"与"五大要素"之说。具体内容如下：

（1）"三大要素"是说质量管理的要素是人、技术和管理。在这三大要素中，首先提到的是"人"。

（2）"五大要素"是说质量管理由人、机器、材料、方法与环境构成，在这五个要素中，"人"也是处于中心位置的。俗话说："谋事在人""事在人为"。谋质量这事也在人，要把质量这事做好更在于人，所以说人必须有质量意识，这也是对"人"的质量的要求。

2. 质量管理的关键

在质量管理当中，人才是质量管理的第一要素，对质量管理的开展起到决定性的作用。尤其是具有质量管理专门知识、技能并在质量工作实践中，以自己在质量事业上的创造性劳动，对国家、行业、地区、企事业单位或其他组织的振兴和发展做出贡献的人，是十分关键的。

（四）质量意识提升的措施

1. 上行下效

在一个企业中，只有当领导层开始重视质量时，员工才有可能重视质量。卓越企业的领导者在质量方面都有如下职责，包括建立质量管理委员会、进行质量战略规划、参与质量改进活动，向员工表达质量的重要性等。质量管理大师朱兰博士提出，21世纪是质量的世纪。我们看到，质量确实改变了人们的工作方式，它和公司的经营绩效息息相关。在大质量概念的指导下，质量目标不仅是产品的质量目标，也包括公司的经营绩效，企业高层管理者真正开始关心质量，用质量管理的理论方法来管理和经营企业。

2. 质量教育

质量改进会减少返工，提高效率，在一个组织推进持续改进活动时，很多员工了解这样确实会增加企业收入，使企业做大做强，从而创造更多的工作岗位，但同时他们也担心，减少错误或其他形式的浪费可能会减少工作职位。企业管理者在了解员工的想法后，可通过质量教育改变质量观念，当人们认为某件事情重要时，就会尽全力把这件事做好。

3. 量化管理

对质量的测量不仅能为员工完成他们的工作提供一些重要的信息，还能让员工始终保持敏锐的质量管理意识。例如，某企业的插件工段会统计员工的插件错误率数据，当发现某位员工工作出现失误时，会立即反馈给他，并且把实际的不良品拿给他看，如果条件允许，甚至会让他自己动手修理，通过此种方式，使得员工能够随时知道他们工作失误的情况，并立即纠正，达到提高质量的目的。

4. 工作设计

可以通过工作设计使员工喜欢自己所从事的工作，从而愿意投入精力来改进工作质量。工作设计的另外一个主要目的是形成自我管理团队，它是针对团队的一种特殊的工作扩大化方式，这种团队有两个特点：每个员工都经过了严格的训练，具有多样的技能，能够进行工作互换；小组具有一定的作业自主权，具有安排生产计划和监督工作完成的权力。

5. 推行标准

在职场环境中，推行的质量标准并非一个固定的、统一的规范，而是根据不同行业、不同企业以及不同职位的具体要求而有所差异。例如，制造业要求制定严格的生产工艺流程和质量控制标准，确保产品从原材料到成品的每一个环节都符合质量要求；服务业要求根据服务标准和流程，注重客户体验和反馈，不断提升服务质量；软件开发行业要求制定详细的软件开发规范和测试标准，确保软件的功能完整性、性能稳定性和用户体验等方面满足用户需求和期望。

为了适应不同岗位的质量标准要求，员工应深刻理解质量对于产品和服务的重要性，对待质量工作保持积极主动的态度，严格执行既定的质量标准和操作规范，确保质量达标。

案例 3.4

以质量为标杆做良心药

ICQCC 被誉为 QC（质量控制）界的"质量奥林匹克"，是 QC 活动发布的世界最高平台。1975 年，由日本科学技术联盟、韩国标准化协会、财团法人先锋品质管制学术研究基金会三个机构共同发起，旨在唤起产业界对品质的重视，切磋实施质量改进的经验与技巧，促进质量管理水平共同提高。每年都有来自十多个国家和地区的上千名代表参加。扬子江药业集团连续多年在国际 QC 中取得不俗成绩。

"为父母制药，为亲人制药"，这是扬子江人的庄严承诺。作为中国医药行业的质量标杆企业，扬子江药业集团始终以"求索进取、护佑众生"为理念，坚持"高质、惠民、创新、至善"的核心价值观，一直十分重视质量管理和 QC 小组活动，活跃在生产、科研、质量一线的 100 多个 QC 小组，围绕仿制药一致性评价、改进工艺、提高质量、降损增效、节能减排、环境保护等课题，运用先进的质量管理理念和方法，常年开展质量、技术攻关活动。多项 QC 成果填补了国内外技术空白，多项成果获国家发明专利，累计为企业创造经济效益达 2 亿元。

扬子江人对质量的付出，得到社会广泛认可，集团相继获得"江苏省质量奖""中国质量奖"提名奖、"全国工业企业'质量标杆'企业""全球卓越绩效奖（世界级）"等荣誉。

资料来源：权娟 聂丛笑，人民网－健康·生活（2017 年 10 月 27 日）

问题： 如何理解扬子江集团的质量意识？

二、环保意识

（一）环保意识的相关概念

1. 环境

根据蔡守秋、李启家等编写的《环境法教程》可知，环境定义表述为："环境是人类赖以生存和发展的各种物质条件的总和，是为人类提供生存和发展的空间以及其中可以直接或间接影响人类生活的各种自然因素的总和。"

依据《中华人民共和国环境保护法》第二条，环境是指"影响人类生存和发展的各种天然的和经过人工改造的自然因素的总体，包括大气、水、海洋、土地、矿藏、森林、草原、野生生物、自然遗迹、人文遗迹、自然保护区、风景名胜区、城市和乡村等。"

2. 环保

环保是环境保护的简称，指人类为解决现实的或潜在的环境问题，协调人类与环境的关系，保障经济社会的持续发展而采取的各种行动的总称。

3. 环境污染

环境污染指人类直接或间接地向环境排放超过其自净能力的物质或能量，从而使环境的质量降低，对人类的生存与发展、生态系统和财产造成不利影响的现象。

4. 环保意识

环保意识指的是对青山、绿水、蓝天、大海、生物等自然环境的保护意识，使之更适合人类工作和劳动的需要。

5. 绿色技能

如今，全球正在进行着绿色转型。朝着环境可持续、生物多样性友好和气候友好型世界的转变不仅对应对全球气候危机、生物多样性危机、公共健康危机至关重要，也是实现联合国可持续发展目标（SDGs）的关键。成功实现绿色转型，关键在于培养全民绿色技能。绿色技能是指培养、习得和支持可持续和资源节约型社会所需的知识、能力、价值观和态度。由于绿色技能的跨学科特性，它有时被称为"未来的技能"和"绿色工作的技能"。其中包括的技术知识和技能，使人们能够在职业环境中有效使用绿色技术和工艺，以及横跨多领域的技能，借助各种知识、价值观和态度，在工作和生活中做出环境友好的决策。

（二）环境污染的危害

1. 土壤遭到破坏

化肥和农药的过度使用、工业固体废弃物的随意倾倒与填埋、喷洒的泥浆、遗弃的废料，都对土地造成不可逆转的污染。

2. 气候变化

大气污染物对天气和气候的影响是显著的。

（1）大气污染物会减少到达地面的太阳辐射量。从工厂、发电站、汽车、家庭取暖设备向大气中排放的大量烟尘微粒，使空气变得非常浑浊，遮挡了阳光，使得到达地面的太阳辐射量减少。

（2）大气污染物会引发酸雨。酸雨是由大气中的污染物二氧化硫经过氧化形成硫酸，随自然界的降水下落形成的。酸雨会毁坏森林和农作物，腐蚀纸品、纺织品、皮革制品、金属和建筑物。

（3）大气污染物会增高大气温度。在工业城市上空，由于有大量废热排放到空中，引发"热岛效应"。气温的异常升高及异常降低，将影响农业和生态系统。

3. 空气污染

大城市里的空气中含有许多取暖、运输和工厂生产带来的污染物威胁着市民们的健康。有毒气体主要为一氧化碳、二氧化硫、二氧化氮和可吸入颗粒。

4. 水资源受到威胁

据统计，世界上将有四分之一的地方长期缺水。我们无法制造水，只能设法节约水。

5. 化学污染

工业生产带来的数百万种化合物存在于空气、土壤、水、植物、动物和人体中。有机化合物、重金属存在于整个食物链中，并终将威胁到动植物及人类的健康。

6. 对动植物和人类的危害

大气污染物对动植物和人类的危害是多方面的。具体表现为呼吸系统受损、生理机能障碍、消化系统紊乱、神经系统异常、智力下降、致癌、致残。大气中污染物的浓度很高时，会造成急性污染中毒。即使大气中污染物浓度不高，成年累月呼吸污染的空气，也会引起慢性支气管炎、支气管哮喘、肺气肿及肺癌等疾病。

（三）环境保护的主要措施

1. 建立健全生态保护法律法规和标准体系

制定有关生态保护、遗传资源、生物安全、土壤污染等方面的法律，制定生态环境质量评价、矿山生态恢复、生态脆弱区评估、自然保护区管理评估、生态旅游管理等法规和标准。把生态环境保护和建设纳入国家法治化管理体系之中，加大对重点区域和流域的重大生态破坏案件的查处力度。

2. 制定和完善生态保护经济政策

将生态破坏和环境污染损失纳入国民经济核算体系，引导社会经济发展从单纯追求经济增长转到注重经济、社会、环境、资源协调发展上来，建立生态保护经济政策体系。建立生态补偿机制，研究下游对上游、开发区域对保护区域、受益地区对受损地区、受益人群对受损人群以及自然保护区内外的利益补偿，积极探索建立遗传资源获取与惠益共享机制。

3. 构建生态系统监测体系

建立并逐步完善生态系统监测网络。加强对重点生态系统的科学研究，开展生态系统脆弱区和敏感区的监测，建立生态监测和预警网络，提高生态系统监测能力，在此基础上对生态环境质量进行评价。优先建立国家重要生态功能区的生态状况监控系统，建立重大生态破坏事故应急处理系统。

4. 加大生态保护和建设的投入

充分利用市场机制建立合理的、多元化的投入机制，不断拓展生态保护和建设投融资渠道。在加大政府投入的同时，积极引导和鼓励企业、社会参与生态保护和建设。建立健全生态审计制度，对生态治理工程实行充分论证和评估，确保投入与产出的合理性和生态效益、经济效益与社会效益的统一。

5. 大力开展生态保护宣传教育

加大生态环境保护宣传力度，弘扬环境文化，倡导生态文明，努力营造节约自然资源和保护生态环境的舆论氛围。加强对各级领导决策者的培训，开展全民生态科普活动，提高全民保护生态环境的自觉性。

6. 大力开展国际交流与合作

积极引进吸收国外资金、先进技术与管理经验，提高我国生态环境保护的技术和管理水平。积极参与气候变化、生物多样性保护、荒漠化防治、湿地保护、臭氧层保护等国际公约，履行相应的国际义务，维护国家环境与发展权益。建立环境风险评估机制和监控体系，严格防范污染转入、废物非法进口、有害外来物种入侵和遗传资源流失。

7. 开展清洁生产

1989年，联合国环境规划署（UNEP）首次正式提出清洁生产的概念，并制订了推行清洁生产的行动计划。1990年联合国环境规划署正式提出清洁生产的定义。1996年联合国环境规划署对清洁生产的定义进行了修改。

清洁生产是一种创造性的思想，该思想将整体预防的环境战略持续应用于生产过程、产品和服务中，以期增加生态效率并减少对人类和环境的风险。对生产过程，要求节约原材料和能源，淘汰有毒原材料，减降所有废弃物的数量和毒性；对产品，要求降低从原材料提炼到产品最终处置的全生命周期的不利影响；对服务，要求将环境因素纳入设计和所提供的服务中（如图 3-2 所示）。

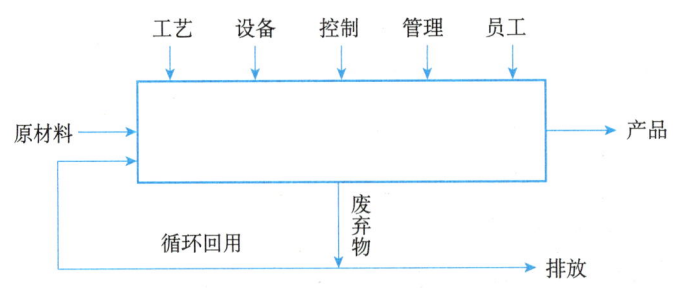

图 3-2 清洁生产的实施程序

总结案例

走生态优先、绿色发展之路，构建绿色低碳循环经济体系

走进位于张家港经开区的江苏国富氢能技术装备股份有限公司三期项目建设现场，水电解设备生产线正在安装。在这片厂房屋顶上，即将铺设的太阳能光伏板每年可发电 700 万千瓦时。太阳能光伏发电后，输送到电解水装置中，将水分解为氢气和氧气，这就是绿电制绿氢。新投产的电解制氢系统单套每小时可制绿氢 1000 标准立方米。

氢能产业的前瞻布局，不仅助力新兴产业提质增效，也带动化工、冶金等传统产业节能减排、转型升级。

站在连云港石化产业基地盛虹炼化一体化项目东侧，远远望去，塔罐林立、管道纵横，这里便是盛虹石化的丙烷脱氢装置。该装置生产化工产品的过程中，会产生副产品——氢气。企业通过新增氢气外供管线、配套设备，"收集"、提纯工业副产氢。在盛虹石化，每小时可产生 79 万立方米工业副产氢，每年可提纯形成约 53 万吨产品氢。大部分循环利用于相关生产环节，每年可节约成本约 15 亿元，减少碳排放 1 亿吨。

以光伏、风电、氢能及新型储能为代表的新能源产业，逐渐成为经济增长的重要引擎。2023 年，江苏省新能源产业集群 1051 家规上企业，开票销售收入 12258 亿元，同比增长 8.7%。

资料来源：付聪 姚雪青，《人民日报》（2024 年 03 月 17 日 02 版）

分析：走生态优先、绿色发展之路，江苏积极实施制造业绿色转型行动，加快绿色低碳技术研发应用，鼓励企业围绕绿色工厂、绿色产品、绿色供应链等推进绿色制造体系建设，加大氢能、新型储能等技术开发和产业化应用，构建绿色技术创新应用场景。

活动与训练

切尔诺贝利核电站事故

一、目标：引导学生树立环保意识。

二、活动形式：小组讨论。

三、道具：PPT/白色卡纸。

四、过程：

1. 阅读材料：

1986年4月27日早晨，乌克兰切尔诺贝利核电站一组反应堆突然发生核泄漏事故，引起一系列严重后果。带有放射性物质的云团随风飘到丹麦、挪威、瑞典和芬兰等国，瑞典东部沿海地区的辐射剂量超过正常情况时的100倍。核事故使乌克兰地区10%的小麦受到影响，此外由于水源污染，苏联和欧洲国家的畜牧业大受其害。当时预测，这场核灾难还可能导致以后十年中10万居民患癌症而死亡。

2. 将学生分成多组，每组成员3～5人，小组内部讨论事故产生的危害及应树立的意识，选出一名记录员，负责记录小组讨论的主要观点。

3. 每个小组选出一个代表陈述本组观点，其他小组可以对其进行提问，最终形成报告。

（建议时间：20分钟）

探索与思考

1. 为确保未来工作中产品和服务的质量，应如何提升自己的质量意识？

2. 作为新时代的高职学生，应当如何树立质量意识与环保意识？

模块四　职业行为修炼

模块简介

大学生结束校园学习生活步入社会，走向工作，这是人生的一个重大转折点。这就需要大学生提前学会如何从一个学生转变成一位职场人。从了解学生角色与职业角色之间的差异、职场与学校的差异到如何更好地完成角色的转换环节缺一不可。

良好的职场行为习惯可以帮助学生在职场当中提高工作效率与质量。掌握职场互动技巧可以使学生获得朋友、同事的青睐，并赢得领导、客户的信任。要想做一个合格的职场人，必须做到对自己有正确的认知，具有良好的职业道德和专业能力，能与同事、领导进行有效沟通，养成良好的职业行为与习惯。

能力标准

分类	具体内容
知识	1. 了解职场与学校，职场人与学生之间的差异； 2. 了解什么是职业行为； 3. 了解什么是职业习惯； 4. 了解团队合作的基础
技能	1. 培养良好的职业行为习惯； 2. 掌握与同事、领导以及客户的互动技巧； 3. 提升团队沟通与合作的能力
态度	1. 能够克服角色转换时遇到的困难； 2. 理解职场中应该具备的职业道德

学习导航

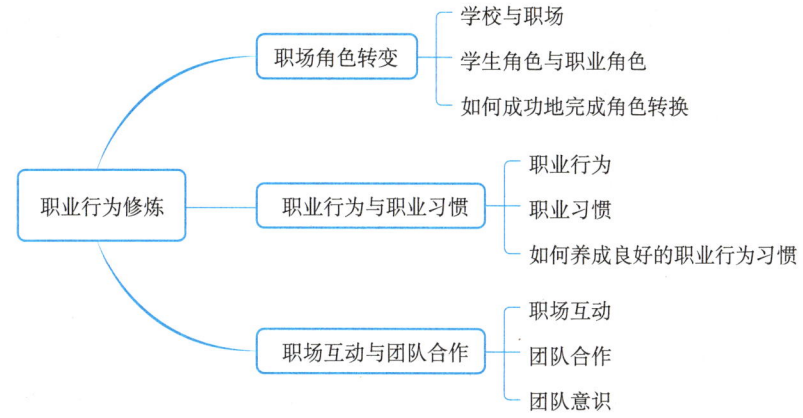

4.1 职场角色转变

心里的种子

李萌是一个即将毕业的大学生,学习酒店管理专业的他在酒店做客房服务实习生。客房服务员的工作不仅仅是打扫卫生那么简单,其中也有一系列复杂的程序。在实习中,李萌发现要想自如地做好一项工作,首先要端正自己的态度,以一种乐观的心态去面对每一天的工作,无论工作是繁重还是清闲,都要用积极的态度去完成,而不能因为工作量的大小而抱怨,因为抱怨会增加自己的负担。

在工作中李萌也有很多的失误,是主管一次又一次给予的鼓励,是自己不断地吸取教训努力做好工作,使他对工作充满了热情。

李萌在自己的工作日记中写道:"我已经是大人了,所以我一定要明白自己要面对什么,不管如何我都要坚强。"

在实习工作结束时李萌的进步得到了主管的夸奖,而李萌的心里也暗暗种下了新的种子,一颗一如既往努力拼搏的种子。

分析: 案例中的李萌吃苦耐劳,对于职场的工作强度有一个很好的心理准备,一次又一次地以自我协调来解决"职场困难"。既然选择了这个社会角色就应该去适应角色的需求,扮演好自己的角色,通过自己的努力去体现这个角色的价值。

 职业素质训练

一、学校与职场

青年学生毕业之后便迎来了人生中的一个重大转折,也就是从一名学生转变成一位职场人。如何走好职场成功的第一步,是摆在众多学生面前的一大难题。转型是否成功,对今后的职场生涯有着重要影响。学生应该从一开始就做好充分的准备,迈好事业的第一步。

(一)学校

学校是指教育者有计划、有组织地对受教育者进行系统的教育活动的组织机构。学校教育指受教育者在各类学校内所接受的各种教育活动,是教育制度重要组成部分。学校教育的具体活动受到社会需求影响,必须符合社会发展趋势,承担着为社会输送人才的职能。一般说来,学校教育包括初等教育、中等教育和高等教育。

学校是学生们再熟悉不过的场景,学生们从接触知识的一开始就进入学校,通常到大学毕业才离开学校,有的甚至更久。长达16~20年的学习让学生们无比熟悉这个环境。在学习的过程当中,学生们从一个学校到另一个学校,从一个班级到另一个班级。因此,像是"象牙塔"一样的学校会让学生们在面对真正的社会与职场时茫然无措。

(二)职场

职场是指人们进行职业活动、从事职业工作、实现职业目标的具体场所或环境。它涵盖了所有与工作相关的活动和场所,包括公司、机构、企业、政府部门、非政府组织等各种组织形态。职场不仅是物理意义上的工作场所,更是人们进行职业交往、竞争和合作的社交空间。

在职场中,人们通过从事特定的工作,获得经济收入,实现个人价值,同时也为企业和社会做出贡献。职场中的人际关系、工作文化、职业道德等因素都会对个人职业发展产生重要影响。

职场还涉及职业选择、职业发展、职业竞争等多个方面。人们需要不断提升自己的职业技能和素养,以应对职场中的各种挑战和机遇。同时,职场也要求人们具备高度的责任心和职业道德,以维护良好的职业形象和信誉。

(三)学校与职场的区别

学校与职场之间可谓是千差万别,主要表现在以下几个方面(如表4-1所示)。

表 4-1　职场与学校的区别

	职场	学校
目的不同	遵守规则规范	培养人才
群体不同	同事圈存在利益关系	同学圈相对单纯
环境不同	公司环境、职场角色	校园环境、学生角色

1. 目的不同

学校的目的是培养人才，促进学生成长，但是在职场中，任何组织都有着不同的目标与规章制度，职员们必须恪守规章制度，努力去完成公司的目标，以推动组织与个人的共同发展。

2. 群体不同

在学校当中，同学之间没有利益纠缠，大家相互帮助，热心友爱。但职场当中的同事是竞争关系，大家为同一个目标奋斗，礼尚往来与利益交换是职场生存的基础。

3. 环境不同

学校是由教师与同学构成，在上学时我们每天见到相同的人，我们与老师同学之间宛如一个和谐的"大家庭"。而职场当中我们每天面对不同的客户，每天应对不同的事情，宛如一个"战场"。

 案例 4.1

未来的憧憬

小李是一名刚毕业的大学生，怀揣着对未来的憧憬进入了一家知名企业实习。初入职场，小李对一切都很新奇，也充满了激情。他很快就发现，职场与学校有着很大的不同。

在学校，小李的主要任务是学习知识，完成老师布置的作业。而在职场，小李需要承担实际的工作任务，为公司的发展贡献自己的力量。小李的实习工作主要是协助项目经理完成项目，这要求他不仅要掌握专业知识，还要具备良好的沟通能力和团队合作能力。

在学校，小李的学习环境相对单纯，主要与老师和同学交流。而在职场，小李需要面对形形色色的人，与来自不同部门、不同文化背景的同事合作。小李需要学会与不同的人沟通交流并正确处理职场中的人际关系。

通过实习，小李逐渐适应了职场的环境，也收获了许多宝贵的经验。他更加明白了学习的重要性，也更加珍惜工作机会。小李决心在接下来的工作中，不断学习、不断进步，成为一名合格的职场人。

分析： 职场与学校是两个完全不同的环境，对人的要求也不同。在学校，我们主要学习知识，培养能力；在职场，我们需要将学到的知识应用到实践中，解决实际问题。因此，我们在校期间要掌握扎实的专业知识，修炼个人职场行为，为之后能快速适应职场生活打好基础。

二、学生角色与职业角色

在处于不同的环境的时候每个人的角色也是不同的，在大学毕业生进入职场的时候要发生从学生角色到职场人角色的转变。

（一）学生角色

大学生大多处在18~24岁这一年龄阶段，是人生中增长知识、发展智力、求学成才的关键阶段。大学生的中心任务是努力学习以专业知识为主的多方面知识，培养以专业能力为主的各种能力。因此，这是一个接受教育、储备知识、培养能力的重要阶段。另外，由于大学生以学习为主，经济上主要依靠家庭，所以，可以这样界定学生角色：在社会教育环境的保证下和家庭经济的资助下，学习知识、培养能力、全面提高自身素质，努力使自己成长为合格的人才。

（二）职业角色

职业角色的个性表现得非常具体，职业角色扮演者具有自己的社会职位和一定职权，需遵守相应的职业规范，具备一定的基础知识和业务能力，履行一定的任务，经济独立。因此，可以这样定义职业角色：在某一职位上以特定的身份，依靠自身的知识和能力并按照一定的规范具体地开展工作，在行使职权、履行义务为社会作出贡献的同时取得相应的报酬。

（三）学生角色与职业角色的区别

由于在校读书与社会工作的环境、扮演角色、承担的主要任务都有很大的不同，所以两种角色有着巨大的差别（如图4-1所示）。

1. 社会责任不同

大学生在大学的时候主要以学习为主，在转变成职业角色的时候社会的责任感就会增强。角色的任务由学习变成了工作。

模块四　职业行为修炼

	学生角色		职业角色
社会责任不同	学生主要以学习为主		转变为职业角色时责任感会增强。角色的任务由学习变成了工作
角色规范不同	在大学里学生犯了错，如迟到、旷课，都可以通过自己的努力来补救		职场中，一时疏忽便可能引起不可估量的损失
面对环境不同	学生角色面对的环境非常简单，如寝室、教室、食堂、图书馆	VS	职场人要面对紧张的生活节奏，如工作、加班，还要适应不同地域之间的生活习惯
人际关系不同	学生角色无论是同学还是师生之间都不需要过多的防备		职场人很容易因与领导同事之间相处的不好，陷入困境
生活方式不同	学生有规定的作息时间，只需要按照规定执行		职场人必须按时上班，不能迟到早退，工作任务又急又重

图 4-1　学生角色与职业角色的区别

在大学里，学生主要是接受来自家庭的经济资助，在老师的帮助下完成学业，这时学生主要是输入体。但是在企业里面，员工是输出体。企业花钱雇用员工，职员依靠自己的能力去完成企业分配的任务。任务完成得如何会影响自己以及企业的声誉。

2. 角色规范不同

无论是在大学还是在职场当中，都有一定的规章制度，在大学里学生犯了错，如迟到、旷课、挂科，这些错误都可以通过自己的努力来补救。但是在职场当中，强调的是对工作结果的负责，一时疏忽便可能引起不可估量的损失。若是重复犯同样的错误，就会失去大家对你的信任。一个你认为很小的失误有可能导致你失去工作。

3. 面对环境不同

在大学期间，我们面对的环境非常简单，如寝室、教室、食堂、图书馆。但是当步入职场之后，要面对紧张的生活节奏，如工作、加班，还要适应不同地域之间的生活习惯。由于缺乏经验，很容易造成心理压力。

4. 人际关系不同

在大学期间的人际关系往往比较单纯，无论是同学还是师生之间都不需要过多的防备。但是在职场当中人们承担着比较复杂且微妙的人际关系。有些同学本来能力很强，但是与领导同事之间相处得不好，处理不好人际关系，因而陷入困境。

5. 生活方式不同

大学时候学生大多住在寝室，在食堂用餐，有固定的学习时间，学校基本有统一的作息规范，学生只需要按照规定执行。但是到了职场当中，必须按时上班，不能迟到早退，经常加班加点，节假日也变得很少，工作任务又急又重。

因此，大学生在找到工作后，快速适应新的转变是非常重要的。

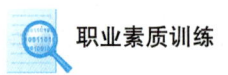

案例 4.2

晓梅的蜕变

王晓梅怀着憧憬走出了大学校门,满心期待着职场生活。然而,现实很快就给了她当头一棒。曾经熟悉的校园生活被繁忙的工作所取代,简单的寝室被拥挤的出租屋所代替,单纯的人际关系被复杂的职场规则所代替。一时间,王晓梅感到迷茫和困惑,不知道该如何适应这全新的环境和生活方式。

王晓梅的工作是一个普通的公司文员,每天重复着枯燥乏味的抄写和整理工作。她渴望能够发挥自己的才能,做出一些有意义的工作,但现实却让她感到无从下手。同时,公司里复杂的职场关系也让她感到头疼。同事之间钩心斗角,明争暗斗,这让王晓梅感到很不舒服。

面对这些困扰,王晓梅并没有放弃,而是开始积极地进行自我调节。她首先调整了自己的心态,从一个天真烂漫的学生转变为一个成熟稳重的职场人士。她明白,职场是一个充满竞争的地方,只有不断地努力和学习才能取得成功。

王晓梅开始利用下班时间和周末学习与工作相关的知识和技能。她还积极参加公司的培训活动,努力提高自己的专业水平。同时,她还主动与同事沟通交流,建立良好的人际关系。

经过一段时间的努力,王晓梅逐渐适应了职场生活。她工作更加认真负责,效率也大大提高。她还与同事建立了良好的合作关系,在工作中取得了出色的成绩。

问题 1:王晓梅在工作中取得了一些成绩,她是如何取得这些成绩的?
问题 2:王晓梅在工作中遇到了一些困难,她是如何克服这些困难的?

三、如何成功地完成角色转换

根据社会心理学的角度理论,大学毕业生从学生角色到职业角色的转变,必然会伴随着角色的冲突、角色学习以及角色协调等一系列的过程,在这个过程当中只有尽早做好准备,才能使自己的职业生涯有一个好的开端。

(一)角色转换的过程

1. 毕业之前做准备

对于角色转换学生需要提前在大学还没有毕业的时候就做准备,这样可以避免到时候手忙脚乱。但是时间也不要过早,大学生一般在每年的 6~7 月毕业离校,但是对于大专生来说,一般在前一年的 11~12 月就开始离开学校准备预就业,所以求职工作在大三的上学期开学开始准备最为适宜,也就是在前一年的 8~9 月。这一阶段是择业的黄金期,主要有以下三个方面需要引起大家的注意：

（1）提前熟悉求职过程：提前和用人单位进行沟通，可以加强对用人单位的了解，有充足的时间确定自己的职业方向。这是大学生完成角色转换的第一步。

（2）巩固知识技能基础：在毕业前，要对自己的专业知识进行系统的复习和巩固。这不仅可以提高学生的专业素养，还可以让学生在求职过程中更有底气。另外，尽量争取参与一些与所学专业相关的实习和项目，以积累经验和展示自己的能力。

（3）做好充分的心理准备：求职过程中可能会遇到各种挫折和困难，还会面临较大的压力，学生需要学会应对压力，保持冷静、理智和积极的心态，以应对各种挑战。学生还需要相信自己的能力和价值，并在求职过程中充分展示自己的优势。

2. 实习期间的准备

初到工作岗位，生活环境与在学校时有着巨大的差别，由于环境的变化，经常会出现角色的冲突。因此，大学毕业生应该加强实习当中关于角色的学习。一般来说，大学生要在短时间内获得同事和领导的认同，应该在以下几个方面锻炼自己：

（1）心理调适：首先要客观地认识自我，在新入职场时，不要自以为是，这样往往会失去朋友和众多机会。但是也不要过于否定自己，新入职场时某些方面会暂时落后别人，后期尽量努力追上就可以。

（2）树立责任意识：大学生在实习期间要主动承担分配的任务，不怕吃苦，不推卸责任。无论是简单工作还是复杂的任务，都应该用心去完成，尽力做到最好。

（3）培养良好的工作作风：毕业生在工作的时候要注意自己的工作作风，在工作中难免会出现错误，但是一旦发现错误就要勇于承认，认真分析原因、总结经验，避免再次发生。

（二）角色转换易出现的问题

大学生在进行学生角色与职业角色转换的过程中会出现新旧角色的冲突，大学生在刚步入职场的时候难免会有些不适应，主要表现在以下几个方面。

1. 对于职场的恐惧

在刚步入职场的时候，很多学生因为面对新环境，不知道从何下手，开始变得畏首畏尾，怕犯错，怕承担责任。于是在工作上表现出"前怕狼后怕虎"的状态，不敢表达自己的想法，盲目地听从别人的指示。

2. 难以摆脱学生角色

很多学生在进行角色转换时很难从学生的状态走出来，十多年的读书生涯，让学生养成了一种固定的思维模式，所以在进入职场初期，经常会发生以学生角色的思维方式以及习惯去做事和待人。

3. 认知不清

有些毕业生，会因为自己有文凭、有学历，便自我评价过高，盲目自信，认为自己已经是人才，因此面对工作不谦虚，放不下架子，甚至认为公司的安排是大材小用，实际上，这样的行为会让大家觉得你只会纸上谈兵，眼高手低。

4. 浮躁

刚参加工作的毕业生往往不能认清自己在工作当中想要什么，能做什么。所以在开始工作的时候便表现出不踏实、不稳定的特点，对本职工作坚持不下去，缺乏敬业精神，即便过去很久还是不能稳定心态。

5. 做事被动

很多学生在大学的时候都是应付学习与考试，长时间下来便养成了应付的习惯。结果导致进入职场之后，对于工作也是应付的态度，不愿意去主动思考，对于工作缺乏主动性。

（三）角色转换的技巧

从一个角色转换到另一个角色，有些不适应是很正常的，关键在于以什么样的方式来应对这种不适应，在工作当中不同的态度会产生不同的结果。

1. 树立职业角色的全新意识

刚刚毕业进入职场的大学生对于角色转换的认识不够清楚，对所面临的职业缺乏理解，为了形成新的职业观可以从树立以下几种意识入手：

（1）独立意识：在处于学生角色的时候，经济不独立，社会责任感不完全，当走入职场之后，转变为职业角色时，学生要学会在生活中、工作上独当一面，承担一定的社会责任。

（2）团队意识：当学生们在学校的时候，协作精神和团队意识比较欠缺，而在职场当中离不开团队成员之间的密切协作。一个生产过程的组织与管理，单靠某个人的力量是明显不够的，只有团队之间互相协调、互相合作才可以完成。这就要求每个成员都要有团队合作的意识，从整体利益出发，顾全大局。

（3）主人翁意识：当由学生角色转换成职业角色的时候，做事不可以只从自己的角度出发，凡事应该从公司的角度出发，立足于本职。

2. 提升能力，完善自我

在完善自我方面主要分为两个层次：

（1）能力提升：大学生在校期间虽然具备了相关职业技能的基础知识与专业知识，但是职场与学校是有很大差别的，实践能力需要进一步提升。

（2）心理建设：除了思想上需要补充知识，心理因素也是影响角色转换的重要因素，主要表现在情绪、自信心、意志力上。在角色转换过程中，遇到困难不要丧失自信，要勇往直前，凭借自己的意志力战胜困难，避免因一时情绪而频繁"跳槽"。

3. 综合考虑，慎重选择

大学生要根据自己的专业、特长与兴趣等方面，寻找适合自己的工作。就业之后换工作是非常常见的情况，此时应该注意从上一份工作当中吸取教训，将上一份工作的经验运用在下一份工作当中，把握好时机，谨慎地选择自己的岗位，以便于更好地发挥自己的才能。

4. 树立良好的第一印象

毕业生新到一个工作单位，往往会引起同事们的注意。良好的职业形象是从业人员素质的体现，也是成功的开端，在职业生涯当中至关重要。刚刚进入职场的大学毕业生，要想树立良好的第一印象，自身的良好品德与文化素养是基础，但是除此之外，还有一些技巧：

（1）仪容仪表：在刚入职场应该注意穿着简单、大方，与自己的身份相符，并且与企业的文化相符。

（2）言谈举止：举止文明，彬彬有礼才会大幅提升大家对你的第一印象，也会赢得同事与领导的赞赏。

（3）虚心好学：初入职场时，有很多知识都不了解，这时不要害怕，要虚心请教。

（4）诚实守信：诚实守信是职场人必备的素质。在职场当中要积极主动，切忌在工作中偷懒、闲谈。与人交往的时候要诚实守信、不失约、不失信。

5. 建立和谐的人际关系

人际关系是人与人心理上的距离，是人与人长期交往的结果。在当今时代，没有建立和谐的人际关系，也就无法拥有良好的社交能力，对工作前景有很大的影响。那么如何在工作当中建立和谐的人际关系呢？

（1）主动随和：初到新的环境，有些学生会表现出不合群、很难与人相处的状态，这样会导致自己很难融入职场。其实可以用积极的心态去面对，在平时的交往中要平易近人、谦虚随和，这样才能拉近与大家的距离，大家才会愿意与你交往。

（2）服从上级安排：在面对领导的时候，应该做到尊重并服从，不要给领导留下不愿积极工作的印象，更不能与领导产生激烈的正面冲突。

（3）为人正直：要以平等、团结、宽容为原则，不要卷入矛盾是非当中，不要拉帮结派搞小团体。在职场当中除了业务能力，为人正直、有良好的品德对于建立和谐的人际关系也是非常重要的。

总结案例

心态的成长

赵红怀揣着对未来的憧憬，满怀信心地走出了大学校门。经过几轮面试，她终于获得了心仪公司的 Offer。初入职场的她，信心满满，对未来充满了期待。

然而，现实很快就给了她当头一棒。领导分配给她的工作都是一些琐碎的事务，如整理文件、制作表格、打印资料。这让赵红很不高兴，觉得自己堂堂一名"985"大学毕业生，怎么在公司里做起了这些与专业无关的杂活？赵红觉得这些工作内容枯燥乏味，没有意思，总是敷衍了事。因为工作不顺心，赵红的脾气也变得越来越暴躁，经常抱怨同事和领导。同事们也逐渐疏远了她。

一天，领导找赵红谈话。领导语重心长地告诉她，作为一个新员工，从琐碎事务入手了解公司，能够更好地融入团队，开展工作。赵红听完领导的话，茅塞顿开。她意识到，自己的心态和行为都是错误的。从那以后，她开始认真对待每一项工作，还主动向同事请教，虚心学习他们的工作经验。

经过一段时间的努力，赵红的工作能力有了明显的提高，与同事的关系也融洽了许多，领导也逐渐认可了她，开始给她分配一些重要的任务。在领导和同事的帮助下，赵红完成了从学生到职场人的角色转变。她更加成熟稳重，也更加热爱自己的工作。

分析： 大学生初入职场，要摆正心态，脚踏实地，从基层做起。不仅要做到虚心学习，不断提升自己的能力，还要与同事保持良好的沟通和合作。

活动与训练

最害怕的职场问题

一、目标：用职场人的视角去解决职场困境，了解角色的转变。

二、活动形式：开展问题讨论。

三、道具：便利贴、白色卡纸。

四、过程：

1. 以"我最害怕在职场上遇到的问题"为主题，从职业素养、专业能力出发，列举出自己最担心、最害怕遇到的职场难题或者场景。每一个便利贴写一个问题，贴在白色卡纸上。

2. 将所有同学列举的场景类型进行分类，可依据本节课角色转化易出现的问题进行分类。

3. 选出问题最多的一组分类，分组讨论如何应对此分类下的困境。

（建议时间：20分钟）

探索与思考

1. 职场与学校之间、职场人与学生之间有何不同？

2. 作为即将毕业的大学生，你将如何完成角色转换？

4.2 职业行为与职业习惯

 导入案例

王明的改变

王明是一位经验丰富的销售经理,工作勤勤恳恳,业绩突出。然而,长期以来,他一直被繁忙的工作所困扰,难以兼顾工作和生活。一次重要的会议,王明由于准备不足,发言漏洞百出,令领导和同事大失所望。会议结束后,王明陷入了深深的反思。长期以来,由于没有明确的目标和计划以及有效地管理时间,自己虽然一直处于一种"忙忙碌碌"的状态,却没有真正地完成多少有价值的工作。

经过一番思考,王明决心改变现状。他开始学习时间管理的技巧,并制定了详细的时间计划。他对自己的工作任务进行了分析,根据重要程度和紧急程度的不同将其划分为四个象限,接着根据时间计划,将每个象限的任务安排到相应的时间段内。最终他按时完成工作任务,并取得了出色的业绩,与领导和同事的关系更加融洽,获得了大家的认可和尊重。

分析:案例中的王明在前期没有培养良好的职业行为与习惯,主要体现在没有做好时间管理。在职场当中时间管理是提高工作效率与质量最有效的方法。只有学会管理时间,才能提高工作效率,取得更大的成功。

一、职业行为

(一)职业行为的含义

职业行为是指人们对职业劳动的认识、评价、情感和态度等心理过程的行为反映,是职业目的达成的基础。从形成意义上说,它是由人与职业环境、职业待遇、职业要求的相互关系决定的。职业行为包括职业创新行为、职业竞争行为、职业协作行为和职业奉献行为等方面。

(二)职业行为规范

行为规范,是社会群体或个人在参与社会活动时所遵循的规则、准则的总称,是社会认可和人们普遍接受的具有一般约束力的行为标准。包括行为规则、道德规范、行政规章、法律规定、团体章程等。

职业行为规范是根据人们在职业生活中的需求、好恶、价值判断而逐步形成和确立的，是社会成员在职业活动中所应遵循的标准或原则，由于行为规范是建立在维护社会秩序理念基础之上的，因此对全体成员具有引导、规范和约束的作用。引导和规范全体成员可以做什么、不可以做什么和怎么做，是社会和谐重要的组成部分，是社会价值观的具体体现和延伸。

（三）职业行为的道德意义

职业活动中除了一些不涉及职业道德准则、不具有职业道德意义的非职业道德行为，大量的职业行为都具有道德意义。因为人的职业行为不是孤立地发生的，而是在各种各样的社会关系中进行的，所以会和社会、集体、他人发生联系而形成一定的道德关系，这就是职业行为的道德意义所在。具体可以从以下四个方面分析（如图4-2所示）。

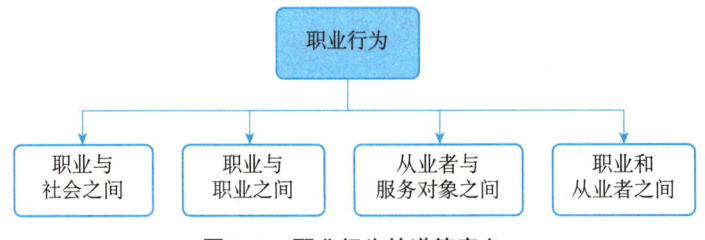

图 4-2 职业行为的道德意义

1. 职业与社会之间

职业本身是根据社会分工而产生的，如果某一个职业活动发生了变化，整个社会也会受到影响。职业道德的作用就是通过要求从业人员承担各种各样的义务与责任，来确保各个行业与社会的联系，使每个职业的社会职能都能正常地发挥，促进社会向前发展。例如，医生应当遵守《中华人民共和国医师法》等法律法规，恪守职业道德，为患者提供优质安全的医疗服务；律师应当遵守《中华人民共和国律师法》等法律法规，维护当事人的合法权益，维护法律的公正实施。

2. 职业与职业之间

在当今社会，任何职业都不可能是孤立的，不同的行业之间，同行业不同企业之间都存在着各种各样的联系与竞争。职业道德不仅适用于个体，也适用于行业和企业。通过遵守职业道德，我们可以构建一个公平、互利、尊重和包容的职业生态，促进可持续发展，共享繁荣，并为社会福祉做出贡献。

3. 从业者与服务对象之间

每一个职业都有它特定的服务对象，如何促成、维持与它们之间融洽、和谐、互惠互利的关系就需要职业道德的协调与约束。

4. 职业和从业者之间

从职业和从业者之间的关系来分析，人们在选择某一职业时，一般主要考虑以下几个因素：一是该职业经济收入的高低；二是该职业的社会地位，包括社会对该职业的评价以及从业者本人从事该职业的前途；三是该职业的社会意义。但是在我国现有条件下，职业的选择还要受到一系列外在因素的制约，人们还不能完全按照自己的意愿去选择职业，这样就有可能造成个人愿望和从事职业的矛盾冲突，表现为对现状不满足、工作不安心等，它会使个人的劳动积极性和创造性受到一定程度的挫伤。因此协调个人与职业的关系，就需要一定的道德约束。

 案例 4.3

工程师的抉择

在科技巨头和初创公司云集的深圳"心脏地带"，一位名叫黄素的年轻工程师怀揣着对世界的憧憬，开启了她的职业生涯。她刚从大学毕业，满怀热情地加入了一家著名的科技公司，负责开发尖端的机器学习算法。

一天，黄素在进行一个重要项目时，发现了一个潜在的漏洞，并推测该漏洞可能会对用户造成严重的安全威胁。此时，公司正准备发布这款产品，面临着巨大的时间压力，修复漏洞意味着推迟发布，这可能会影响公司的利益和她的职业发展。

黄素深知，作为一名工程师，她肩负着维护用户安全的重任，同时也需要遵守公司的规章制度。但是，巨大的压力和对成功的渴望让她陷入了深深的矛盾之中。

经过一番激烈的思想斗争，黄素最终作出了正确的选择。她勇敢地向主管汇报了情况，并坚持要求在产品发布之前修复漏洞。在主管的支持下，黄素带领研发团队加班加点、不眠不休地修复漏洞，对代码进行了彻底的测试，确保产品安全。最终，产品顺利发布，用户安全得到了保障，公司也避免了潜在的危机。

分析：这个案例告诉我们，职业道德是工程师行为的准则，也是他们做出决策的依据。在面临利益和道德的抉择时，工程师应该始终坚持正确的价值观，将用户安全和社会责任放在首位。

二、职业习惯

（一）职业习惯的含义

职业习惯是指一个人长期从事某种职业而养成的极富职业特点的言谈举止。良好的职业习惯是职场人士必须具备的重要素质，它不仅能够帮助个体提高工作效率和质量，还能塑造良好的职业形象，促进事业发展。

（二）职业习惯的基本要素

职业习惯的基本要素可以总结为态度、效能和超越（如图 4-3 所示）。

1. 态度

员工的职业习惯能够充分地反映出他的职业素养，而态度是体现习惯的重要方面。态度是一种长时间工作的心理模式。想要拥有一个好的职场态度我们应该做到以下两点：

（1）端正态度：正确的工作态度是事业成功的关键，在工作中我们应该始终保持积极、端正的态度以取得最佳绩效。在当今时代，努力已经成了普遍的工作态度，所以我们更要端正态度，在工作中努力做好每一件事。

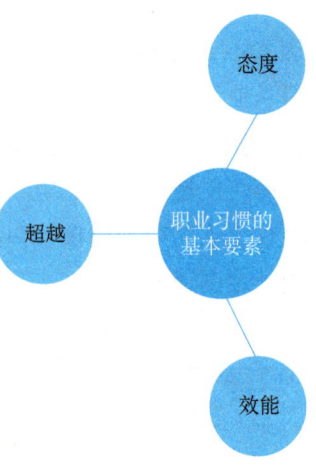

图 4-3　职业习惯的基本要素

（2）修炼态度：在工作中除了端正自己的态度，养成以下三种态度是非常关键的：首先是明确职业目标，确定自己的长期和短期职业目标；其次是保持对新知识、新技能的渴望和积极学习的态度；最后是要学会对自己的工作负责，确保高质量地完成每一项任务。

2. 效能

效能主要体现在两个方面：效率与效益。高效能是指在相同或者更短的时间内完成比其他人更多的任务，并且能够保证质量。高效能是企业与员工都想达到的目标。但是如何才能提高效能呢？

（1）筹划：筹划指的是在面对工作中的难题时，应该提前做好充分的准备，包括前期团队成员的分工，执行战略，以及业务开展过程中可能遇到的各种特殊情况。如果没有周密的计划，在进一步的执行中就会十分被动。

（2）规范：在工作当中，要根据团队的计划和思路，有制度、有流程地去完成一项工作。并且在完成的过程中要注意反馈与奖惩，这样才可以保证工作事半功倍。

（3）质量：尽管一项工作任务的时间有限，但是在工作中也要保质保量，使每个阶段都能够达到预期。不能因为时间紧张就降低工作的质量。

（4）迅速：争取做到"今日事今日毕"，面对问题不要拖延，迅速解决。

（5）激情：无论是在个人工作当中还是团队工作当中，想要提高效能都需要保持充足的激情。只有真正地喜欢一份工作才会更好地完成。

3. 超越

在职场中，要想被同事与领导看好和肯定，就必须创造相应的价值，促使自己创造价值的方式就是不断地超越自我与他人。

（1）超越自我：超越自我指的是员工根据自己设定的目标不断地努力并达到目标，在此过程当中不断地去提升自己的能力。关于如何有效地超越自我可以参考以下几点：首先，要不断完善自己的知识体系，员工可以通过在工作当中不断地学习与积累建立一个属于自己的知识体系，以便在下次遇到问题时，能够减少解决问题的时间。其次，员工应该养成全面思考的能力，在解决问题、看待事物的时候，应该收集多方面的因果关系，避免片面思考。看清事物的本质，在事件复杂的背后抽丝剥茧，并做出正确的决定。最后，员工应该适应时代的变化，当今时代，科技进步一日千里，员工要想不断地自我超越就要做到与时代变化同步。

（2）超越他人：首先，在职场中提升竞争力的方法是保持谦逊的学习心态，培养爱学习、善于学习的习惯。其次，可以参加一些大项目，这可以使人得到快速的成长，在同级员工之间脱颖而出。最后，应该做到不断地激励自己，不要当工作可以胜任的时候就开始出现惰性，想要超越他人就要多观察他人，不要陷入自己的舒适圈。

案例 4.4

如何改变职业习惯度过尴尬期？

在毕业求职季，面对新的环境，很多职场新人都感到有些"尴尬"，和以往的学习生活习惯不同，新的环境、新的处事方式，都对新人们提出了更高的要求，需要有更强的适应能力。

近日，中国青年报社社会调查中心联合问卷网（wenjuan.com），对1334名职场新人进行的一项调查显示，87.6%的受访职场新人经历过尴尬期。对于如何顺利度过入职尴尬期，63.9%的受访职场新人建议多向周围人请教，多和老员工交流。49.3%表示要积极主动参加入职培训和集体活动。调查中，33.7%的受访职场新人表示入职尴尬期有一周，25.8%的受访职场新人表示是半个月，16.3%的受访职场新人表示是一个月。

被采访者舒彭说，初入职场的大学生可能还会有惯性思维，什么都等着别人来教、来指派，但其实职场中每个人都很忙，有什么问题最好自己先研究一下，实在不会了再寻求别人的帮助。

资料来源： 王品芝，中国青年报（2023年05月24日05版）

问题： 在初入岗位时，如果遇到了最初一段时间没有被分配太多任务的情况，应该如何形成自己的职业习惯以更快适应工作需求？

三、如何养成良好的职业行为习惯

对于步入职场的新人来说，养成良好的职业行为习惯是做好工作的基础条件。在职场当中，行为习惯可以决定你是否可以高效率完成工作，或者是出色地达到目标。养成良好的行为习惯，要做到言行一致，形成高尚的道德品格。具体的职业行为习惯主要有以下三个方面。

（一）塑造良好职业形象

塑造一个良好的职业形象，首先外表上要保持仪容仪表整洁，要简洁大方，不要太过华丽。除此之外，言谈举止也是塑造良好形象的关键，人的举手投足都代表着一个人的形象。所以干净整洁、彬彬有礼的形象有利于赢得同事与上司的青睐。在后面的模块当中我们将详细地讲解如何塑造自己的职业形象。

（二）培养良好的职业道德

学生在步入职场之前大部分时间都是在家长和学校的保护之下，很难接触到真正的社会，对于怎样养成良好的职业行为习惯一无所知。在良好的职业行为习惯中，优秀的职业道德是很重要的。这就要从自身做起，做到爱岗敬业、诚实守信和办事公道。

1. 爱岗敬业

爱岗敬业是职业道德的基础，是社会主义职业道德所倡导的首要规范。爱岗就是热爱自己的本职工作，忠于职守，对本职工作尽心尽力；敬业是爱岗的升华，就是以恭敬严肃的态度对待自己的职业，对待本职工作一丝不苟。爱岗敬业，就是对自己的工作要专心、认真、负责任，为实现职业上的奋斗目标而努力。

2. 诚实守信

诚实守信不仅是做人的准则，在工作中也是非常重要的原则。工作中的诚实守信包括：不用欺骗的手段，讲究质量，说到做到。做到诚实守信，不仅是一个人的成功，也是一个企业的成功。所以诚实守信是生活与事业的基本原则。

3. 办事公道

所谓办事公道是指从业人员在办事情、处理问题时，要站在公正的立场上，按照同一标准和同一原则办事的职业道德规范。即处理各种职业事务要公道正派、不偏不倚、客观公正、公平公开；对不同的服务对象一视同仁，秉公办事，不因职位高低、贫富亲疏的差别而区别对待。

（三）养成良好的职业行为习惯

良好的职业行为习惯不是一蹴而就的，是通过日复一日的实践与锻炼养成的，在平时的工作与生活当中要注意细节，从细节做起，具体表现在以下五个方面。

1. 掌握公司的规章制度

俗话说"无规矩不成方圆"。规矩在企业当中也就是规章制度，规章制度是企业管理有序化、规范化的保障。遵守公司的规章制度是员工的职业精神与职业素养的表现，员工应积极学习、努力实践，不断提升自身素质，为公司发展贡献自己的力量。

2. 及时反馈工作中的问题

在工作当中遇到不懂的问题要及时请教。对于很多刚进入职场的员工来说,不懂的问题往往会自己琢磨,不敢去问领导,怕给对方添麻烦,其实在遇到问题的时候应该及时请教,避免因自己的主观判断酿成错误。遇到不会的问题及时请教可以及时止损。

3. 做工作计划与总结

工作计划是对即将开展的工作进行设想与安排,工作计划是我们高效能完成工作的最有效的手段。制订工作计划的方式可以是文字形式也可以是表格形式。工作计划有以下四个必备要素:

(1) 工作内容:要明确工作目标、工作任务是什么。

(2) 工作方法:采取适当措施与策略去完成工作,也就是将"怎么做"具体化。

(3) 工作分工:要明确什么时间来做什么。在安排的过程当中必须做到胸有成竹,哪些先做、哪些后做,应该根据轻重缓急合理安排。

(4) 工作进度:要确定完成期限,并将时间细分,预计各个阶段应该完成的工作量,根据时间线开展工作。

4. 倾听工作安排,不懂就问

在领导布置任务的时候要注意仔细倾听,包括团队的任务、目标以及开展工作的方式方法和每个人员的分工等,遇到听不懂的情况要第一时间请教。在领导布置完任务之后,用自己的话向领导复述一遍任务,确认双方对于事情的理解与表述是一样的,避免因理解错误偏差而导致工作成果出现偏差。

5. 服从工作安排,勇于承担责任

勇于承担责任是一种优秀品质,也是在职场中生存的基础。无论你职位高低,能力大小,都应该站在自己职务的角度,遇事独当一面,肩负起所在职位的责任。企业雇佣员工,使用相应的薪水换得你对企业实现的价值。工作中难免会遇到错误,最重要的是遇到错误勇于承担不推卸,发现问题、解决问题、吸取教训,避免犯同样的错误。

总结案例

明确的规划

付明是一家大型企业的项目经理。由于公司的项目庞大且复杂,付明需要确保各个部门的工作协调一致,同时保持高效率,因此,他制订了一份详细的工作计划,并成功地实施了计划。

首先,付明明确了项目的目标和任务。他和团队成员进行了深入的讨论,并就项目的主要目标达成了一致意见。在此基础上,他把项目的任务分解成多个具体且可行的步骤。

这些步骤包括市场调研、需求分析、团队组建、资源分配、进度安排以及风险评估等。

其次，付明对每个步骤进行了详细的规划。他列出了每个步骤所需要的时间、人员和资源，并设立了明确的里程碑。他将项目的时间线分为短期、中期和长期目标，以确保每个阶段都有一个明确的时间表。这些时间表被整理成表格的形式，让团队成员可以清晰地了解任务的优先级和工作安排。

最后，除了时间表，付明还考虑到风险因素。他认识到在项目实施过程中可能会出现一些风险和挑战，因此在工作计划中设立了相应的风险评估和应对措施，他和团队成员进行了充分的讨论，预测了各种潜在的风险，并制定了具体的解决方案。这些方案被写入了工作计划，并在实施的过程中起到了关键的作用。

通过上述的一系列计划和措施，付明成功实施了工作计划，项目顺利按照计划完成，并取得了良好的结果。

分析： 在制订工作计划时，要明确目标，并将目标分解成具体可行的步骤、具体完成的时间。同时，要考虑到可能会出现的风险，并制定相应的解决方案。

活动与训练

完美的计划

一、目标：通过对职业行为和习惯的分析，洞悉职场思维与决策真谛。

二、活动形式：案例分析讨论。

三、道具：本节课的导入案例。

四、过程：

1. 阅读【导入案例】中主人公王明的经历，假设自己是王明，会如何应对职场的状况？

2. 重点分析应该如何完成自己的工作计划，并且探讨如何做好时间管理。

3. 由教师对同学的分享进行点评。

（建议时间：20分钟）

探索与思考

1. 你认为在职场中应该拥有哪些好的行为习惯？
2. 如何养成良好的职业行为习惯？

4.3 职场互动与团队合作

第一名的努力

龙舟竞赛是中国传统的节日习俗，同时是一项多人竞赛项目。李强是一名的年轻桨手，梦想着带领团队夺得冠军，在龙舟竞赛的历史上留下他们的名字。然而，今年他的团队却陷入了不和与自我怀疑之中。

李强看着队友们争吵不休，曾经团结的队伍如今支离破碎。他知道，只有重拾团结，团队才能取得成功。

李强召集队友们开会，他充满激情地讲起了他们共同的骄傲、传承的荣耀以及无数日夜的训练。

"我们不仅仅是一支队伍，"他坚定地说，"我们是家人，是为共同目标而团结的兄弟。放下分歧，专注于将我们团结在一起的东西——对这项运动的爱和对自己的信念。"

李强的话语激发了队友们的斗志，他们重燃希望，坚定地点头表示同意。

随着鼓声响起，起跑旗帜挥舞，李强和队友们用全新的活力推动着龙舟前进。他们动作整齐划一、配合默契、呐喊声响彻云霄。

每一次划桨、每一次呼吸、每一次鼓点，他们都倾注着全部的心血和力量。他们绝不放弃，因为重新燃起的团结精神激励着他们。

在令人兴奋的冲刺中，李强的团队第一个冲过终点线，赢得了雷鸣般的掌声和欢呼声。他们紧紧拥抱在一起，喜悦的泪水流淌着。他们知道，他们不仅赢得了比赛，更重新理解了团结的力量和团队合作的不屈精神。

分析：案例中李强和他的队员们向我们展示了团队合作与沟通的重要性，当一个团队朝着一个共同的目标齐头并进，那这个团队的力量是不可估量的。

一、职场互动

职场互动有利于促进信息流通、增强团队协作、激发创新思维、解决冲突、提升个人发展空间，从而营造和谐的工作氛围，提高整体工作效率和满意度，为组织的长远发展奠定坚实基础。在实际工作中，与他人保持积极互动并不是一件容易的事情。下面将从与同事、领导和客户三个角度出发，详细地讲解如何进行良好的职场互动。

（一）与同事的互动

与同事保持良好的互动不仅会提高个人的工作效率和满意度，还对团队协作效率的提高和组织文化的塑造起着至关重要的作用。因此，在职场中，我们应该注重与同事的互动，不断提升自己的社交能力，以建立和谐、高效的工作关系。以下是关于与同事互动的四点建议，这些建议有助于建立和谐的工作关系，提高团队协作效率。

1. 尊重与倾听

尊重是良好互动的基础。在与同事互动时，要尊重他们的观点和想法，不要轻视或贬低他们的意见。耐心倾听是建立良好关系的关键，给予同事足够的时间表达他们的观点，不要急于打断或给出解决方案。

2. 清晰表达

清晰、准确的表达能够避免误解和混淆。使用简单明了的语言，避免使用模糊或含糊不清的词汇。在传达信息时，要确保同事能够完全理解你的意思。如果可能的话，使用具体的例子或案例来辅助说明。

3. 积极合作

与同事建立积极的合作关系，共同完成任务和目标。在团队中，互相支持、互相帮助，共同面对挑战和困难；积极参与团队讨论和决策，分享你的想法和建议。通过合作，可以促进团队的创新和进步。

4. 处理冲突

在与同事的互动中，难免会出现分歧或冲突，关键是要保持冷静和理智，不要情绪化或攻击对方。尝试通过沟通来解决问题，了解对方的观点和立场，寻找共同的利益和目标。如果无法自行解决冲突，可以寻求领导或专业人士的帮助和调解。

（二）与领导的互动

在职场当中不会与领导互动，不仅影响工作的进度，还会影响你在领导心里的印象，甚至会让你的职业生涯受到阻碍。因此，和领导进行沟通需要注意方式。

1. 坦诚与尊重

在与领导互动时，要如实反映工作进展、成绩以及存在的问题和困难。避免夸大其词或隐瞒事实，以建立基于信任的互动关系。尊重领导的职位和决策，避免挑战领导的权威或尊严。即使你有不同的意见或看法，也要以尊重的态度进行表达。

2. 明确目的

在与领导互动之前，明确你想要达到的目的和期望的结果，这有助于你更有针对性地准备交流内容，避免偏离主题或浪费时间。将互动目的与公司的整体目标和战略相结合，确保交流的内容与公司的发展方向一致。

3. 适时反馈

及时向领导反馈工作进展和遇到的问题。这有助于领导了解你的工作情况和需求，从而及时给予支持和指导。在反馈时，尽量提供具体、详细的信息和数据，以便领导更好地了解实际情况。

4. 遵守规则

遵循公司的规章制度和流程，确保与领导的互动符合公司的要求和标准。了解并遵守公司的交流文化和习惯，以便更好地与领导进行交流和协作。

5. 倾听与理解

在与领导互动时，要倾听领导的意见和看法，并努力理解其背后的原因和逻辑。这有助于你更好地把握领导的需求和期望，从而更好地调整自己的工作方向。当你对领导的某些观点或决策有疑问时，可以适当地提出自己的看法和建议，但要避免过于直接或尖锐的质疑。

6. 积极互动

不要等待领导主动找你互动，而是要积极主动地与领导保持互动。定期汇报工作进展、分享经验和想法，以便更好地与领导进行交流和协作。在互动中，要保持积极、乐观的态度，避免抱怨或消极情绪的传播。

7. 寻求反馈

在完成某项工作或项目后，可以主动寻求领导的反馈和建议。这有助于你了解自己的优点和不足，从而更好地提高自己的工作能力和水平。

（三）与客户的互动

作为一个职场人员，与客户谈判是必备的能力之一，良好的互动不仅能够满足客户的需求，还能提升客户满意度，从而增强客户忠诚度。以下是与客户互动时应当遵循的一些重要原则和技巧。

1. 了解需求

在与客户沟通时，首先要明确并理解他们的需求和期望。通过积极的提问和倾听，你可以确保自己准确地把握了客户的需求，从而为他们提供符合期望的产品或服务。

2. 专业与礼貌

在整个互动过程中，保持专业和礼貌的态度至关重要。用专业的语言解答客户的问题，展示你对行业的了解和对工作的热情。同时，礼貌的态度能够给客户留下良好的印象，增强他们对你的信任。

3. 清晰传达

清晰、准确地传达是良好互动的核心。避免使用模糊或含糊不清的词汇，用简单明了的语言向客户解释产品或服务的特点和优势。这有助于客户更好地理解你的产品或服务，并做出明智的决策。

4. 建立信任

信任是客户与你建立长期关系的基础。通过真诚和专业的沟通，你可以逐渐建立起与客户的信任关系。这种信任关系不仅有助于你更好地了解客户需求，还能让客户更愿意与你分享他们的想法和反馈。

5. 解决问题

当客户遇到问题时，作为服务提供商，你有责任积极寻找解决方案。及时回应客户的问题，并提供有效的解决方案，能够增强客户对你的信任，并提高客户满意度。确保客户的问题得到妥善解决，是维护良好客户关系的关键。

通过遵循以上原则和技巧，你可以与客户建立良好的互动，满足他们的需求，提升客户满意度，并促进业务的成功。记住，良好的互动不仅仅是说话的艺术，更是倾听、理解和满足客户需求的过程。

 案例 4.5

谈判的技巧

小任在创办某品牌之前，曾经是一家国有企业的工程师。当时，他想要从一家外国公司购买一批技术，但对方索要了非常高的价格，小任知道，如果他直接拒绝，谈判就可能破裂。于是，他决定采用迂回战术。

小任先向对方表达了对他们技术的认可，并表示愿意购买他们的产品。但他也坦诚地表示，由于预算有限，他无法支付对方提出的价格。随后，他提出了一些修改建议，希望对方能够降低价格。

经过几轮谈判，双方最终达成了一致协议。小任不仅以较低的价格买到了所需的技术，还与对方建立了良好的合作关系。

这个故事的寓意是，良好的互动可以帮助我们在谈判中达成共赢。在谈判过程中，我们要了解对方的底线，并找到双方都能接受的方案。同时，也要注意保持良好的沟通氛围，避免发生冲突。

分析： 优秀的互动技巧可以帮助我们解决问题，增进感情，构建更加和谐的人际关系。互动能力是一项重要的软技能，它可以帮助我们在各个方面取得成功。通过学习和实践，每个人都可以提高自己的互动能力。

二、团队合作

在当今时代,市场竞争越来越激烈,所以仅仅依靠个人的力量是不能帮助企业达到最大的价值的。这时就需要团队的力量。正所谓:"众人拾柴火焰高。"因此对于刚刚步入职场的大学生来说,了解团队、培养团队合作能力是至关重要的。

(一)认识团队

1. 团队的含义

管理学家斯蒂芬·P. 罗宾斯认为:团队(Team)就是由两个或者两个以上的,相互作用、相互依赖的个体,为了特定目标而按照一定规则结合在一起的组织。

在职场中也就是由基层员工和管理层人员组成的一个共同体,它将每一个员工的技能相结合并合理安排。从而为达到共同的目标努力,最终达到 1+1>2 的效果。

2. 团队的构成要素

团队有几个重要的构成要素,总结为 5P(如图 4-4 所示)。

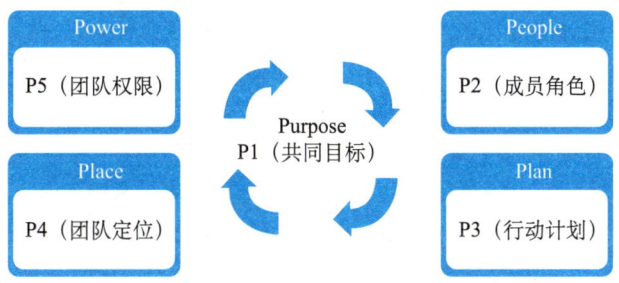

图 4-4 团队的构成要素

(1)共同目标(Purpose):团队具有一个目标,团队内的所有成员都要奔着这个目标而行动。如果没有目标,团队就没有存在的意义。

(2)成员角色(People):人是构成团队的核心,由于目标是由人员实现的,所以人员的选择在团队的构成上是至关重要的。在人员的选择上应该注意人员之间的互补,以及单个人员的能力、经验等必备的专业能力。

(3)行动计划(Plan):团队目标的最终实现需要一系列的行动方案,计划可以理解为具体的工作程序。

(4)团队定位(Place):在团队中定位分为两种,即团队的定位和人员的定位。团队的定位是指团队在企业中所处的位置,以及团队最终应对谁负责。人员的定位是指作为成员应该在团队中担任什么样的角色。

（5）团队权限（Power）：团队权限包括两个方面，第一是整个团队在企业当中拥有什么样的决定权，如财务、人事、信息决定权。第二是指团队的基本特征。例如，组织规模大小，团队人员的多少，它是什么业务类型。

3. 团队的类型

根据团队的存在目的和自主权程度，可以将其划分为四种类型：

（1）问题解决型团队：问题解决型团队的核心点是提高生产质量、提高生产效率、改善企业工作环境等。在这样的团队中成员针对改变工作程序和工作方法，相互交流，提出一些建议。

（2）自我管理型团队：一般来说，团队人员责任范围包括控制工作节奏、决定工作任务的分配、安排休息。但对自我管理型工作团队效果的总体研究表明，实行这种团队形式并不一定带来积极效果。

（3）多功能型团队：它是一种非常有效的团队管理方式，能够将企业内同一等级的不同领域的工作人员组织到一起共同完成一项复杂的工作。

（4）虚拟型团队：虚拟团队利用现代信息技术把实际分散的成员联系起来，这些成员共同实现一个目标，虚拟团队有着明显的成本优势、人才优势。

（二）团队合作的关键

团队在进行一个项目的时候需要不同的成员进行合作与配合，那多位不同的成员能不能和谐地完成工作呢？这就需要注意以下三个关键问题。

1. 分工

一个项目组成员分工一般由项目经理负责，由于其成员人数较多，因此在工作量与工作内容的分配问题上，显然难以通过彼此的平等协商和沟通而得出一个有效并令众人都满意的方案。项目经理应根据团队成员的能力和项目需求，合理安排分工，做到人尽其才，明确责任，提高工作效率。

2. 合作

合作是项目成功的关键。团队成员应紧密合作，整合各自工作，实现项目目标。沟通是合作的核心，包括上下级、同级成员之间的交流。良好的沟通建立在融洽的人际关系上，上下级尊重、同级信任，沟通效率自然提高。同时要避免过度会议，注重沟通质量。

3. 监督

监督的目的是促使项目组内各成员都负责地做好本职工作。监督并不仅仅是外部的，团队之间的成员也要起到互相监督的作用。包括对团队内各成员是否完成自身职责进行考量，以及相应的奖惩手段。缺乏有效监督，项目组将沦为成员捞取个人利益的工具。

（三）如何提升团队合作的能力

在工作当中与他人和谐相处，进行团队合作是一名员工应该具备的素质之一，很多企业在选拔人才的时候都会把一个人是否具有团队合作意识作为考核标准之一。那么作为团队的一员，如何以优秀的能力为团队出一份力呢？

1. 友善待人

与团队成员在相处的时候，最重要的就是平等，尊重每位成员，不分资历。在与团队成员交流的时候要注意真诚相待，坦诚沟通，建立信任。相互信任在团队合作当中起着非常重要的作用。

2. 团队沟通

团队沟通是完成项目最重要的手段之一，绝大多数项目的成功都与团队的沟通有关系。沟通在一定程度上可以成就一个项目，也可以毁掉一个项目。所以在团队沟通时应该充分发挥职场沟通的原则与技巧。

3. 谦虚谨慎

"三人行必有我师。"在团队当中一定要谦虚谨慎。只有这样，我们才会永远受到别人的欢迎。

4. 化解矛盾

与同事发生摩擦是很正常现象，坦然面对、避免放大、及时沟通、消除误解、避免积怨。对别人的行动和成就表示真正的关心，表达尊重与欣赏，共同进步，营造积极氛围。

5. 接受批评

从批评中寻找积极成分。正视错误，避免争论，从积极角度理解批评，虚心接受同事意见。

6. 创造能力

要积极培养自己的创造能力，不要安于现状，试着发掘自己的潜力。一个有不凡表现的人，除了能保持与人合作以外，还需要所有人乐意与你合作。

 案例 4.6

组建办案团队，形成调解合力

2024年4月，浙江省杭州市某建设集团因工程款纠纷将某置业公司告上法庭，西湖区人民法院上泗人民法庭收到诉状后，迅速协调市场化调解力量介入。不到3个月，双方达成和解。

为推进诉源治理，杭州试点推行市场化解纠纷机制。为使其效力得到最大化发挥，杭州组建"1 名法官 +1 名书记员 +1 至 2 名调解员"办案团队，形成调解合力。专职调解员在接到当事人市场化调解需求后，需要按照调解工作流程图，定期向团队里的结对法官汇报调解进度，并将梳理的事实、矛盾征集点、当事人意见记录在调解日志里，便于法官对案件情况作出评估，法官也会对调解员进行动态法律指导。"专职调解员入驻法庭，和我们楼上楼下办公，沟通非常方便。"上泗法庭法官吴正伟介绍。市场化调解组织入驻后，帮助化解了四成案件量，大大减轻了办案负担。

资料来源：苏显龙 赵晓曦 徐雷鹏，人民日报（2024 年 04 月 16 日 11 版）

分析：专业化办案团队分工明确、配合默契，能够迅速了解案件情况并找到合适的调解方案，有效减轻了办案负担。这个案例说明了团队分工合作的重要性，明确的分工能让每个人专注于自己擅长的领域，通过协作实现共同目标，促进团队整体效能的提升。

三、团队意识

团队意识能够凝聚团队成员的力量，并形成强大的合力，共同面对挑战和困难。一个具备高度团队意识的团队，成员之间能够相互信任、支持和协作，共同为团队的目标努力。这种意识能够提升团队的凝聚力、执行力和创新能力，使团队在竞争激烈的市场中保持优势，实现持续的发展。

（一）团队意识的含义

团队意识是指团队成员为了共同目标而相互配合的意识，包括团队目标、角色、关系和运作过程等方面。团队由拥有不同技能的人组成，他们共同努力实现目标，并对彼此负责。团队成员应主动思考，为团队做出贡献，而不能只是被动服从命令。团队意识可以促进团队发展，而缺乏团队意识的团队只是一盘散沙。

（二）团队意识的作用

团队意识在团队合作和企业当中具有以下几种作用。

1. 呈现系统效应

系统效应可以理解为团队意识在企业当中表现为一种集体力。也就是大家团结在一起共同完成一件事，产生 1+1>2 的效果。

2. 塑造企业凝聚力

在大家共同完成某一目标的时候，团队意识可以让团队成员心往一处想，劲往一处使。提高团队成员的凝聚力与向心力。

3. 制造员工归属感

在团队合作当中，团队成员之间进行沟通协作，不仅增强了团队意识，同时也培养员工的企业归属感，让员工对于自己身为企业的一员感到自豪并以此作为自己的依托和归宿。

4. 给予员工安全感

当员工深切感受到企业为他们提供基本生活保障和安身立命之所时，团队意识便转化为安全感意识。

（三）如何培养团队意识

团队意识的培养取决于团队的每一个成员。作为团队成员，我们每个人都要增强团队意识，通过增强团队意识，我们会培养自己的表达与沟通的能力，培养我们主动做事和敬业的品格，培养宽容与合作的品质，更能培养我们自己的全局意识和大局观念。一个具有团队意识的团体，能使每个团队成员显示高涨的士气，有利于激发成员的主动性并努力自觉维护团体的集体荣誉，自觉以团队的整体声誉来约束自己的行为。培养团队意识才能够在团队合作当中更好地施展自己的团队合作能力。

作为一名职场新人，应该快速地融入企业团队当中，在平时工作当中应该注意以下几点。

1. 工作主动

机会是靠自己的努力争取来的，没有任何一家企业喜欢被动的员工。在团队当中更是如此，大家都不喜欢被动、偷懒的成员。所以作为一个合格的团队成员应该主动积极。主要包含以下几个方面：

（1）主动承担责任：团队合作当中每个人都会犯错，重要的是犯了错误要勇于承担。犯错不可怕，可怕的是找各种借口推卸责任。犯错之后应该敢于承认，并找到问题的根源。保证同样的问题不会再出现。

（2）积极工作：积极工作可以帮助团队更好地提高工作的效能，并且可以提升自己的能力，使自己得到领导同事的青睐。

（3）主动汇报：在团队合作当中，要主动向领导汇报你工作的进度与遇到的困难。因为领导心中通常有一个疑问就是自己的下属每天都在忙什么？主动汇报工作可以让领导心里有数，并且认为你是一个对待工作积极认真的人。

2. 敬业

所有的团队成员都应该具备敬业精神，有了敬业精神，把工作当成自己的事情才能够为实现团队目标而不断地努力。敬业精神主要表现为恪尽职守、认真负责、一丝不苟、善始善终等职业道德。提高自己的敬业精神可以从以下几个方面注意：

（1）态度端正：在团队合作当中要时刻端正自己的态度，热爱自己的工作，只有真正地热爱，才会不辞辛苦地为之奋斗，从而不断地提升自己的能力。

（2）热爱工作：热爱工作可以避免对工作的敷衍，做一行，爱一行。每个员工都是公司运行中的重要一环，只有热爱工作，才能避免在自己的岗位工作中出错，真正发挥自己在团队中的作用。

（3）增强"工匠精神"："工匠精神"在团队合作当中非常重要，对于企业的发展，对目标的完成都有着重大意义。所以我们在团队合作当中应该具备坚定、踏实、严谨、专注、坚持、敬业、精益求精的"工匠精神"。

3. 同心合力

培养团队意识不反对个性张扬，但个性必须与团队的行动一致，要有整体意识、全局观念，考虑团队的需要。拥有大局观可以帮助我们全面地看待问题。能够从整体上把握事情的规律，同时目光远见，遇事脑子多思考，站在不同的角度看问题，把握好整体的利益和局部的利益关系，对待问题能够做出快速的反应和正确的决策，使整体的利益最大化。

（1）三思而后行：在团队当中，我们说的每一句话，做的每一件事可能都会对团队目标产生影响，所以在做决定之前要对产生的影响与后果考虑清楚。

（2）树立全局观念：我们应该树立自己的全局观念，提高自己的思想站位，要将自己看成团队中的普通一员，但是又可以通过努力为团队做出贡献。

（3）提升综合能力：我们应该加强自身学习，提高自己的综合能力，扩大自己的知识面，提高思想觉悟，只有这样才能让自己更加优秀和有大局观。

4. 企业文化

每个企业都有自己独有的文化和自己的发展历史。初入职场应该先充分了解公司的规章制度，以及一些不成文的"潜规则"等一系列的企业文化，在企业当中多观察、多留心。只有了解了公司的企业文化，才可以顺利地开展团队合作。

5. 公私分明

工作当中，应该保持公私分明，不带有个人感情色彩。例如，在工作当中不打听别人隐私，就算是别人主动和你说也要记住不要到处宣扬，不带着情绪工作。

雁的启示

每年的九月至十一月，大雁都要成群结队地往南飞行。第二年再飞回原地繁殖。在长达万里的航程中，它们要遭遇猎人的枪口，经历狂风暴雨、电闪雷鸣及寒流与缺水的威胁，但每一年它们都能成功往返。雁群排成"V"字形时，比孤雁单飞提升71%的飞行能力。

当每只雁振翅高飞,也为后面的队友提供了"向上之风",这种省力的飞行方式,让每只雁最大地节省了能量。当某只雁偏离队伍时它会立刻发现单独飞行的辛苦及阻力,它会立即飞回团队,善用前面伙伴提供的"向上之风"。

在队伍中的每一只雁都会发出叫声,鼓励领头的雁勇往直前。当领头的雁疲倦时,它会退到队伍的后方,而另一只雁则飞到它的位置上来填补。当某只雁生病或受伤时,会有其他两只雁飞出队伍跟在后面,协助并保护它,直到它康复,然后它们自己组成"V"字形,再开始飞行追赶团队。

分析: 如果我们如雁一般,无论在困境或顺境时都能彼此维护、互相依赖,再艰辛的路程也不惧怕遥远。所以拥有良好的团队意识,共同发展团队是每一个队员应该有的职业素养。

活动与训练

团队的合作

一、目标:体会职场沟通与团队合作的重要性。

二、活动形式:模拟团队合作。

三、道具:PPT。

四、过程:

1. 通过模拟,假设自己是团队的领导管理者,思考应该有怎样的团队意识。
2. 重点思考应如何分配、安排队员的工作,并且做好监督管理。
3. 由教师对同学进行点评。

(建议时间:20分钟)

探索与思考

1. 如何做一名有团队意识的团队成员?
2. 你认为自己在一个团队当中应当具备什么样的素质?

模块五　职场形象塑造

模块简介

职场形象包括多个方面的内涵，树立形象意识，塑造适合自己的职场形象是年轻人步入职场需要考虑的基本问题之一。

"不学礼，无以立。"在职场中，礼仪起着重要的作用。懂礼仪的人不仅能得到他人的喜爱，散发出自信的魅力，还会让交际变得更加轻松。更容易获得好人缘，取得事业上的成功。对于职场新人来说，礼仪课就是入职的必修课。

面试是求职过程中最重要的一环，面试准备可以让学生更全面地了解应聘的职位和公司情况，同时掌握面试礼仪、注意事项和有关技巧也是有必要的。

能力标准

分类	具体内容
知识	1. 理解职场形象的内涵； 2. 树立正确的职场形象意识
技能	1. 学会如何塑造良好的职场形象； 2. 将职场礼仪运用到日常工作中； 3. 掌握面试技巧
态度	1. 具备职场中应有的正确社交礼仪； 2. 理解面试准备的重要性

模块五　职场形象塑造

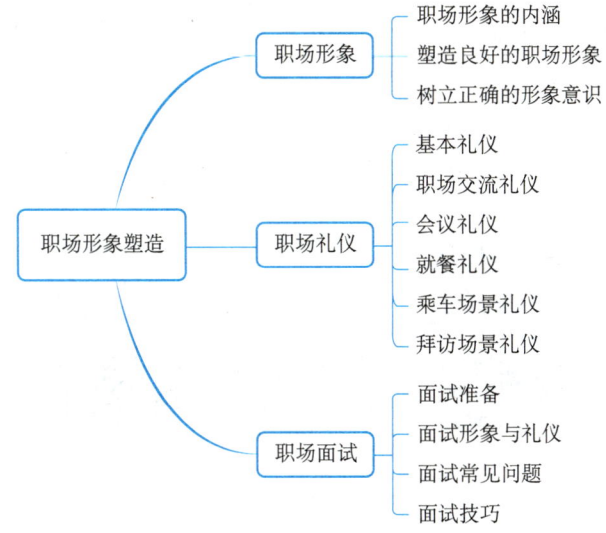

5.1 职场形象

导入案例

职场形象带来的影响

孙宇是一家物流公司的业务员，口头表达能力不错，对公司的业务流程很熟悉，对公司的产品及服务的介绍也很得体，给人的感觉朴实又勤快，在业务人员中学历是最高的，可是他的业绩总是上不去。孙宇非常着急，却不知道问题出在哪里。

孙宇从小有着大大咧咧的性格，不爱修边幅，头发经常是乱蓬蓬的，双手指甲长长的也不修剪，身上的白衬衣常常皱巴巴的并且已经变色，他喜欢吃大饼卷大葱，吃完后却不知道去除异味。孙宇的大大咧咧能被生活中的朋友所包容，但在工作中常常过不了与客户接洽的第一关。其实孙宇的这种形象在与客户接触的第一时间已经给人留下不好的印象，让人觉得他是一个对工作不认真，没有责任感的人，通常很难有机会和客户作进一步的交往，更不用说成功地承接业务了。

分析： 孙宇业绩不佳的原因主要在于其职场形象不佳。大大咧咧的性格和不整洁的外表让客户产生不信任感，影响了业务接洽。为了提升业绩，孙宇需要改善个人形象，保持整洁，展现专业态度，以赢得客户信任。

— 113 —

一、职场形象的内涵

职场形象（Professional image）是指你在职场中树立的形象，具体包括外在形象、内在修养、专业能力和社交礼仪这四个方面。它是通过你的衣着打扮、言谈举止反映出你的专业态度、技术和技能的。很多时候你个人的职场形象代表的就是公司形象，这也是为什么有的公司非常重视员工的职场形象（如图5-1所示）。

图 5-1 职场形象内涵

（一）外在形象

常言道，第一印象决定人际成败。心理学家认为，人们往往根据外表、年龄、性别、穿着打扮、面部表情，以及行为体态等"外部的表象特征"进行第一印象的判断。而组成这些第一印象的部分又统称为外在形象，在一定程度上我们可以通过练习迅速地提高我们的外在形象。但是一个人的体态风度、言谈举止、衣着打扮是很难长期伪装出来的，这在某种程度上也代表了这个人的内在与性格，因此这就要求我们在进行个人形象塑造时做到内外兼修。

（二）内在修养

内在修养作为一种无形的力量，约束着我们的行为，也是我们赢得他人尊重的必要条件。内在修养与外在形象往往是相互关联的，内在的提升会在外在上有所体现。长远来看，如果想从根本上提高我们的职场形象，应首先提高内在修养。例如，我们可以阅读不同领域的书籍、参加公益性的社会活动或者参加企业、艺术馆、国际论坛等大型的社会活动。

（三）专业能力

专业能力不仅是属于专业技术范围内的能力，和形象也有着千丝万缕的关系。在职场中，经常可以听到类似"你太不专业了"的评价，这种评价的内在含义并不一定是否认个人的技术水平，而可能是表现能力的方式出了问题。例如，在职场中有给客户发邮件的任务，在相同内容或文本的情况下，专业和不专业的区别就体现在了细节中：邮件的主题，附件文件的名字。处理好这些细节，客户在经过对比后会有相对客观的评判，这对个人和企业的职场形象会产生很大影响。专业能力更多地体现在了工作中的行为细节上。

（四）社交礼仪

社交礼仪是指人们在人际交往过程中所具备的基本素质，也就是交际能力。社交在当今社会人际交往中发挥的作用愈显重要。通过社交，人们可以沟通心灵，建立深厚友谊，取得支持与帮助；通过社交，人们可以互通信息，共享资源，对取得事业成功大有裨益。

 案例5.1

形象是块敲门砖

陈慧是一位刚刚步入职场的新人，她深知职场形象的重要性，在面试前，就开始精心准备着装，通过精心挑选，选择了一套既符合公司文化又能展现个人风格的职业装。由于在面试中着装得体，简洁而不失优雅，陈慧给面试官留下了深刻的印象，成功获得工作机会。

在工作中，陈慧不仅保持着专业的外在形象，更注重内在的修养和专业能力。她在工作中勤奋好学，不断提升自己的业务能力，同时也注重与同事和客户的沟通，以礼貌、谦逊的态度赢得了大家的认可。

一次重要的项目谈判中，陈慧凭借自己的专业知识和良好的职场形象，成功地为公司争取到了有利的条件。她的出色表现得到了领导的赞赏，也获得了同事和客户的肯定，在职场中树立了良好的形象。

分析： 陈慧的故事告诉我们，职场形象就像一块敲门砖，能够为我们打开职场成功的大门。无论是外在形象还是内在修养，都需要我们不断地去提升和完善。

二、塑造良好的职场形象

（一）职场形象——男士篇

1. 男士职场仪容管理

男士在正式的职场中应注重整洁，如每天进行剃须修面。在接触了刺激性气味的物品后需要保持口气清新。

关于男士的发型，标准就是干净整洁。要经常修理，头发不应该过长，前面不要遮挡住眉毛，侧面不要遮挡住耳朵，后面的头发的长度不要超过衬衫领子的上部，尽量不要染色，尤其是太过亮眼引人注目的颜色。

2. 男士职场服装管理

在正式的商务场合，男士穿着最稳妥的选择是西装。穿着西装时要搭配合身的衬衫，一般情况下正式的场合禁止穿夹克，或者西装里面搭配高领衫、T恤、毛衣。这些都是不够正式的穿搭。

（1）西装的选择。男士西装在选择上一般以深色为主，避免穿着颜色艳丽的西装。西装一般分为单排扣和双排扣两种。单排扣的西装在只有两颗扣子的情况下，只系上面的一颗；如果有三颗，只系上面的两颗。而双排扣的西装则需要系好所有的扣子。

（2）职场衬衫。穿着西装时衬衣搭配要细心，衬衫的颜色应该与西装色调一致。并且不能穿过于透明的衬衫。在选择衬衫的时候需要注意几个关键点：领型、袖型和外轮廓。选择的时候重点放在领尖，要求做工精细，两个尖头保持对称。领内衬的硬度要好，常见的四种领型有欧式经典领型、日式简约领型、美式休闲领型和英式温莎领型（如图5-2所示），可以根据自己的脸型进行选择。

欧式经典领型　　日式简约领型　　美式休闲领型　　英式温莎领型

图5-2　男士衬衫领型

衬衫的版型主要分为宽松款、标准款、修身款（如图5-3所示）。前两种版型对身材的要求比较低，修身款则对身材要求较高。选择衬衫最重要的是适合自己，可根据自己的体型进行判断。

宽松款　　　标准款　　　修身款

图5-3　男士衬衫版型

（3）商务正装与职业休闲装的区别。从色彩的角度来说，正式的西装一般都是单色、深色的。主要是蓝色、黑色，有时候也有咖啡色和灰色，深色的可以彰显稳重的形象。而休闲西装的色彩就没有那么单调，在颜色上不拘一格，比较随意。

从风格上来说，正装西装版式款式比较固定，有宽松和修身款式之分，且以套装为主，一般为两件套或三件套，只能搭配衬衫、皮鞋。而休闲西装一般而言都比较修身。上衣的款式与裤子的款式完全不同，可以搭配牛仔裤或休闲裤。

（二）职场形象——女士篇

1.女士职场仪容管理

有实力也要有形象，在职场上适宜的淡妆可以展现对他人的尊重，那么女士应该怎样修饰自己的仪容，并展现理想的个人形象呢？

（1）清新淡雅的妆容。一个清新、淡雅、精神饱满的妆容，会给你的职场形象加分不少。打造一个清新淡雅的妆容，可以参考以下几点：

① 粉底：要在自然光下找出接近自己肤色的轻薄粉底。在上粉底之前我们可以进行遮瑕，在有痘印和斑点的地方擦遮瑕膏，之后将海绵扑用水沾湿再去蘸取粉底液。上脸时用海绵扑将粉底液推开。擦完粉底后，再上一些散粉，这样会起到一个定妆的效果。

② 眉毛：自然有型的眉妆是关键，对于清新自然的妆容来说，想要化妆时的眉毛自然，可以将眉笔与眉刷相结合。在选用眉笔的时候应选接近眉毛颜色的眉笔，在眉峰以后的位置开始描出眉梢，眉梢最后的位置稍稍比眉头高出3～5毫米，再用修眉刀贴着皮肤把描出眉线以外的杂毛刮除掉。最后顺着眉笔的生长方向刷上眉型胶，除了起到固定眉形的作用，还可以让眉毛看起来更服帖、更有亮泽感。

③ 眼妆：眼妆是整个妆容里面的主角。要塑造完美的裸妆，眼妆一定不要过重。所以眼影的颜色可以选择大地色、棕色系。记得涂的时候下手一定要轻，起到立体、放大的作用就可以，避免下手过重化成黑眼圈。

④ 腮红口红：最后还有腮红和口红，好的腮红不仅可以修饰脸型还可以让人看上去充满好气色。但是腮红的面积不应该过大，颜色不要过于鲜艳。在职场中，口红的颜色主要以自然为本，太艳丽会让人感到不适，并且与整体的裸妆形象不符。

（2）精致发型设计。职场女性发型设计需注意整洁、简约，符合职业形象，考虑行业特点与公司文化，展现专业气质；同时保持自然轻松，展现个性与自信。发型与脸型的搭配是塑造职场形象的关键。圆脸适合有层次感的发型拉长脸型；长脸宜选横向扩张的发型平衡长度；方脸则选柔和发型软化棱角；椭圆脸适合多种发型可突出面部轮廓。根据个人发质、发量和喜好，选择最适合的发型，展现独特魅力。

2. 女士职场服装管理

（1）服装的搭配。职场中树立专业且得体的形象至关重要，服装的搭配是塑造形象的关键环节，合适的服装不仅能够展现自身的职业素养，更能提升气质、增强自信、赢得他人尊重与信任，其中服装搭配技巧可参考以下几点：

① 选择稳重的颜色，避免花哨艳丽的色彩搭配：职业女装体现的是女士的才智与能力，素色更容易获得尊重和接纳，过于花哨的色彩容易造成强势的压迫感。搭配色彩时也要考虑自己的体型特征，用深色减弱扩张，用浅色提升高度，都是修正体型的好办法。

② 端庄优雅，避免过于暴露：职业女装能够衬托优雅气质，有效提升气质，因此不能选择太过暴露的服装。不漏肩、不漏胸、不漏腰、不露背。时尚的露脐装、低胸装、吊带装、露背装、低腰裤、超短裙都不适宜在职场穿着。

③ 适度修身，避免紧身短小：职业女装能够起到扬长避短的效果，因此要选择合身的剪裁，而不是一味地穿着展示身材的紧身衣。

④ 正确搭配，避免杂乱混搭：在职场中一套衣服在搭配上色彩不得超过三种。面料不得超过两种。并且服装对着装者的肢体运动有一定的限制，因此配合优雅的举止非常重要，动作不宜过大。

（2）巧妙配饰，彰显亮点。对于女士的形象而言配饰种类比较丰富，应该注意的细节更是众多，如耳环、胸针、指甲、项链等。对于配饰有以下六大口诀：

① 数量少：若同时戴多种配饰，所有配饰数量的总和不得超过三种。

② 同色号：在色彩方面，佩戴首饰时色彩应该注意力求同色，佩戴镶嵌类饰品的时候要保证主色调一致。

③ 同质地：佩戴多种饰品时要选择同种质地的材质。

④ 符身份：身上所佩戴的饰品应该与自己的年龄、形象相符合。

⑤ 扬长避短：在装扮自己时要学会扬长避短，凸显自己的优势，掩盖自己的劣势。

⑥ 习俗规则不能忘：不同地区、不同行业、不同企业有不同的文化，饰品的搭配要考虑到不同的文化，切勿冲撞了企业文化。

 案例 5.2

形象在合作交流中的重要性

近日，某地一女子在网络发视频抱怨自己的上班穿搭被领导批评，被叫去严肃谈话，但自己并没有觉得有什么不妥，该事件在网上引起了广泛讨论，不少网友甚至晒出同款穿搭。事情原委为此时上班时间为冬天，该女子因其上班需要骑电动车，于是将羽绒服、厚毛衣遮得很严实，而工作环境也比较恶劣，没有暖气，骑车上下班只能多穿衣物御寒。因此，该女子穿了长至膝盖的羽绒服，戴上面罩和毛线帽，里面是黄色的旧毛衣和红色手套，颜色鲜艳，款式休闲，裤子松松垮垮像睡衣一样，甚至穿了毛茸茸的拖鞋。

网友对该女子的做法各执己见，为御寒保暖穿厚衣服未尝不可，但在工作环境中也要顾及场合，注重职场形象，进入职场就意味着需要遵守职业装束规范，员工应对自身形象负责，不能过于自由懒散；公司也应尽量提供必要帮助，创造一个良好的工作环境。

问题：你认为该女子的装扮符合职场形象吗？应该如何解决此类问题？

三、树立正确的形象意识

形象意识是指形象主体中的人或人群，对于涉及本主体的形象问题的意义与作用持有的一种正确的认识与态度，是形象资源的载体。形象虽然是一个抽象的概念，一种观念上的东西，但它一旦形成和确立，就会转化为一种外在的东西，转化为一种力量，一种推荐力、吸引力和感召力。形象是一种无形财富，通过开发可以转化成有形财富。在职场生活中，高度重视声誉和形象，将形象视为珍贵的无形财富，重视形象投资、形象管理、形象塑造和形象竞争。树立正确的形象意识，维护好职场形象，在一定程度上能够提高工作效率。

（一）外表形象

外表形象最容易被别人看到并留下第一印象。因此，注重外表形象是树立一个良好形象的基础。这里的外表形象不仅仅包括衣着打扮，还包括个人卫生和仪表等。首先，衣着打扮要得体、整洁，不要紧跟潮流盲目跟风，明确自己的风格和需求，力求简约大方。其次，要注意搭配，避免着装过于花哨或过于单调。最后，要注意个人卫生和仪表，保持自己的形象整洁。例如，指甲要修整干净，头发要干净整齐。

（二）言谈举止

言谈举止是人与人沟通交流最主要的方式，要注意以自己的话语和举止展示自己的个性和素质，注意语言表达，既要切中主题，也要注意讲话礼貌和得体。并且要保持微笑，给人以友好的印象，有礼貌的行为举止也是树立形象的一个重要方面。

（三）态度和气质

态度和气质是一个人真正散发出的魅力，是形象的内在体现。要树立自己的形象，首先要有积极向上的态度，饱满的热情和精神上的魅力以及透露出恰当的气质，让自己成为周围人的中心。

（四）能力和素养

能力和素养是树立自己形象的根本，只有具备一定的实力储备，才能真正为自己争取到更好的机会，取得更好的发展。因此，除了外表形象、言谈举止和态度气质，还要不断地积累经验，提升自己的能力和素养，争取更好的发展机会。

总结案例

事业从改变形象开始

一位成功的职场女性曾讲述过这样一段经历：她在刚上班时对职场形象管理一窍不通，审美水平还停留在学生阶段，认为朝气蓬勃的少女感就是最美的，买衣服以粉色系为主，或是比较"公主范儿"的款式。后来发现尽管她的工作能力不错，每次考核都能拿到不错的成绩，但是老板似乎并不怎么待见她，每次出去见重要客户时，总是叫别的同事，工作三年下来也没有得到任何晋升，她有疑惑但是却不敢问老板，也没有人告诉她哪里做得不好。直到有一天早晨一个同事"夸赞"她:"你这身打扮好漂亮啊,像一只花蝴蝶飞来飞去。"似乎给了她当头一棒——她的职场形象有问题。

接下来她开始反思自己的穿着、言行举止,后来改变了自己的穿衣风格,也通过良好的职场形象换了工作,没想到对形象管理的重视真的能给自己带来这么多的惊喜,这种改变成了她事业风生水起的开端。

分析: 你的形象就是你的名片,别人首先通过它认识你,懂得管理自己的职场形象也是一种职场软实力,良好的职场形象不仅能够提升个人的气质魅力,也能促进良好的人际关系,为职业发展和晋升创造更多机会。

活动与训练

职场形象模拟

一、目标:体会职场形象的实际应用。

二、活动形式:实景模拟排练。

三、道具:场景模拟(办公室、咖啡厅)。

四、过程:

1. 选择一个主题场景,如办公室面试、公司或者咖啡厅会见客户,学生选择不同的角色进行职场形象塑造。

2. 将班级学生分成三组,一组面试官、一组面试者、一组评审团。如果是会见客户,可以设定为邀约者、客户、评审团。

3. 每组情景模拟,评审团依据着装给予打分和评价。教师给评审团和表演者打分,评出最佳角色扮演者。

(建议时间:20分钟)

探索与思考

1. 塑造合适的职场形象需要注意哪些要素。
2. 你认为树立良好的职场形象意识重要吗?为什么?

5.2 职场礼仪

微笑的魅力

早年希尔顿投资部分钱财开始了他雄心勃勃的旅馆经营生涯,当他的资产增值到几千万美元的时候,他欣喜自豪地把这一成就告诉母亲,母亲却淡然地说:"依我看,你跟以前根本没有什么两样,事实上你必须把握比5100万美元更值钱的东西:除了对顾客忠诚,还要想办法使住过希尔顿旅馆的人再想来住,你要想出简单、容易、不花本钱而行之久远的办法来吸引顾客,这样才有前途。"

希尔顿以自己作为一个顾客的亲身感受,得出了"微笑服务"这一准确答案。从此,希尔顿开始实行微笑服务这一独创的经营策略,他要求每个员工不论如何辛苦,都要对顾客投以微笑。

1930年西方国家普遍爆发经济危机,也是美国经济萧条严重的一年,希尔顿的旅馆也一家接一家地亏损不堪,希尔顿并不灰心,而是充满信心地对旅馆员工说:"目前正值旅馆亏空,靠借债度日的时期,我决定强渡难关,请各位记住,千万不可把愁云挂在脸上,无论旅馆本身遭遇的困难如何,希尔顿旅馆服务员的微笑永远是属于顾客的阳光。"因此,经济危机中只有希尔顿旅馆服务员面带微笑。经济萧条刚过,希尔顿旅馆便率先进入了繁荣时期,跨入了黄金时代。

分析: 希尔顿成功的秘诀来源于服务人员微笑的魅力,它体现了服务业的基本礼仪,是一种积极的观念和心态,这种服务理念是一种真诚而又有效的社交手段,有助于整合资源,以极低的成本创造最高的收益。

一、基本礼仪

基本礼仪是职场中最基础的礼仪。它主要指人的仪态、表情与语言表达。仪态又包括站姿、坐姿、蹲姿、走姿。

(一)恰当的仪态礼仪

1. 挺拔的站姿

站立是日常生活、工作交往中的一种基本仪态(如图5-4所示)。正确标准的站姿能体现一个人饱满的精神状态。正确的站姿要庄重,头要正,肩要平,背要直,胸要挺,衣服要收,臀要提,腰要直,指并拢,手下垂,脚跟相靠,双目平视,嘴唇微闭,面带笑容。站立时切忌弯腰驼背,探脖耸肩,双手叉腰,更不要扭捏作态,这些不良的站姿会给人留下懒惰的印象。

男士站姿　　女士站姿

图 5-4　挺拔的站姿

2. 文雅的坐姿

在职场中坐姿文雅、端庄不仅给人以沉着稳重的感觉,也是展现自己气质和修养的主要方式(如图 5-5 所示)。在坐姿上男女是有差别的。男士应当做到上体挺直,双目平视,表情自然,双腿分开,不超肩宽,两脚平行,小腿与地面垂直,两手分别放在两膝上。当年龄较大的男士在和年轻人说话时可以选择"二郎腿"。二郎腿是把一条腿放在另一条腿上。不论选择哪一种方式都要切记不可双手环抱于胸前,不要抖腿。女士在工作场合应该上身自然挺直,下颌微收,双目平视,面带微笑,双手放在双膝上,双腿自然并拢,双脚放平。当长时间坐端正很累的时候可以转换侧坐或转换成"小二郎腿",女士在跷小二郎腿的时切记不要抖脚,半脚尖应该朝地面,两小腿紧贴。

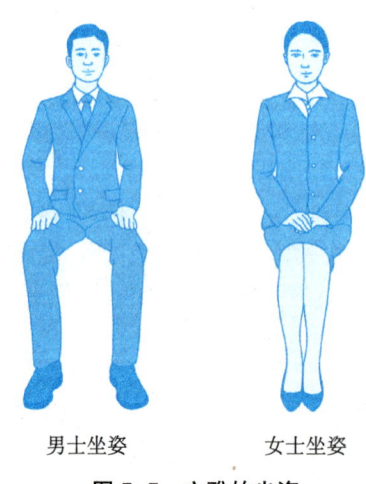

男士坐姿　　女士坐姿

图 5-5　文雅的坐姿

3. 得体的蹲姿

在职场中,人们从低处取物或者俯身拾物的时候,通常是直接弯腰伸手或双腿撑开平衡下蹲,这样是非常不雅观的,尤其是女士在穿着裙子的时候更不应该选择这样的蹲姿。下蹲时,应该左脚在前,右脚靠后,左脚完全着地,右脚脚跟提起,右膝低于左膝,右腿左侧可靠于左小腿内侧。形成左膝高右膝低的姿势。臀部向下,上身微微前倾。女士应该并紧双腿,男士可以适度地分开。若捡左侧东西,则姿势相反(如图 5-6 所示)。

男士蹲姿　　女士蹲姿

图 5-6　得体的蹲姿

4. 稳健的走姿

走姿是指人在行走的过程中所呈现的姿态,走姿是一种动态的姿势,是站姿的延续。在走姿上男女也有所不同。男士走路时要收腹直腰,身体挺直,眼睛平视,下巴微收,脚尖向前切莫呈现外八字或内八字。抬头挺胸切莫垂头丧气。女士在迈步时双脚内侧踩一根线,也就是所谓的一字步,步伐应该稳健、自然、有节奏感(如图 5-7 所示)。走路的速度应该保持均匀,平稳,不要忽快忽慢,一般每分钟 80～100 步。手臂的摆放自然,以关节为轴,两手前后自然摆动,手臂与身体的夹角一般是 10°～15°。

男士走姿　　女士走姿

图 5-7　稳健的走姿

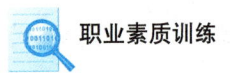

（二）恰当的表情管理

1. 表情管理

对于职场形象来说表情管理是十分重要的，不论你掌握了多少塑造职场形象的知识，但是如果没有做好表情管理就前功尽弃了。恰当的表情可以让我们获得亲和力，在与人交谈时，首先要保持微笑，微笑能够传递友善与关怀，同时可以消除双方的戒心与不安。对于微笑，要真诚并发自内心，做到表里如一。其次要区分场合，微笑并不是适合所有场合。

2. 眼神交流

眼神也是面部表情的关键因素，在与人交流的时候要注视对方的双眼。在对视的时候要注意正确的方式，视线接触时，连续注视对方的时间最好不超过3秒钟。在许多文化当中，凝视、直视、侧面斜视或者上下打量对方是失礼的。不能死盯着对方，也不要躲躲闪闪、飘忽不定，要避免瞪眼、斜视、白眼、窃视等不礼貌的眼神。

（三）适宜的语言表达

适宜的语言表达是构建良好工作关系的关键，它能促进双方有效沟通，减少误解，使用精准礼貌的用词不仅能展现个人专业素养，还能增强信任与合作，提升团队整体效率，使职场人士在复杂多变的职场环境中更加游刃有余，实现职业发展与成功。

 案例5.3

职场"优秀代表"——安妮

安妮（Anne）是一家知名企业的人力资源经理，安妮始终注重穿着得体。她知道在商业环境中，整洁、得体的服装会给人带来专业、自信的形象。她总是穿着合适的职业装，并注意避免过于华丽或庸俗的装扮。安妮注重沟通的礼仪，她懂得重要的是倾听和尊重他人的意见。她在与同事和客户交流时，善于表达自己的观点，并遵守职业道德，避免侮辱、批评或中伤他人。安妮也注重态度和行为的礼仪。她以友善、亲切的方式对待每一个人，并始终保持专业且谦逊的态度。她遵循工作时间和约定，始终准时参加会议和活动，并尊重他人的时间和空间。

安妮明白商务社交的重要性。平时她参加行业聚会、网络活动和社交场合，以拓展人际关系和建立商业联系。她懂得在社交场合展示自己的礼貌和尊重，以及对他人的兴趣和关注。她得到了同事和上级的赞赏，成为优秀代表。

问题1：安妮对职业礼仪的总结有哪些重要的原则？

问题2：为什么职业礼仪在工作环境中如此重要？

二、职场交流礼仪

（一）与同事相处礼仪

在职场中，想要获得同事对自己工作的支持，首先要做到谦逊有礼。职场中的礼仪细节做得到位的人，更容易获得同事的理解和支持。在与同事相处时需注意以下几点。

1. 职场为人要低调

第一，对于刚进入职场的新人，总是想要尽快获得同事与领导的认可。其实过早地"崭露头角"是危险的。这样会在无形中将自己的定位定得过高，并且处处展现自己才华的行为会对身边的同事造成威胁与压力，这样不利于和同事之间的正常相处。

第二，在得到领导器重时要"藏巧露拙"。一个人能在职场中得到重用自然是好事，但是如果有人此时对你奉承一番，千万不要喜形于色。所谓"树大招风"，"自大"更容易招来非议。因此在与同事相处的时候务必做到谦虚，这样不仅能体现自己的谦谦风度，也能赢得同事对自己的尊重与敬佩。

2. 同事相处要谦卑

对于刚刚进入新工作环境的人来说，需要跟陌生的同事、领导逐步搞好关系，如何与同事沟通才能不被排斥呢？一方面，我们要放下自己对他人的陌生感与戒备心，主动去与新同事交谈。在交谈中也要注意把握分寸。要看场合看时间，不要打扰到别人的工作。与人相识是一个循序渐进的过程，不要刻意强求。另一方面，当我们有问题不知如何解决时，可以向公司的老员工请教，但是请教的时候要注意自己的表达方式，请教的过程要向老员工表示尊重，体现自己尊重前辈的心态。

3. 不要和同事闹僵

在职场中一定不要和同事闹僵，因为如果真的和同事产生了矛盾，会影响整个办公室的氛围，并且领导最不喜欢的就是员工因为私事影响工作。抬头不见低头见，如果真的和同事产生了矛盾，对自己日后的工作是非常不利的。

（二）与领导相处礼仪

与领导相处时，仅仅只是尊重是不够的，得体的举止与周到的礼仪细节才能让你脱颖而出。

1. 如何引起领导的注意

在职场中所有员工都想要得到领导的注意与青睐，可应该怎么做才是最恰当合理的呢？一方面，要学会露脸，尽可能地出席公司的会议，让领导知道你的存在，并且敢于在

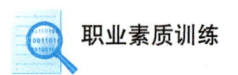

众人面前表达自己的看法与见解。另一方面，要学会担当，当有其他员工不愿意做的工作时，要勇敢地站出来。这样不仅让领导看到了你的能力，而且一旦成功还会让领导对你另眼相看。即便不成功，领导也不会责怪你。

2. 如何从言语上给领导留下干练的印象

作为职场人，应该要学会从言语上给领导留下干练的印象。职业化的语言表达需要避免几个词语，如"好像""大概""可能""或者""说不定"等一系列不确定的话术，尤其是在汇报工作的时候，此时说话应该多些确定性，少些模棱两可的沟通。当被领导询问的时候要给出准确的回复。例如，领导让你发一份文件的时候，你回复的是："好的，我等下就处理。"领导会觉得为什么是等下，而不是现在。这是领导对你产生了怀疑，一旦他对你的态度与能力产生了怀疑，又得不到解释他就会很难再信任你。因此给领导一个恳切、明确的回复是在证明你是一个靠谱的下属。

3. 如何婉拒领导

在工作中，虽然大多数情况下我们都应该听从领导的指挥，但是在某些情况下，领导的要求也不一定都是对的。作为下属，需要适当地说"不"。那用怎样的方式不会触犯领导的权威呢？可以参考以下几种解决方案。

如果最近大量的工作已经使你超负荷了，你可以主动请求领导帮你定出先后顺序。当领导知道你最近手上的工作很多时就会把一些工作分给别人。或者你可以先答应，之后选择一个合适的时机和领导说明情况，当然这时给出你的解决办法会更好。领导都是爱面子的，千万不要和领导抬杠，不管领导提出什么要求都可以先肯定，用积极的回答来回应，然后向否定过渡，接着再安抚。

4. 汇报和听取的礼仪

在职场中上下级之间汇报工作是常有的事，在汇报工作中有些礼仪是需要注意的。

（1）遵守时间：应该树立严格的时间观念，不要过早抵达，使领导来不及准备感到尴尬。也不要迟到，让领导等太久。

（2）进入领导办公室先敲门：不可大大咧咧穿堂而过，即使门开着也要询问领导是否可以进入。汇报时要注意自己的仪容仪表。

（3）汇报内容要实事求是：汇报时要吐字清晰，语言精练，条理清楚，不可歪曲事实。

（4）汇报结束后：汇报完后如果领导还有话要说，不可以有不耐烦的体态语言产生。应等到领导表示结束时才可以离开，离开时整理好自己的材料、座椅。

（三）职场通信礼仪

1. 接电话的礼仪

接电话时应该注意自己的姿势，虽然对方看不到人，但是人的声音会根据姿势的不同而改变，应该做到让对方清楚地听到你的声音。

面带微笑说话。面带微笑发出的声音称之为笑语，对于接电话非常重要，因为人在笑的时候说话的声调比平时偏高，这样不仅能让电话那边的人清楚地听到你说的什么，更能让对方感受到与你沟通的愉悦心情。

接电话速度要合适，在电话铃响起 1 次以上 3 次以下接起电话是最好的。如果在电话一响起就拿起听筒，会吓到对方。如果超过 3 秒，再接起要说一句"久等了"。铃声响了 5 次以上的话要说"让你久等了。"

要学会正确地记录电话笔记，把事情传达给部门负责人。这有几点需要注意：留言一定要包含是谁给谁的留言、事情描述要简洁、什么时候打来的电话、在最后写上自己的名字。

2. 手机使用的礼仪

在职场生活中，手机已经成为工作的必备工具。所以在不同的场合使用手机需要谨慎。可以参考以下几点：

（1）在会议中或与别人洽谈的时候，最好将手机调至静音或振动模式。这样可以显示对别人的尊重，不会打断发言者的思路。

（2）不要在别人注视你的时候查看手机，一边和别人说话一边查看手机是不尊重的行为。

（3）在一切工作场合，手机在没有使用时，都应该放在合乎礼仪的常规位置。在工作时间不可用手机做一切与工作无关的事情。

3. 社交软件使用礼仪

在日常工作中，网络聊天工具也扮演着越来越重要的角色，微信、QQ 已经成为除电话之外的必备工具。但是微信、QQ 聊天缺少了肢体语言、表情、音调等信息，很容易造成误会，所以在进行网络沟通时要注意以下三点：

（1）尽快回复别人消息：如果有人找你却没有及时得到回复，就容易造成误会，所以应当做到及时回复别人消息。

（2）不要主动与别人闲聊：在与对方聊天前要先询问一下，是否可以占用对方一点时间，尤其是在上班时候。如果有很重要的事情，尽量做到言简意赅。

（3）不要滥用表情：很多人在线上聊天时喜欢存一些搞笑的表情包，而这些表情在工作场合是不可滥用的，尤其是在与客户进行谈判的时候，如果发过去一个搞笑的表情，客户会觉得你对这次谈话不够重视，甚至产生误会。

4. 电子邮件使用礼仪

现在电子邮件已经成为商务对接重要的沟通工具之一，电子邮件和纸质信件有所不同，在注重文本规范性的基础上，需要写出简单易懂的邮件。所以在撰写电子邮件的时候要注意以下几点：

（1）写好主题：写电子邮件时要写好主题，因为人们是根据主题去判断邮件的重要性。所以一定要让对方通过主题对邮件内容有所了解。在内容方面，主题的字数不要超过十五个字，要达到一目了然的作用。

（2）内容简洁：大多数人在看邮件的时候都没有太大的耐心，所以在表达内容上应该尽量做到简明扼要、条理分明，避免长篇大论。

（3）适当的引言：在邮件的往来之间，增加适当的引言，有助于提醒收信人上一次双方谈话的内容。

（4）发送邮件方式：发送邮件时，如果是内容不多的文字性内容，应以正文形式发送，如果是图片、影像，或者文字量较大的文档时，可以采用添加附件形式。

（四）商务活动礼仪

1. 接待准备礼仪

客户接待与拜访是职场商务活动中最基础、最日常的工作。在接待客户的时候应该注意，在客户来之前整理好房间，文件资料，茶具茶杯。接待人员的级别应该根据客户的级别而定，双方的职位应该相匹配。

无论是什么样的客户到来，接待方都应该礼貌待客，礼貌可以显示出接待方员工的道德素养，使客户对这家公司留下深刻印象，还可以显示出公司良好的企业文化与员工修养，有利于双方洽谈。

2. 交换名片礼仪

名片是对外洽谈时必备的东西，初次见面要将名片递给对方，一定不能说"我没有名片"。在交换名片的时候要主动向对方交换名片，这样可以体现出你的重视。

3. 洽谈礼仪

很多年轻人在进入职场之后，接待客户没有经验，觉得与客户沟通时说得越多越好，往往忘了听取客户的意见。在与客户沟通中，怎样才能把握客户的想法，在沟通中不会相形见绌呢？

首先，我们要对客户介绍我方公司的基本情况，重点介绍公司的产品特点，让客户知道公司能为他们做什么。

其次，在与客户的沟通的过程中切忌口若悬河，要针对客户提出的问题有重点地回答。

最后，值得注意的是，客户因为不了解我方公司的具体情况，所以提出的要求较为理想化，这时候就需要我们结合公司的特色介绍公司的优势和合作的意愿。当我们在进行沟通时，要表达合作意愿，让客户感受到我们是站在他们的角度考虑问题。并且在沟通过程中，要抓住客户提出问题的核心，有时候客户有可能会提出一系列的问题，分析客户提出问题的最终目的，然后针对性地做出回答。

案例 5.4

应该如何与领导沟通？

李文是 A 食品公司新上任的北区经理，李文在食品行业"摸爬打滚"有五六年的历史，也算得上是"江湖高人"，可接管的区域情况却十分复杂，经销客户不配合，团队"军心"早已涣散。李文竭尽全力推行"新政"稍有起色，但事情没有想象中那么简单，项目总是出问题，经历的过程时间长，效果不明显，无法得到同事和领导的认可。

分管营销总监耐不住去找到李文，嫌其仍是雷大雨点小，在岗位上没有作出成绩来，双方也因此在沟通上产生了不小的冲突与误会，李文因此陷入深深的苦恼，作为被管理者被上级批评没有成效，自己心里有苦说不出，未来该如何有效与上级管理者进行良性沟通呢？

分析：作为下属，只有保持与领导有效的沟通，寻找合适的沟通方法与渠道，采取有效的沟通技巧，及时寻找合适的时机解释清楚现状，才能让沟通成为工作有效的"润滑剂"而不是误会的开始。

三、会议礼仪

职场中，会议的重要性不言而喻。会议是分配工作、洽谈商务、沟通交流的重要方式，职场人都应该从容面对工作会议的考验。在参加会议时需要注意以下几个方面。

（一）会议座次有规矩

在常见的商务会议当中会议桌的形状通常为长方形，这就是所谓的方桌议会，方桌议会可以体现主次。如果只有一位领导，那么他一般坐在这个长方形的短边，或是比较靠里的位置。另外，以会议室的门为基准点，在右侧的是尊位。如果是有主客双方来参会，一般分为两侧来坐，主人坐在会议室的左边，客人坐在会议室的右边。

（二）会上发言要得体

对于职场新人来说，开会是一个展现自己的机会，那么如何在会议上展现自己，得到领导的注意呢？一方面，要明确自己的岗位，在会上你代表的不是你自己，而是这个岗位。一切的发言都要展现你的职责。另一方面，在会上发言时，切忌套话、空话，尽量提炼出这次会议要表达的大纲，先讲主张再说理由，简洁、明了地表达想法，以免耽误大家时间。

职业素质训练

四、就餐礼仪

职场活动中宴会是工作的一部分,是与合作伙伴联络感情的重要途径。许多没有达成的协议都可以在饭桌上达成,许多合作上的争议也可以在饭桌上得到解决。宴请并不是一件容易的事,整个过程都需要严谨、自律、安排周全。我们将从以下几个方面对宴会礼仪进行讲解。

(一)宴会座次礼仪

主宾座次是非常重要的礼仪,在这件小事上可以检验出一个人是否懂得社交礼仪。一般来讲接待客人分为主客两方,主人方至少应该有两个人,一人是"主陪",另一人是"副陪","副陪"一般是"主陪"的同事或部下。"主陪"应该坐在正对门的位置,以尽地主之谊。"副陪"坐在"主陪"的对面,也就是靠门的位置。"副陪"起到一个招待的作用。"主陪"右边是"主宾",左边是"副宾"。"副陪"的左边是来宾中的第三号人物,右边是第四号人物,其他人员可以随意坐。

(二)餐具礼仪

在餐具上也是有很多需要注意的礼仪,下面从中餐和西餐两个方面进行讲解。

1. 中餐礼仪

首先是筷子,筷子是中餐的主要餐具,在用筷子取餐时要注意,不论筷子上是否残留着食物都不要去舔,用舔过的筷子去夹食物,看上去总是有些不适。与人交谈时要放下筷子,不能一边说话一边像指挥一样挥舞着筷子。不要把筷子竖插在食物上,在中国的文化里,这代表着祭奠死者。其次是勺子,在用勺子舀取食物的时候注意不要溢出来,弄得到处都是。最后是盘子,盘子是用来盛放食物的。并且食物的残渣、骨、刺等不要直接吐到地上,而应该轻轻地放在盘子的前端。放的时候不能直接从嘴里吐出,应该用筷子夹放到盘子的边缘。

2. 西餐礼仪

商务宴请在外用西餐是很常见的事,在商务场合中,对于刀叉、餐巾该如何使用呢?一方面,在西餐礼仪当中,左叉右刀是基本的西方餐具使用礼仪。左手用叉子将食物压住、固定,顺着叉子的侧边用刀切下适度大小的食物,另外需要注意的是,将刀来回拉动的时候不可用力,而是往前压下的时候用力,这样才能将食物切开。另一方面,关于餐巾的礼仪,不要用餐巾用力地去擦嘴巴,要轻轻地沾擦。餐巾应该放在大腿上,如果离开餐桌应该将餐巾放在椅子上,并把椅子推进餐桌,注意动作要轻。用餐结束时,要将餐巾放在餐桌的左侧。

（三）敬酒礼仪

在当今时代，酒已经成为宴会上不可或缺的饮品。人们在饮酒的时候应该遵循饮酒的礼仪。有关饮酒的礼仪可参考以下几点：一是领导在时，要等领导互相喝完之后你再敬酒。二是敬酒的时候，如果对方是长辈或领导，碰杯时你的酒杯要稍低于对方的酒杯。三是可以多人敬一人，绝不可以一人敬多人，除非你是领导。四是如果没有特殊人员在场，敬酒最好按照顺时针的顺序，不要厚此薄彼。

五、乘车场景礼仪

乘车是我们工作经常遇到的场景，注重乘车时的礼仪不仅能够树立良好形象，营造和谐氛围，还能展现个人的修养和素质，它是一种社交规范，更是一种形象体现。在日常生活中应注重位次、上下车等方面的礼仪，注重实际培养，传递积极的能量。

（一）位次礼仪

乘坐小轿车（两排五人座车）时，座位排次有一定的规则，不同身份、不同阅历、不同经验的人上座也不同，其中轿车的上座有两种。

1. 社交场合上座

主人开车时，上座为副驾驶座，能和主人进行更为方便的交谈，但要避免坐在后排，会有把主人当作司机的可能性。

2. 公务接待上座

由专职司机开车，上座为后排右座。由于我国道路行驶规则为右侧行驶，后排相对前排更舒服，右边相对左边上下车更方便，这时司机停车后，后排右座是正对门的，此座位的人伸腿上车抬腿下车，便于秘书、随车人或现场迎接人员等为其开关车门，体现坐车者的层次与身份，出入高档场所或重大活动更能体现此座者的重要性，因此为上座。副驾驶的座位是"随员座"，所以迎接人员并不会给副驾驶员座开门。

乘坐双排座或三排座轿车时，座次因驾驶员身份不同而具体分为两种情况：第一是主人驾驶时，一般前排为上，后排为下。第二是专职司机驾驶时，一般后排为上，前排为下，以右为尊，以左为卑。

（二）上下车礼仪

上下车的基本礼仪原则是"方便领导，突出领导"。按照惯例，应当恭请位尊者首先上车，最后下车。位卑者则应当最后登车，最先下车。乘坐公共汽车、火车或地铁时，通常由位卑者先上车，先下车。位尊者则应当后上车，后下车。这样规定的目的，同样是为了便于位卑者寻找座位，照顾位尊者。

1. 上车

上车时，为领导和客人打开车门的同时，左手固定车门，右手护住车门的上沿（左侧下车相反），防止客人或领导碰到头部，确认领导和客人身体安全进车后轻轻关上车门。女士可以采用"背入式"上车：打开车门后，背对车门臀部先坐下，同时上身和头部进入车内，然后将并拢的双腿慢慢收进车内，最后身体转向正前方。也可借助车门上车，上车后注意膝盖并拢，最后借双手撑住身体，移动身体到最舒服的位置，优雅地坐妥当。

2. 下车

下车时一般采用"正出式"下车，即将靠车门边的脚移动到车门边缘，双膝并拢，双脚先着地，再将上身头部伸出车外，同时站起身。

女士下车时如果掌握不好重心，也可以借助车门下车：打开车门后，利用靠车内侧的手臂，先扶着前座的座椅以支撑身体。将靠车门边的脚慢慢地移动到车边缘，将车门边的脚轻轻移动到地面，利用车门边框轻微支撑起身体。之后，将身体转向车门，运用车门边缘作为身体的支撑，缓慢地将车内的手移动向车门，并利用这股助力，将身体提起。

3. 次序

通常情况应当请女士、长辈、上司或嘉宾首先上车，最后下车。由主人亲自开车时，出于对乘客的尊重与照顾，可以由主人最后一个上车，最先一个下车。

六、拜访场景礼仪

拜访指亲自或派人到朋友家或与业务有关系的单位去拜见访问某人的活动，人与人之间、社会组织之间、个人与企业之间都少不了拜访。拜访有事务性拜访、礼节性拜访和私人拜访三种，而事务性拜访又有商务洽谈性拜访和专题交涉性拜访之分。不管哪种拜访，都应遵循一定的礼仪规范。

（一）拜访前的相邀礼仪

事前与被访者进行电话联系：

（1）自报家门（姓名、单位、职务）。

（2）询问被访者是否在家，是否有时间或何时有时间。

（3）提出访问的内容（有事相访或礼节拜访）使对方有所准备。

（4）在对方同意的情况下定下具体拜访的时间、地点。

（二）拜访中的举止礼仪

（1）要守时守约。

（2）讲究敲门的艺术，要用食指敲门，力度适中，间隔有序敲三下，等待回音，如无应声，可再稍加力度，再敲三下。

（3）主人不让座不能随便坐下，如果主人是年长者或上级，主人不坐，自己不能先坐。主人让座之后，要口称"谢谢"，然后采用规范的礼仪坐姿坐下。

（4）跟主人谈话，语言要客气。

（5）谈话时间不宜过长，起身告辞时，要向主人表示："打扰。"出门后，回身主动伸手与主人握别，说："请留步。"待主人留步后，走几步，再回首挥手致意："再见。"

（三）注意事项

即使和接待者的意见不一致，也不要争论不休。对接待者提供的帮助要适当地致以谢意，要注意观察接待者的举止表情，适可而止，当接待者有不耐烦或有为难的表现时，应转换话题或口气；当接待者有结束会见的表示时，应立即起身告辞。

如果接待者因故不能马上接待，可以在接待人员的安排下在会客厅、会议室或在前台，安静地等候。随便地东张西望，甚至伸着脖子好奇地往房间里"窥探"，都是非常失礼的。如果等待时间过久，可以向有关人员说明，另定时间并保持耐心。

总结案例

职场礼仪创造机会

一位老师带领学生前往一大集团公司参观，老总是该老师的大学同学。老总亲自接待不说还非常客气。工作人员为每位同学倒水，席间有位女生表示自己只喝红茶。学生们在有空调的大会议室坐着，大多坦然接受服务，没有半分客气。当老总办完事情回来后，不断向学生表示歉意，竟然没有人应声。当工作人员送来笔记本，老总亲自双手递送时，学生们大都伸着手随意接过，没有起身也没有致谢。从头到尾只有一个同学起身双手接过工作人员递过来的茶和老总递来的笔记本时客气地说了声："谢谢，辛苦了！"

最后，只有这位同学收到了这家公司的录用通知。有同学很疑惑甚至不服："他的成绩并没有我好，凭什么让他去而不让我去？"老师叹气说："我给你们创造了机会，是你们自己没有珍惜"。

分析： 职场中注重礼仪细节，往往在关键时刻起到重要的决定性作用。因为不合乎礼仪的行为而失去了一些机会，后悔也已经无用，只有在工作中将礼仪细节时刻放在心中、体现在实际行动中，才能把握时机，创造机会，实现理想。

活动与训练

职场礼仪模拟

一、目标：体会职场礼仪的实际应用。

二、活动形式：实景模拟排练。

三、道具：场景模拟（办公室、咖啡厅）。

四、过程：

1. 选择一个主题场景，学生选择会面的不同角色，进行情景模拟。

2. 将班级学生分成多组，每组分配不同的角色，模拟进门、交谈、告别等场景。

3. 选择学生评审团，评审团依据表面形象、谈吐、行为等方面进行打分和评价。

（建议时间：15分钟）

探索与思考

1. 在职场中需要注意哪些基本礼仪？

2. 结合未来职业说说如何养成职场交流礼仪？

5.3 职场面试

 导入案例

"最好的介绍信"

一位知名企业的总经理想要招聘一名助理。这对于刚刚走出校门的青年们来说是一个非常好的机会,一时间,应征者云集。经过严格的初选、复试、面试,总经理最终竟然挑中了一个毫无经验的青年。

副总经理对于他的决定有些不理解,于是问他:"那个青年胜在哪里呢?他既没带一封介绍信,也没受任何人的推荐,而且毫无经验。"

总经理告诉他:"的确,他没带来介绍信,刚刚从大学毕业,一点经验也没有。但他有很多东西更可贵。他进来的时候在门口蹭掉了脚下带的土,进门后又随手关上了门,这说明他做事小心仔细。当看到那位身体上有些残疾的面试者时,他立即起身让座,表明他心地善良、体贴别人。进了办公室他先脱去帽子,回答我提出的问题时也是干脆果断,证明他既懂礼貌又有教养。"

总经理顿了顿,接着说:"面试之前,我在地板上扔了本书,其他所有人都从书上迈了过去,而这个青年却把它捡起来了,并放回桌子上;当我和他交谈时,我发现他衣着整洁,头发梳得整整齐齐,指甲修得干干净净。在我看来,这些细节就是最好的介绍信,这些修养是一个人最重要的品牌形象。"

分析:"泰山不让土壤,故能成其大;河海不择细流,故能就其深。"诺贝尔曾经说过:"要想获得成功,应当事事从小处着手。"而关注细节的人无疑也是能够捕捉创造力火花的人。一个不经意的细节,往往能够反映出一个人最深层次的修养。

面试也就是当面测试,是企业为了选拔应聘者而采取的一种测试方式。面试的目的是考察求职者的动机与工作期望,面试成功的关键是要展现自身专业的职业形象。面试考核可以获得笔试中无法获取的信息,面试官会综合求职者的仪表、性格、知识、能力、经验等对面试者进行评分。

一、面试准备

在接到面试的通知后,我们就需要开始对这场面试进行准备,正所谓:"凡事预则立,

不预则废。"面试前需要先注意以下几点。

（一）了解企业

俗话说："知彼知己，百战不殆。"在面试前，了解企业的情况尤为重要。一般来说，毕业生可以通过用人单位的网站或线上招聘平台所提供的相关信息了解企业的资质、规模、组织机构、业务情况以及发展前景。若事先了解了这些情况可以避免在面试时处于被动的境地。同时也能避免给面试官留下不重视面试的印象，从而影响面试成绩。

（二）准备材料

参加面试的时候，可以多准备几份简历，以便分发给多个面试官。同时应该准备好相关证书，包括学历证书、获奖证书，以及外语、计算机、职业技能证书等。

（三）心态调整

严峻的就业形势使许多学生在求职时十分迷茫。其实，用人单位在招聘的时候并不是为了招最优秀的人，而是招最适合的人。因此，应届毕业生所具有的可塑性高，薪酬要求低，谦虚好学，有活力等优点都是企业所看重的。所以毕业生应该调整自己的求职心态，尽早进入角色做好准备工作。

1. 消除紧张

很多时候面试失败的人并不是能力不够，而是过度紧张。一方面，可以试着把注意力转移到面试的内容以及技巧上。另一方面，增强自信心也是消除紧张的有效方式，求职者可以发挥长处，增加自信。

2. 避免羞涩

适当的害羞会显得谦卑礼貌，但是过度的害羞就会给人留下自卑、自我封闭、难以沟通的印象。因此，求职者应避免羞涩，充分地展现自己，把握就业机会。

 案例 5.5

求职为什么会失败

小东刚刚毕业不久，想找个好一点的公司就业，于是开始广泛寻找公司及职位。小东根据自身的情况制作了一份简历，由于没有认真讲述清楚自己的优势、特长以及工作经历，投了几家公司后都以失败告终。后来小东认真梳理了自己的证书、实践经验，同时进行了包装，终于完成了一份制作精良的简历。

而在投简历阶段的时候，小东又犯了难，他并没有对选择什么行业有一个准确的方向。择业之初，小东给自己设定的目标很简单：能见到客户、大平台。而符合这两条的公司多了去了。于是，小东的简历就像不要钱的宣传单一样，人手一份。当时小东就在想："谁先通知我去面试，我就先去谁家"。结果，简历还在路上飞的时候，他就收到了某互联网公司的电话，通知他去面试，而小东并没有深入了解此类公司的具体要求，对自己没有信心，经历了几天的紧张和煎熬之后，放弃了这次面试。于是，小东连续经历了几次面试都因为心态原因失败了，最终一份工作都没有得到。

问题： 小东面试失败是由哪些原因造成的？

二、面试形象与礼仪

有时候，在拥有同等学力的前提下，能否脱颖而出，面试中的出色表现非常重要。而面试礼仪是面试官考察你的要点之一，在本模块的前两节里我们讲了职场形象与礼仪。其实，面试形象礼仪与职场形象礼仪有很多相同的地方，这里对于相同的地方我们不再进行赘述，只对基本的礼仪以及面试当中几个比较特殊的礼仪进行讲解。

（一）面试仪表礼仪

1. 仪容整洁

首先要保持面部清洁，尤其是注意局部卫生，如眼角、耳后、脖子等容易被人忽略的地方。女士最好适当地化些淡妆，做到清新淡雅，看起来精神干练即可。妆面一定不能过于夸张，以免给人留下招摇、庸俗的印象。具体的化妆细节可以参考本模块的第一章节的"塑造良好的职场形象"。男士则需要注意修理胡须以及头发，避免毛发杂乱显得无精打采。另外要注意面试前不抽烟，不吃有强烈异味的东西。

2. 发型适宜

发型既要与个人特点相符合，也要与服饰相匹配。面试时很多人注意了着装，却忽视了发型的设计。发型的设计除了要符合个人脸型与个性特征，还要注意面试的要求：自然，沉稳，避免过于前卫。例如，助理需要端庄文雅，营销人员要显得干练一些。长发披肩的女士，应该注意面试时头发不要遮挡住脸部。男士的发型以短发为主，做到前不覆额，侧不遮耳，后不及领。

3. 着装得体

得体的着装对于面试者来说是非常重要的，大学生在求职时可以保留清新自然风格。很多人误以为求职的时候服装要高档、华丽，其实学生的纯真自然也可以赢得面试官的青睐。但这并不是说面试可以和平时穿得一样。首先服装要整洁，整洁意味你重视这份工作。其次是简约大方，避免过短、过露。最后颜色要适宜，不要选择过鲜亮的颜色，一般柔和的颜色更有亲和力，深色则显得比较稳重。

（二）面试言谈礼仪

1. 谈话内容

首先应该注意使用礼貌用语。其次在回答问题的时候要做到对方问什么答什么，切忌所答非所问。最后要注意把握谈话的重点，不要离题万里、自吹自擂。回答任何问题的时候要做到准确客观，不可编造谎言，夸夸其谈，吹嘘自己。

2. 谈话形式

首先，谈话的时候要用普通话与面试官进行交谈，要求吐字清晰、语速适中，声音不要过大或者过小，要使面试官能够清晰明了地听到你的发言。其次，态度要诚恳、谦逊，不要咄咄逼人。同时要注意聆听面试官所说的话，不要只顾着自己滔滔不绝。最后，在面试官说话的时候切忌打断面试官的话，不要喧宾夺主。

 案例 5.6

赵乾顺利求职

赵乾是一位正在寻找工作的年轻人，他对一家知名公司的市场营销职位很感兴趣。

在面试当天，赵乾穿着整洁而正式的西装，还特意搭配了一条得体的领带，并将头发梳理得整齐干净。他还注意到了细节，修剪了指甲并佩戴了一款简约的手表。这些细致的准备让他看起来整洁、专业并且有条不紊。

当进入面试室时，他向面试官致以自信的微笑，握手并简短地介绍自己。面试官对他的外表和仪态给予了赞赏，表示这是一个重视职业形象的积极信号。随后，面试进入了问题阶段。

面试官问到了赵乾过去的工作经验和求职动机。赵乾用自己在项目中的角色和成就来回答问题，并展示了自己的思考能力和解决问题的能力。他的回答方式中肯并且清晰明了，他还结合具体案例来说明自己所取得的成果。

面试结束时，面试官对赵乾给予了高度评价。

问题： 这个小故事中，赵乾在面试中注重了哪些方面的形象与仪礼准备？他的展示给面试官留下了什么样的印象？

三、面试常见问题

面试的主要环节就是提问，面试官通过提问的方式了解求职者解决实际问题的能力、应变能力、逻辑思维以及语言表达能力。面试官通常会问道："请你做一个自我介绍"，"说说你的优缺点"，"在团队项目中遇到冲突你是如何处理的"，"你对未来有什么规划"

等一系列问题。这些问题看似很简单，但其实每个问题背后都有特定的目的，面试官将会通过你的回答作出相应的评分。

（一）请做一下自我介绍

在面试官没有规定时间的情况下，要学会合理分配时间，自我介绍通常安排在1~3分钟为宜，好的自我介绍能增加你的入职成功率。但是很多同学常常不知道自我介绍该说什么？自我介绍不仅是介绍性别、年龄等个人信息，更要提供与应聘的岗位相对应的信息。主要突出以下三点：一是介绍个人工作经验，也就是自己的背景介绍。二是为公司为什么要选择你给出理由，证明自己的过往经历适合该岗位。三是说明你为什么要选择这家公司。

（二）说说你的优缺点

在回答个人优点这个问题时，可提出与所应聘岗位契合点的特点。例如，应聘新媒体运营，则可列举文字功底突出、有追热点能力、思维活跃等，给到面试官一个正面的引导。

在回答个人缺点的时候千万不要太过诚实，有不少人因此丢失即将到手的工作。建议还是从个人应聘岗位入手，说一些不影响工作的小缺点。例如，应聘技术岗，那么自己的缺点则可以说自己不太喜欢热闹、平时比较宅等。

（三）在团队项目中遇到冲突你是如何处理的

面试官通过这个问题主要考察面试者处理冲突的能力以及处理人际关系的能力，因为无论是什么工作，都避免不了要与人进行沟通。在回答时可以简要描述冲突发生的背景，同时谈谈自己是如何采取行动的，然后突出你的行动取得的积极成果。

（四）你对未来有什么规划

对职场新人来说，在被问到这个问题时，首先就是根据自身认知进行回答；当然，也要对未来有一个大概的规划和想法，哪怕是比较理想的状态，也一定要认真回答。这是人力资源面试官在考验我们的临场反应。

很多人对自己的职业规划一般都不是特别明确，导致进入职场后不知道自己具体该做什么，所以我们在进入职场时就应该有一个明确的目标，希望自己在一年之内做到什么样，两年之内做到什么样，有一个大方向的规划。

案例 5.7

压力面试与面试问题

压力面试本是人才测评的一种方式，通过在面试过程中有意制造紧张，提出尖锐的问题，检测候选人的抗压能力。这时候如何顶住压力，整理思路回答问题就是面试能否成功的

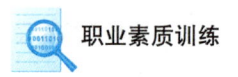

关键了。

在广告公司的一次多人群面中，被分在各个小组的应聘者被要求在限定时间内，讨论出一个营销方案。汇报结束后，面试官提问："你们选择在春节期间进行营销，但我没有在方案中看到和过年有关的元素，二者的相关性在哪里？"其实这在汇报人报告时已经提过，只是没有详说。求职者刘梦明白，面试官看似质疑应聘者，实则在给他们机会补充说明。于是，他根据营销方案的思路，从春节时期运营流量大以及过年相关元素泛滥，适宜反其道而行之等诸多方面回答了面试官的问题。最终刘梦成功通过了面试入职该家广告公司。

问题： 结合所学知识谈谈拥有面试压力时如何应对面试官给出的面试问题？

四、面试技巧

任何问题都有解决办法，对于求职者的面试而言，即使困难重重，只要掌握了基本的技巧问题也就迎刃而解了。

（一）学会倾听

倾听对于面试者来说是沟通交流的基础，只有认真倾听，才能把握问题的关键。倾听是互相尊重的前提，在与面试官交谈时切忌无礼地打断他人说话，要保持谦虚的态度，和面试官有呼应。

（二）善于表达

面试的表达与平时的交谈有很大的区别，面试中需要更严谨。对于面试者来说，流利自如是关键，但是更要做到表达明确。面试当中的表达关键点在于：首先，口齿要清晰，表达流利，音量适中。其次，语言要做到文雅得体。最后，要注意与面试官交流。

（三）巧妙提问

面试官经常会问一句话："你还有其他问题要问吗？"这是测评面试者的依据，对于企业来说，通常不喜欢说"没有问题"的人，他们想通过这个问题来对你做出判断。那可以问哪些问题呢？例如，作为新员工，公司是否会先进行相关培训？或者公司的晋升机制是怎么样的？企业都喜欢有上进心和学习热情的求职者。

（四）"群面"中如何脱颖而出

1. 什么是"群面"

"群面"又称无领导小组讨论（Leaderless group discussion）。由一组应试者组成一个临时工作小组，讨论给定的问题，并做出决策。由于这个小组是临时拼凑的，并不指定谁是负责人，面试官不发言，只在一旁观察应试者的表现，尤其是看谁会从中脱颖而出。

2. 群面的技巧

（1）集中精力：在面试官发布题目的时候精神一定要集中，如果担心有遗忘，那么可以边听边记。

（2）努力表现自己：不可太沉默，也不能太张扬。一旦发现自己说得太多，就要懂得适时闭嘴，把发言的机会留给别人，这个时候可以加上一句："××，对于这个问题你是怎么看的？"

（3）突出自己优势：要在一些细节上突出自己的一些优秀特质，如坚毅、认真、勤奋、细心、宽容，这些都是用人公司非常看重的方面。

（4）切忌标新立异：虽然主考官在介绍群面的题目时会说观点并没有对错之分，但你不要为了标新立异而提出一些有政治倾向性的内容。记住，生活在这个社会里，你就必须遵守社会主流的价值观。

（5）展现你的职业素养：不要做很多不自然的或者潜意识的小动作，说话要注意语气、音量。另外要注意自己的眼神，不可东张西望、闪闪烁烁。像打呵欠、用手指指人这些小动作一定要杜绝。

（6）让面试官一眼记住你：群面中，一般每个面试者会有几分钟的发言时间，一定要把握好这个机会，争做发言人，这是让面试官印象深刻的关键技巧。但在发言前要有独到、深刻的观点。

总结案例

付费面试辅导的效用

2024年春季招聘的时候，面试辅导成了一门生意，一些个人或求职机构打出"资深HR""过来人"付费辅导的口号，动辄几百元、几千元甚至上万元的收费，效果却不尽相同。

花了近2000元进行了10次面试辅导，李琳找到了北京一家互联网公司的工作。她觉得，"时间宝贵，不想因为一些基础的错误错过机会，所以才想着付费购买面试辅导快速提升。"

可应届毕业生陆元就没有这么幸运了，"2000元聊了一个小时，聊完后人都蒙了"。进行面试辅导的"老师"告诉他，他的简历不需要修改，但需要提升的是思维框架和自己的不自信。陆元很无奈，"这两方面也不是一朝一夕能提升的。有种上当的感觉"。

不过，与购买面试辅导服务相比，也有不少求职者通过不断地面试复盘，屡败屡战，

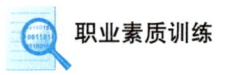

最终拿到了心仪的 Offer。

资料来源：孟佩佩，中国青年报（2024年01月18日07版）

问题：结合所学知识，你认为付费面试辅导是闯过就业关的"捷径"吗？

活 动 与 训 练

模拟面试

一、目标：体会面试的过程。

二、活动形式：实景模拟排练。

三、道具：面试场景模拟。

四、过程：

1. 将班级学生分成三组，一组面试官、一组面试者、一组评审团。各组人员分别准备，根据设置的情景进行模拟。

2. 每组情景模拟，评审团依据面试者和被面试者简历、问答、着装、礼仪、行为等方面进行打分和评价。教师给评审团和表演者打分，评出最佳角色扮演者。

（建议时间：20分钟）

探 索 与 思 考

1. 求职者在面试之前应该做好哪些准备？

2. 求职者如何在面试的过程中赢得面试官的青睐？

模块六　职场通用技能

 模块简介

数字技能已经成为现代社会不可或缺的一项基本能力，它不仅在工作中发挥重要作用，在日常生活中也同样不可或缺。

执行力是实现目标和完成任务的关键。在职场中，执行力强的员工往往能够获得更好的业绩评价和晋升机会。同时，执行力也是个人品质的重要体现，它反映了一个人的责任感和担当精神。

社会的快速发展和变化促使新的知识和技能不断涌现。终身学习和自我提高也是一种积极的生活态度，它让人们在面对挑战和变化时更加自信和从容。

 能力标准

分类	具体内容
知识	1. 了解数字技能的含义和分类； 2. 了解什么是执行力； 3. 自我提高的重要性
技能	1. 掌握培养职场数字技能的方法； 2. 掌握提升团队执行力的措施
态度	1. 能够意识到终身学习的意义； 2. 树立终身学习的积极心态

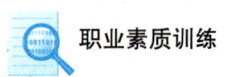

学习导航

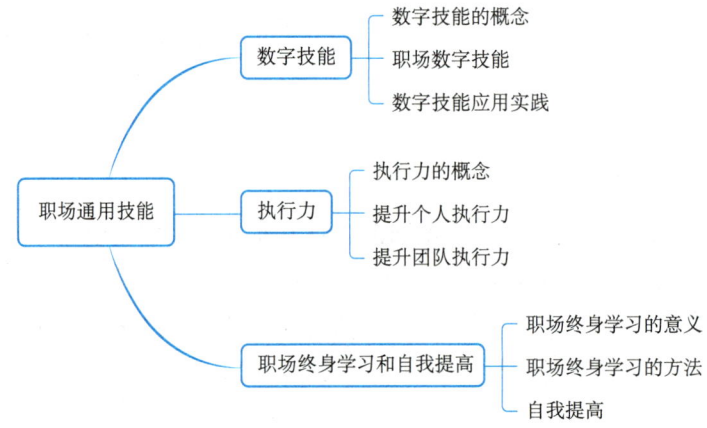

- 职场通用技能
  - 数字技能
    - 数字技能的概念
    - 职场数字技能
    - 数字技能应用实践
  - 执行力
    - 执行力的概念
    - 提升个人执行力
    - 提升团队执行力
  - 职场终身学习和自我提高
    - 职场终身学习的意义
    - 职场终身学习的方法
    - 自我提高

6.1　数字技能

数字化时代

日前，2024（首届）微纳制造技术应用峰会在深圳举办。本届峰会以"数字化时代'微纳制造＋人工智能'赋能百业"为主题，与会嘉宾围绕微纳制造技术及应用，探讨微纳制造技术产业化、人工智能与微纳制造融合创新、国际技术合作路径与产业生态建设。

深圳市微纳制造产业促进会会长王大伟介绍，深圳市微纳制造产业促进会致力于微纳制造技术产业化，开展了一系列卓有成效的行业交流活动、走访调研、促进应用研发合作、提供技术战略服务及相关的技术资产、技术品牌、技术生态服务等工作。2023年正式启动"微纳制造技术应用研发运营中心"旨在补齐微纳制造技术产业化的应用研发服务短板，打造更高效、更深度、更广度的综合服务能力。

与会专家认为，数字化技术赋能和微纳制造技术的发展为中小企业专精特新提供了新的机遇。积极融入全球价值链，拓展国际市场，加强国际合作与交流，是提升中小企业竞争力和实现可持续发展的关键。加快"专精特新"中小企业国际化发展，不仅有利于提升企业竞争力，也有助于推动中国制造业向高质量方向发展，实现经济转型升级的目标。

资料来源：电子创新网（https://www.eetrend.com/content/2024/100580468.html）

分析： 伴随科技和经济的高速发展，无论是传统的制造业企业，还是现代的互联网企业，对于人才的数字技能提出了更高的、多维度的要求。同时，终身学习也成为职场人保持与时代同步、与技术同步的必备技能。

一、数字技能的概念

（一）含义

数字技能是指从业者根据职业活动需要，在数字化的工作条件和环境下，通过获取、传输、交流、应用及管理数字化信息资源，综合运用数字方式进行沟通交流、协同工作和解决问题。

（二）工作要求

1. 数据获取与评估

在运用数字技能工作时要求从业者掌握数据获取与评估的能力，主要做到以下三个方面：其一，能够根据需求，选择信息搜索策略；其二，理解、分析信息的可信度和可靠性；其三，能够对原始数据进行数字化转换，并合理地存储信息。

2. 数字化交流与合作

在运用数字技能工作时要求从业者掌握数字化交流与合作的能力，主要做到以下三个方面：其一，能够根据特定对象和场景采用合适的数字化交互方式，运用适当的数字化通信手段进行交流互动；其二，能够合理合法地共享、整合、引用信息资源；其三，能够通过网络参与社会活动，在数字化环境中寻求发展与提升自我的机会。

3. 数字内容呈现与分享

在运用数字技能工作时要求从业者掌握数字内容呈现与分享的能力，主要做到以下两个方面：其一，能够创建和编辑数字内容，对现有资源进行修改、提炼与组合；其二，能够通过数字媒体和技术进行富有创造性的表达。

4. 保障安全

在运用数字技能工作时不仅要求从业者掌握各种数字化能力，还需要做到在数字化工作环境中保障安全。主要体现在以下两个方面：其一，能够保护个人的数字设备，并具备对不法行为的辨别能力和安全防护技能；其二，具备隐私意识和较高的自制力，能够抵御数字环境中的各种诱惑，保护个人隐私和信息数据的安全。

5. 解决问题

除了要求掌握数字化能力和在数字化工作环境中保障安全，在运用数字技能进行工作

时还需要做到在数字化工作环境中解决问题。主要体现在以下三个方面：其一，能够利用数字化手段甄别并解决工作中存在的问题；其二，能够为他人提供基本的数字技术支持，或向他人寻求数字技术方面的帮助；其三，能够使用数字化工具和技术来创新产品和服务流程。

（三）知识要求

作为新时代的从业者，不仅需要熟知运用数字技能工作的要求，还需要掌握关于数字技能的知识要求，具体如下：

（1）了解信息与数据的含义、特征与种类，掌握收集的原则、渠道、方式和辨伪方法。

（2）掌握信息分类、筛选以及存储、管理的原则与方法。

（3）了解信息传播的种类、形式、传播技巧，理解文化的多样性，掌握数字礼仪、数字伦理知识和数字环境下的行为常识与规范。

（4）掌握数字化平台应用、内容生成和输出的知识和方法，掌握常用办公软件的应用知识和技巧。

（5）了解数字技术和数字环境中知识产权的相关知识。

（6）了解数字环境中的安全风险和隐患，了解信息安全、信息素养知识，掌握网络安全策略和保护检测知识，以及数字接入（如网络接入）安全和防卫措施知识。

（7）了解常见和新兴数字技术的基础知识，掌握数字技术典型应用场景与具体应用知识。

 案例 6.1

张雷的数字技能学习

张雷是计算机科学专业的大二学生，他意识到未来职场对数字技能的需求不断增长，尤其是在数据分析和编程领域。为了提前作好进入职场的准备，张雷开始积极参与校内外提供的各种数字技能培训和实践项目。

一开始，张雷主动参加了学校的编程工作坊和在线数据科学课程，这些课程让他对 Python 和 R 语言有了深入的了解。通过这些课程，他学会了如何处理大数据集，运用统计方法来分析数据，并将这些数据转化为可视化的报告。随着技能的增强，张雷开始在学校的研究项目中担任技术支持角色，为他的团队提供数据分析支持。

为了进一步提升自己的实战能力，张雷还参加了一个由当地科技公司举办的夏令营，该夏令营专注于机器学习和人工智能项目。在这里，他不仅应用了自己在课堂上学到的理论知识，还学会了如何在团队环境中协作，同时解决实际问题。这些经历让张雷在解决复杂问题时变得更加自信，也为他带来了一些实习的机会。

通过不断学习和实践，张雷在数字技能上取得了显著的进步，这不仅丰富了他的简历，还为他未来在技术驱动型行业中的职业发展奠定了坚实的基础。

资料来源：微纳视界（2024年04月22日）

问题1：张雷参与的编程工作坊和数据科学课程如何帮助他提升了技能？
问题2：实际项目经验如何加深了张雷对数字技能的理解和应用？

二、职场数字技能

（一）含义

职场数字技能指的是在职场中有效运用数字技术、数据分析、人工智能等能力，以支持决策制定、解决问题和推动创新的能力。这种技能有助于职场人士更好地理解数字化世界，提高工作效率，并为企业创造更大的价值。

（二）类别

职场数字技能在当今信息化、数字化的社会中至关重要。培养职场数字技能对于提升工作效率、推动业务创新、增强团队协作与沟通以及保障信息安全与合规等方面都具有重要意义。因此，从业者应不断学习和提升自己的数字技能，以适应数字化时代的发展需求。培养职场数字技能需要从数字信息获取、处理、应用、安全等多个方面入手（如图6-1所示）。通过不断提升这些技能，从业者将更好地适应数字化时代的职场需求，为企业的发展和创新贡献力量。

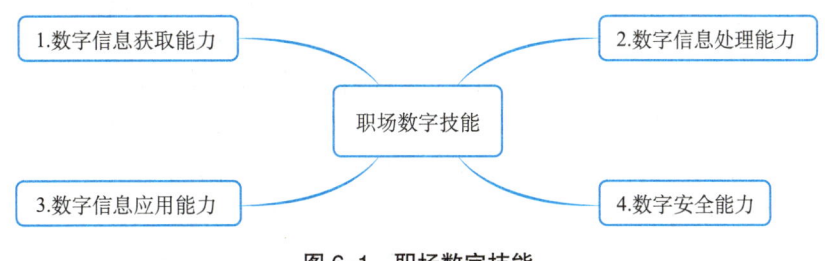

图6-1 职场数字技能

1. 数字信息获取能力

数字信息获取能力是指个体在数字化环境中，能够高效、准确地获取所需信息的能力。这包括对通用和专业信息的检索技能，以及对各种数字工具和平台的熟练运用。

数字信息获取能力是个体在数字化时代必备的一项基本技能。它要求个体具备扎实的检索技能、深厚的专业素养和熟练的数字工具运用能力，以便个体能够在数字化环境中高效、准确地获取所需信息，为工作和学习提供有力支持。

数字信息获取能力主要包括通用信息检索技能和专业信息检索技能两部分。其中，通用信息检索技能是数字信息获取能力的基础，专业信息检索技能是数字信息获取能力的高级阶段。数字信息获取能力要求个体具备深厚的行业知识和专业素养，能够针对特定领域

或问题进行专业的信息检索。

2. 数字信息处理能力

数字信息处理能力是指个体在面对数字信息时，能够快速、准确地理解、分析和处理的能力。这是个体在数字化时代必备的一项关键技能，它要求个体具备对数字信息的敏锐感知、深入理解和高效处理的能力，以便个体在日常生活和工作中更好地应对数字信息的挑战，发挥数字信息的价值。通过不断提升数字信息处理能力，个体可以更加高效地获取和利用数字信息，提高工作效率和生活质量。它涵盖了多个方面，包括智能化信息处理、数字信息加工以及创建数字内容等。

（1）智能化信息处理。这是数字信息处理能力的核心。借助先进的算法和人工智能技术，实现对大规模数字信息的自动化处理和分析。通过机器学习、自然语言处理等技术，智能化信息处理能够实现对数字信息的智能分类、聚类和挖掘，帮助用户快速找到所需信息，提高决策效率和准确性。

（2）数字信息加工。这是对数字信息进行精细化处理的过程。包括对数字信息的筛选、整理、转换和格式化等操作，以便更好地满足用户的需求。通过数字信息加工，可以提取出数字信息中的关键信息，去除冗余和无关信息，使数字信息更加清晰、简洁和有用。

（3）创建数字内容。这项能力也是数字信息处理能力的重要组成部分。通过使用各种数字工具和平台，创作和编辑文本、图像、视频等数字内容。通过创建数字内容，个体可以将自己的思想、观点和创意以数字化的形式呈现出来，与他人分享和交流。

3. 数字信息应用能力

数字信息应用能力是指个体在日常生活和工作中，能够充分利用数字信息解决问题、提升效率、创新实践的能力。它体现了个体对数字信息的深度理解、灵活运用和创造价值的能力。

在工作中，数字信息应用能力表现为能够利用数字信息提升办公效率和业务创新。个体需要熟练掌握办公软件、项目管理工具等数字化工具，以提高文档处理、数据分析、团队协作等方面的效率。同时，还需要具备利用数字信息进行业务创新和优化的能力，如通过数据分析发现市场趋势，利用数字技术改善客户体验，以及推动数字化转型等。

数字信息应用能力还体现在个体能够利用数字平台参与社会事务、表达个人观点。通过社交媒体、博客等数字平台，个体可以关注社会热点、参与公共讨论，甚至发起社会倡议和公益活动。这不仅能够增强个体的社会责任感和公民意识，还能够扩大个人的社会影响力和价值。

4. 数字安全能力

数字安全能力指的是在数字环境下，能够保护个人信息、网络安全和数据隐私，防止黑客入侵、病毒攻击等非法行为的能力。培养数字安全能力主要做到以下两点：

（1）个人数据与隐私保护。

①增强隐私意识：了解个人隐私泄露的风险，学会保护个人敏感信息。

②使用安全的网络服务和产品：选择可信赖的网络服务提供商和产品，避免数据泄露。

（2）健康数字环境保护。

①防范网络诈骗和恶意软件：增强网络安全意识，识别并防范网络诈骗和恶意软件。

②合理使用数字产品：注意用眼卫生、保持正确坐姿等，避免长时间使用数字产品对身体造成伤害。

总之，职场数字技能是适应数字化时代的关键能力。通过深入了解数字化技术、积极应用数字化工具、加强数据分析能力以及参与数字化项目，可以有效提升职场数字技能，为个人职业发展和企业创新创造更多价值。

案例 6.2

传统企业的数字变革

广州某传统服装企业，效率极低的订单处理和 ERP（Enterprise Resource Planning，企业资源计划）系统影响了供应链的反应速度和市场竞争力。由于系统陈旧，数据处理分散，常常导致订单错误和延误，影响客户满意度和公司收入。

为了解决这一问题并提升整体业务效率，企业决定对其 ERP 系统进行升级，并引入先进的数据分析工具。公司领导明白，仅仅技术上的改进不足以实现全面的数字化转型，员工的能力提升同样关键。因此，企业开始进行员工培训，特别是在数据分析、系统管理和数字工具使用等方面。企业为员工提供了一系列培训课程，包括操作新 ERP 系统的具体指导、利用数据分析工具来优化库存管理的策略，以及如何通过自动化工具提高订单处理速度的技能培训。通过这些实际的培训，员工们不仅掌握了必要的技术技能，也提高了他们对数字化工作环境的适应能力。随着 ERP 系统的优化和数据处理能力的提高，企业的订单处理错误率显著下降，交货时间缩短，客户满意度大幅提升。

分析： 数字技能和信息素养是现代职场中一项重要的能力要求。通过持续学习、利用工具和平台、多参与项目和团队以及与他人的交流合作，可以不断提升自己的数字化技能和信息素养。

三、数字技能应用实践

数字技能是数字化社会重要的生产技能，主要指人们在工作、学习、娱乐及社会参与中能够创造性地使用信息、通信、技术的能力。数字技术及其应用正在成为世界主要经济体竞相发展的关键领域。全球数字化社会的快速发展对人们需要掌握的基本数字技能要求越来越高，职场中想要实现自身的数字化技能提升，就要具备使用数字设备、收集数字信息等技术技能。

（一）生成式人工智能

生成式人工智能（AIGC，也可简称生成式AI）技术具有广泛的应用场景，包括以下几个方面。

1. 文本生成

生成式AI系统可以学习大量的文本数据，从而生成新的、真实的文本内容。例如，它可以根据给定的关键词或主题，生成符合语法规则、语义合理的短文、新闻报道、评论等文本。这种技术可以应用于广告文案、新闻写作、内容创作等领域。

2. 图像生成

生成式AI在图像生成领域有着广泛的应用。通过深度学习技术，它可以生成绘画、插图、图形设计等艺术作品，或者用于照片修复和增强，以及虚拟场景生成，如视频游戏、虚拟现实（VR）领域。这种技术不仅提高了图像生成的效率，还创造了新的艺术表现形式。

3. 音频生成

生成式AI可以学习大量的音频数据，从而生成新的、真实的音频片段。这些音频片段可以用于音乐生成、语音合成、音频特效等领域。例如，在音乐创作方面，AI可以生成音乐，甚至模仿特定艺术家的风格；在语音合成方面，AI可以生成自然语音，用于虚拟助手、有声读物。

4. 视频合成

生成式AI技术也可以用于视频合成领域。通过结合图像和音频生成技术，它可以生成具有连贯性和真实感的视频内容。这种技术可以应用于电影制作、广告宣传、虚拟现实等领域。

（二）数字可视化工具

数字可视化工具（或称为数据可视化工具）是指一类软件或应用程序，它们可以将复杂的数据转化为易于理解和分析的可视化图表、图形、地图、仪表盘等形式。通过使用这些工具，用户可以更加直观地理解数据、发现数据中的模式和趋势，并据此做出更准确的决策。接下来介绍一种常用的数字可视化工具——甘特图。

1. 甘特图的概念

甘特图，也称为条状图（Bar chart）。是在1917年由亨利·劳伦斯·甘特开发的，其内在思想简单，基本是一种线条图，横轴表示时间，纵轴表示活动（项目），线条表示在整个期间内计划和实际活动的完成情况。它直观地表明任务计划在什么时候进行，及实际进展与计划要求的对比（如图6-2所示）。

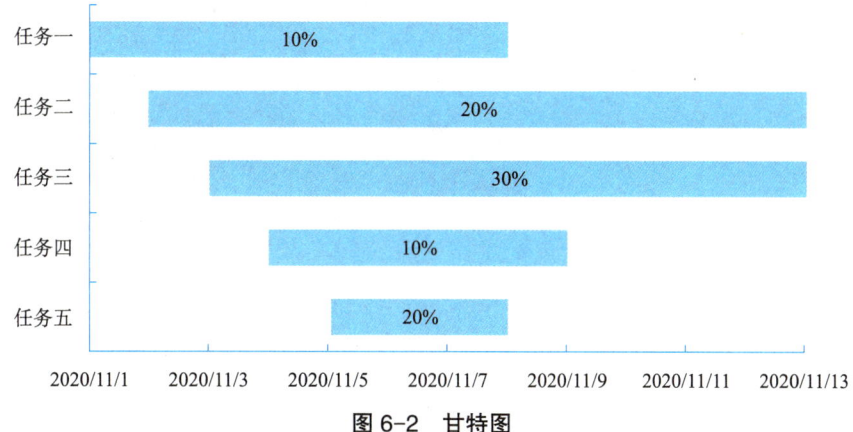

图 6-2　甘特图

2. 甘特图的特点

（1）直观显示：以图形化的方式，通过活动列表和时间刻度标示出特定项目的顺序与持续时间，直观表明计划何时进行，以及进展与要求的对比。

（2）简单易制：通常可以通过 Excel 等工具进行制作，只需要按顺序标记任务类型和起止时间，图形即可自动生成。

（3）便于管理：甘特图有助于管理者弄清项目的剩余任务，评估工作进度，方便资源的合理分配和项目的全面控制。

3. 绘制甘特图的步骤

（1）明确项目牵涉到的各项活动、项目。内容包括项目名称（及顺序）、开始时间、工期、任务类型（依赖/决定性）和依赖于哪一项任务。

（2）创建甘特图草图，将所有的项目按照开始时间、工期标注到甘特图上。

（3）确定项目活动依赖关系和时序进度。利用草图将项目按照项目的类型联系起来并进行排序。

（4）计算单项活动任务的工时量，适时按需调整工时。

（5）确定活动任务的执行人员。

（6）计算整个项目时间。

（三）线上会议工具

线上会议工具是指允许用户通过互联网进行虚拟会议、讨论和协作的软件或平台。这些工具通常提供视频会议、音频通话、屏幕共享、即时消息和文件共享等功能，使用户能够远程与其他人进行互动。以下是一些常见的线上会议工具及其特点。

1. 腾讯会议

（1）简单易用：界面清爽简洁，支持一键预约、发起、加入会议等功能。

（2）高清流畅：提供高清画质，支持视频美颜、背景虚化等功能。

（3）功能丰富：支持在线文档协作、实时屏幕共享、注释功能等，提升会议效率。

（4）安全性高：具备强大的会管会控功能，确保会议的有序进行。

其中，腾讯会议界面如图 6-3 所示。

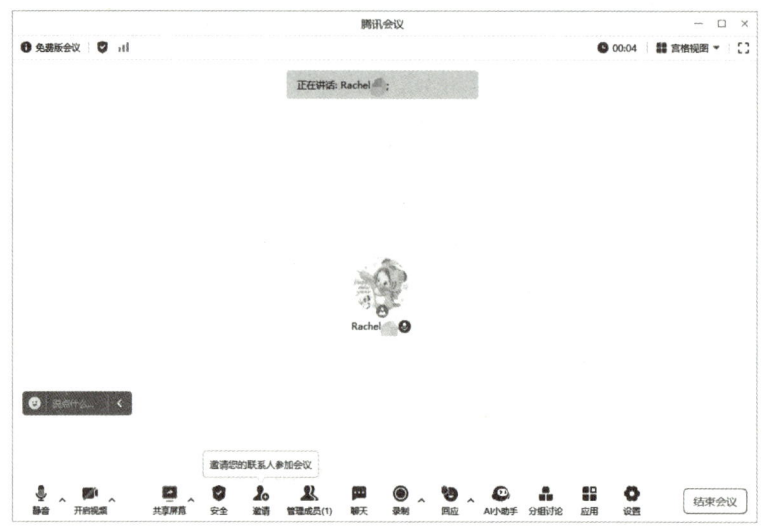

图 6-3　腾讯会议

2. Zoom

（1）多人视频会议：支持高清视频会议与移动网络会议功能。

（2）跨平台运行：可跨移动设备、桌面、电话和会议室系统运行。

（3）安全性高：提供多种安全措施，确保会议的安全进行。

其中，Zoom 界面如图 6-4 所示。

3. Sparkle Comm

（1）文件共享：支持实时文件共享，确保更顺畅的会议和协作过程。

（2）屏幕共享：允许多个屏幕共享，如桌面、特定应用程序和浏览器。

（3）交互式白板：允许用户在白板上书写、绘画和说明想法，并实时向所有人展示。

其中，Sparkle Comm 界面如图 6-5 所示。

图 6-4　Zoom

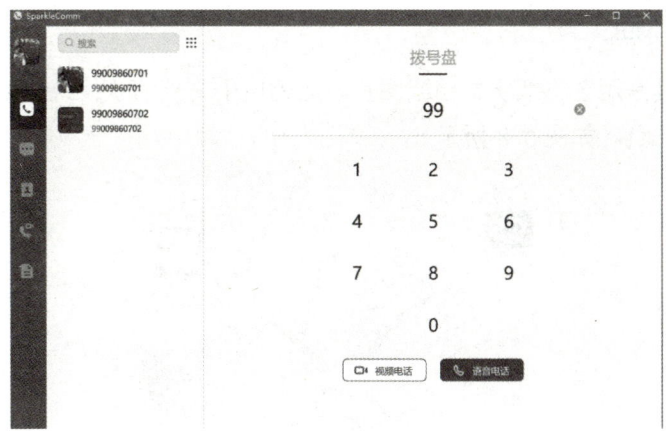

图 6-5 Sparkle Comm

4. Mentimeter

（1）会议白板功能：允许用户在会议中实时展示想法，并支持从白板上下载图纸和图表。

（2）投票功能：帮助会议进行共创的收敛部分，实现会议中的投票。

（3）活跃气氛的小工具：提供活跃气氛的小工具，让会议变得更加有趣。

其中，Mentimeter 界面如图 6-6 所示。

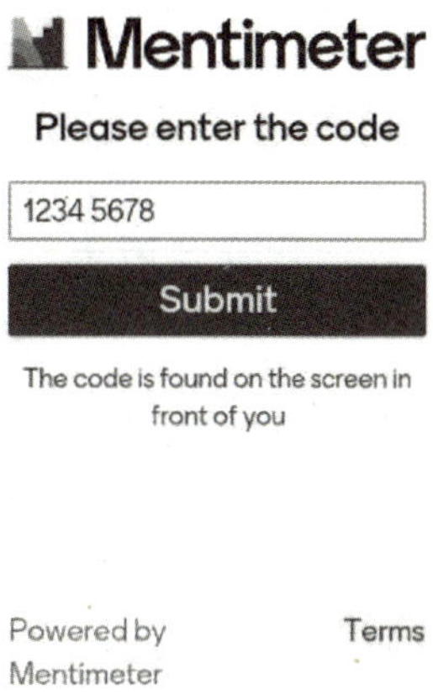

图 6-6 Mentimeter

5. Slido

（1）嵌入 PPT 使用：可嵌在 PPT 里使用，支持词云、多项选择和结论排序等功能。

（2）实时互动：参与者可以通过手机扫码参与互动，结果实时显示在屏幕上。

其中，Slido 界面如图 6-7 所示。

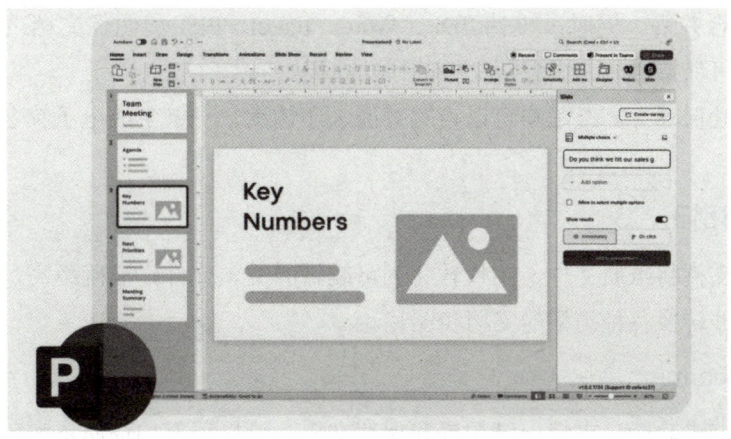

图 6-7 Slido

（四）文件扫描工具

文件扫描工具是用于将纸质文档或图片转化为电子文档的软件或应用。下面介绍一些常用的文件扫描工具（如图 6-8 所示）。

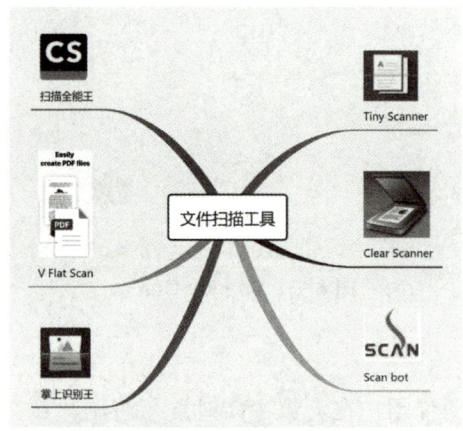

图 6-8　文件扫描工具

1. 扫描全能王

扫描全能王是一款功能强大的智能扫描软件，集文件扫描、图片文字提取识别、PDF 内容编辑、PDF 分割合并、PDF 转 Word、电子签名等功能于一体。以下是该软件的主要功能：

（1）自动扫描：能自动扫描并生成高清扫描件，支持 JPEG、PDF 等多格式保存。

（2）图片转文字：具有智能 OCR 识别功能，可识别中、英、日、韩、葡、法等 41 种语言，并能一键复制、编辑图片上的文字，支持导出为 Word/Text 格式。

（3）个人文档管理：支持一键导入 PDF、图片、表格等多类型电子文档，支持标签归类和多文件夹保存，可一站式管理保存工作、学习、生活中的各类资料。同时，支持手机、平板、电脑等多设备同步查看管理文档。

（4）PDF 编辑与转换：提供 PDF 文档的自由编辑功能，如页面删除、顺序调整、插入支持、页面合并等。同时，支持 PDF、Word、Excel、PPT 和图像文档之间的格式互相转换，转换后可保持文本、图像等文档的原始布局。

（5）安全性保障：高级账户可以设置智能水印铺满，一键生成电子签名等功能，确保文档安全。

2. 掌上识别王

这款工具支持将纸质文件、图片转化为可编辑的文本文件，准确率高，操作简便，适用于快速扫描并转换各种类型的文档和图片。

3. Tiny Scanner

具有快速扫描功能，支持一键拍摄并保存文档。可以调整扫描质量和色彩模式，支持扫描多页文档并自动合并成一个 PDF 文件。

4. V Flat Scan

支持自动扫描书籍和文件，去除影子和翘曲。内置的 AI 功能可以自动识别文档边缘和纠正透视。

5. Clear Scanner

提供多种扫描模式，包括黑白、彩色、灰度等，满足不同需求。

6. Scan bot

提供高品质的文档扫描功能，可以捕捉细节丰富的图像，确保扫描的文档清晰度高。支持与各种云存储服务同步，方便备份和分享扫描的文档。

此外，还有一些专门的文件夹大小扫描工具，如 Mindgems Folder Size、Folder Size Professional 和 Get Folder Size 等，它们可以扫描本地盘和网络盘，统计文件夹及子文件夹大小，并根据文件名、大小、属性、时间等自定义过滤文件。

这些文件扫描工具通常具有易于使用的界面和强大的功能，可以有效提高文档数字化的效率。在使用时，用户可以根据自己的需求选择合适的工具，并按照相应的操作步骤进行文档扫描和转换。

BIM 技术助企业数字化转型加速

2023 年 4 月，中国能源建设集团山西电力建设有限公司（以下简称山西电建）召开设计+BIM 技术交流会，提出将设计和 BIM 技术作为高质量发展的增长极，助力企业迈上数字化转型的快车道。

BIM（Building Information Modeling），即建筑信息模型，简单描述就是虚拟设计、虚拟建造（即可视化设计和施工），它是一种工程设计建造管理的数据化工具。近年来，山西电建将设计和 BIM 技术作为企业战略实施的重要支撑，充分发挥设计引领作用，加快 BIM 技术发展，加强设计与 BIM 技术应用，大力促进智慧工地生产管理要素与 BIM 技术应用深度融合，不断加快高质量发展步伐。

该公司成立了由 14 人组成的 BIM 项目团队，目前有 10 余个在建项目应用了 BIM 技术，涵盖建筑、结构、机电等多个专业，将 BIM 技术与进度管理系统、质量巡检系统相结合，不断提升项目智慧化管理能级，对项目进行可视化管理，并对相关数据进行结构化管理，便于利用信息系统进行处理。

资料来源：刘瑞强 张雅茹 李渊，山西日报（2023 年 04 月 07 日 03 版）

分析：从案例可知，山西电建不断提升 BIM 技术应用水平，打造企业核心竞争力，

多措并举推动数字化转型升级，点燃企业高质量发展的"新引擎"。

活动与训练

制作个人简历

一、目标：运用所学知识制作一份图文简历。

二、活动形式：软件操作。

三、道具：个人文字、图片、视频介绍信息。

四、过程：

1. 运用所学的知识制作一份新媒体简历（图文、视频相结合）。

2. 结合自己做的简历做一个3分钟的自我介绍。

3. 教师依据排版、形式的创新，内容的逻辑结构，现场讲解与展示的配合度等因素进行打分评比。

（建议时间：15分钟）

探索与思考

1. 结合实际应用说明应该如何掌握数字技能的知识？

2. 如何培养良好的职场数字技能？结合个人实际说明。

6.2 执行力

博尔劳格的故事

诺曼·博尔劳格的职业生涯不仅是科学创新的典范,也是执行力的杰出示范。博尔劳格面对全球粮食产量不足的挑战,不仅在科学研究上取得突破,更通过实际行动解决了这一问题。他的执行力体现在几个关键方面:

一方面,博尔劳格通过跨国合作和实地研究,成功开发出适应不同地理和气候条件的高产抗病小麦品种。他的这一成就基于深入的科学研究和对当地农业条件的细致了解。这些新品种的推广极大地提高了多个国家的粮食自给率,有效缓解了饥饿问题。

另一方面,博尔劳格的执行力还体现在他的领导和影响力上。他不仅亲自参与农业技术的推广,还通过培训项目教育当地农民,确保他们能够掌握这些新技术。此外,他积极争取国际组织的支持和资金,增强了项目的可持续性和影响力。

这些行动的成功在很大程度上依赖于博尔劳格的高效执行力。他的工作不仅改变了农业生产技术,也提高了农业工作者的生活标准,促进了经济发展,展示了执行力如何将科学研究转化为实际的社会经济成果。他的工作为我们提供了重要的启示:高执行力不仅是完成任务的能力,更是将创新成果实际应用于解决复杂社会问题的能力。

资料来源: 诺曼·博尔劳格,360百科

分析: 诺曼·博尔劳格的职业生涯展示了执行力的重要性。通过他在农业科学上的创新和实际应用,可以看到一个明确目标和坚定执行策略如何共同作用,带来广泛的社会和经济效益。博尔劳格的执行力不仅体现在科研成果上,更体现在他如何将这些成果转化为实际操作,改善亿万人的生活上。

一、执行力的概念

执行力,指的是贯彻组织或个人意图,完成预定目标的操作能力。是把企业战略、规划转化成为效益、成果的关键。执行力包含完成任务的意愿、完成任务的能力、完成任务的程度。执行力既反映了组织(包括政府、企业、事业单位、协会等)的整体素质,也反映出管理者的角色定位。管理者的角色不仅是制定策略和下达命令,更重要的是必须具备执行力。执行力的关键在于通过制度、体系、企业文化等规范引导员工的行为。管理者如何

培养部属的执行力，是企业总体执行力提升与否的关键。

（一）执行力的分类

执行力分为个人执行力和团队执行力。

个人执行力是指个人将团队或领导的意愿、想法，按时按质按量付诸实践，通过行动转化为目标结果的能力。不同的人，会有不同的执行力表现。例如，企业管理者的个人执行力主要是战略决策力、组织管理能力，而企业员工的执行力主要是完成具体任务指标的行动力。

团队执行力是指一个团队把组织的战略决策持续转化为结果的满意度、精确度、速度，它是一项系统工程，表现出来的就是整个团队的战斗力、竞争力和凝聚力。

与团队执行力相比，个人执行力取决于个人的工作方式与习惯，以及是否熟练掌握管人与管事的能力，是否有正确的工作思路与方法等特质。许多成功的企业家也对团队执行力给出过自己的定义。通用公司前任总裁杰克·韦尔奇先生认为所谓团队执行力就是"企业奖惩制度的严格实施"。而中国著名企业家柳传志先生认为，团队执行力就是"用合适的人，干合适的事"。

（二）执行目标的原则

执行的前提是需要一个目标和计划，也就是要执行的事，而作为执行的主体，可以是个人，也可以是组织，不同的角色需要的执行力和标准也不一样，但是执行力的体现和评估，先决条件就是目标的设定，这个目标的设定，非常符合"SMART"原则的特点，如图6-9所示。

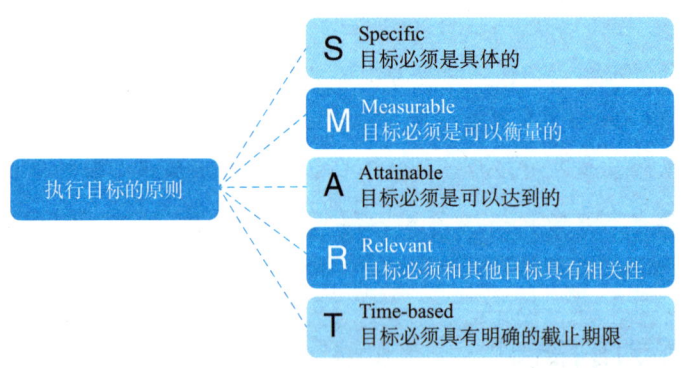

图6-9 执行目标的原则

有了这样的原则设定，执行力就变得可衡量、可实现，团队和个人之间也可以有明确的分工，从而保证整体执行力的结果。

（三）执行力要素

执行力要素分为个人执行力要素和团队执行力要素。个人执行力的三要素分别是意愿、能力、环境（如图 6-10 所示）。意愿就是要有执行的意愿，主动积极尽全力把事情做好，如果不想做，肯定做不好。执行的意愿来自目标、利益、危机。有目标才有方向，有利益才有动力，有危机才有压力。能力就是完成任务的方法、技能、知识，也是执行意愿的保障。环境就是指团队文化、人文环境这些对个人执行过程中的影响，好的环境会是"催化剂"，坏的环境也会严重地影响执行力的效果。

团队执行力的三要素分别是管理、团队、文化（如图 6-10 所示）。管理是指团队有认同的领导和管理层，且领导和管理层具备足够的领导力去制定团队战略。团队则是指团队成员之间的匹配度高，具有协同能力、凝聚力，可以最大化地执行管理层的意志。文化指的是企业文化或团队文化，也是保证执行力长久持续的根基。

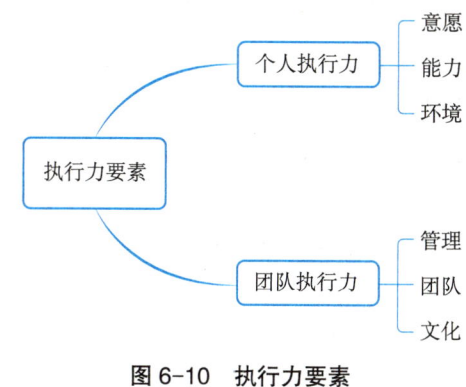

图 6-10　执行力要素

 案例 6.3

执行力的效用

李娜是市场营销专业的大三学生，她在一家中型广告公司实习，负责协助进行市场调研和制作客户报告。在工作中，李娜面对的主要挑战是如何在截止日期前高效完成任务，特别是在工作量大和时间紧迫的情况下。起初，她发现自己难以在规定时间内完成任务，经常加班，这影响了她的工作表现和个人生活。

意识到需要提升自己的执行力，李娜开始通过设置明确的日程安排和优先级来管理她的工作。她使用数字工具如 Google 日历和任务管理应用 Trello 来跟踪项目的每一个步骤。李娜还经常与团队成员沟通，及时反馈进度问题和寻求帮助，以避免最后一刻的紧急情况。

通过这些改变，李娜不仅能够更系统地管理她的工作，还能够预测潜在的障碍并提前应对。她的领导注意到了她的改进，赞赏她能够高效地处理多个项目并保持质量。实习结束时，公司提供给李娜一个全职职位，她的执行力得到了公司高层的认可。

问题 1：李娜最初在实习中遇到了哪些效率问题？

问题 2：她采取了哪些措施来提高自己的执行力？这些措施如何帮助她改善了工作效率和时间管理？

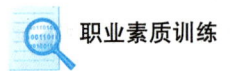 职业素质训练

二、提升个人执行力

余世维博士表示，执行力就是"按质按量地完成工作任务"的能力。个人执行力的强弱取决于两个要素——个人能力和工作态度，能力是基础，态度是关键。所以，想要提升个人执行力，一方面是要通过加强学习和实践锻炼来增强自身素质，另一方面是要端正工作态度。因此，提升个人执行力关键是要在工作中实践好"严、实、快、新"四字要求。

（一）着眼于"严"，积极进取，增强责任意识

责任心和进取心是做好一切工作的首要条件。责任心强弱，决定执行力度的大小；进取心强弱，决定执行效果的好坏。因此，要提高执行力，就必须树立起强烈的责任意识和进取精神，坚决克服不思进取、得过且过的心态。把工作标准调整到最高，精神状态调整到最佳，自我要求调整到最严，认认真真、尽心尽力、不折不扣地履行自己的职责。绝不消极应付、敷衍塞责、推卸责任，养成认真负责、追求卓越的良好习惯。

（二）着眼于"实"，脚踏实地，树立实干作风

天下大事必作于细，古今事业必成于实。虽然每个人岗位可能平凡，分工各有不同，但只要埋头苦干、兢兢业业就能干出一番事业。好高骛远、作风漂浮，结果终究是一事无成。

因此，要提高执行力，就必须发扬严谨务实、勤勉刻苦的精神，坚决克服夸夸其谈、评头论足的毛病。真正静下心来，从小事做起，从点滴做起。一件一件抓落实，一项一项抓成效，干一件成一件，积小胜为大胜，养成脚踏实地、埋头苦干的良好习惯。

（三）着眼于"快"，只争朝夕，提高办事效率

"明日复明日，明日何其多。我生待明日，万事成蹉跎。"因此，要提高执行力，就必须强化时间观念和效率意识，弘扬"立即行动、马上就办"的工作理念。坚决克服工作懒散、办事拖拉的恶习。

每项工作都要立足一个"早"字，落实一个"快"字，抓紧时机、加快节奏、提高效率。做任何事都要有效地进行时间管理，时刻把握工作进度，做到争分夺秒，赶前不赶后，养成雷厉风行、干净利落的良好习惯。

（四）着眼于"新"，开拓创新，改进工作方法

只有改革，才有活力；只有创新，才有发展。面对竞争日益激烈、变化日趋迅猛的今天，创新和应变能力已成为推进发展的核心要素。

一方面，着眼于"新"是开拓创新的前提。这意味着个人要时刻保持敏锐的洞察力和

前瞻性思维，关注新技术、新理念、新趋势，并将其融入工作中。同时，个人也要敢于打破旧有的思维定式和模式，勇于尝试新的方法和手段，不断挑战自我，实现自我突破。

另一方面，开拓创新是改进工作方法的关键。在创新的过程中，个人要注重实践，勇于探索，不断总结经验教训，形成新的工作思路和方法。例如，可以利用互联网、大数据等现代信息技术手段，提高工作效率和质量；可以引入跨学科的知识和方法，解决复杂问题；还可以鼓励员工提出创新性的想法和建议，激发团队的创造力和活力。

案例6.4

差别

赵四和李五同时受雇于同一家店铺，拿着同样的薪水。可是一段时间后，李五青云直上，而赵四却仍在原地踏步。赵四向老板发牢骚。老板一边耐心地听着他的抱怨，一边在心里盘算着怎样向他解释清楚他和李五之间的差别。

"赵四你过来。"老板说，"你去集市一趟，看看今天早上有什么卖的东西。"

赵四从集市上回来向老板汇报说，今早集市上只有一个农民拉了一车土豆在卖。

"有多少？"老板问。

赵四赶快又跑到集市上，然后回来告诉老板说一共有40袋土豆。

"价格是多少？"老板又问，赵四第三次跑到集市上问来了价格。

"好吧，"老板对他说，"现在请你坐在椅子上别说话，看看别人怎么说。"

李五很快就从集市上回来了，向老板汇报，到现在为止，只有一个农民在卖土豆，一共40袋，价格是500元；土豆质量很不错，他带回来一个让老板看看。这个农民一个钟头以后还会运来几箱西红柿，据他看价格非常公道。昨天他们铺子的西红柿卖得很快，库存已经不多了。他想这么便宜的西红柿老板肯定会要进一些的，所以他不仅带回了一个西红柿做样品，而且把那个农民也带来了，他现在正在外面等回话呢。

此时，老板转向赵四说："现在你知道为什么李五的薪水比你高了吗？"

分析：在职场中，我们也应该学习李五的执行力，积极主动地去探索和发现工作中的问题和机会，以更高的标准要求自己，不断提升自己的能力和价值。只有这样，我们才能在激烈的职场竞争中脱颖而出，实现自己的职业梦想。

三、提升团队执行力

（一）关键点

提高团队执行力必须动员方方面面的力量加以研究和引领，因此提高团队执行力要处理好以下几个关键点。

1. 个体工作职责与团队工作目标的关系

一方面要明确团队的任务是什么，另一方面要"吃透上情、摸清下情"。根据团队的特点和上级的要求，认真制订本团队的目标和计划。即使对已经十分熟悉的工作，也应当看到随着时间的推移、形势的变化，那些曾经执行过的任务，可能已不适应变化了的环境，因而在计划实行的过程中要进行跟踪、及时调整，以便按时完成任务。

2. 发挥个人优势与团队需求的关系

在认真界定团队目标的同时，还要进行必要的自我认定。团队需要什么样的人？个人的优势在哪里？弱项是什么？要把自我剖析作为提高团队执行力的必修课，有的放矢地学习，通过全方位地学习、持续不断地扬弃，在实践中把学习力转化为工作能力。

3. 主要矛盾与次要矛盾的关系

在纷繁复杂的工作中，要善于抓住主要矛盾、主要问题以及问题的主要方面，要学会在众多的信息中分清主次，分清事情的轻重缓急，实现工作效率的最大化。

（二）具体措施

水滴的力量是微不足道的，但是许多水滴集聚在一起就能水滴穿石，这就是团队的力量。今天，许多企业都采用以团队为单位的工作方式，所以在创造组织的执行力上，团队扮演了相当重要的角色。想要建立强有力的执行团队，需要做好以下八个方面的具体工作。

1. 制订清晰的目标

执行团队必须对所要达到的目标有清楚地了解，并坚信这一目标包含的价值和意义。而且，这种目标还激励着团队成员把个人目标升华到集体目标中去。有了清晰的目标，团队成员可以清楚地知道应该做什么，以及他们怎样共同工作完成任务。领导最主要的工作就是制订好这样的目标。

2. 合适团队成员

执行团队是由一群有能力的成员组成的。他们具备实现目标所必需的技术和能力，相互之间能够良好合作，可以出色地完成任务。一般来说，一个执行团队需要三种不同技能类型的人：

（1）技术型成员。具备完成团队任务所必需的专业知识和技能。

（2）决策型成员。能够发现问题，提出解决方案，并能够加以权衡作出理智的选择。

（3）公关型成员。善于倾听、反馈、解决冲突以及具备处理人际关系的技能。

如果一个团队不具备以上三类成员，就无法发挥其组合效能。所以，领导应该为团队配备合适的人员。另外，对具备不同技能的人进行合理搭配也非常重要。

3. 保证相互信任

成员之间相互信任、彼此尊重是执行团队的显著特征，也就是说，每个成员对其他人的品性和能力都深信不疑。信任会产生有效率的集体行动，成员会朝同一个目标努力。组织文化和领导的行为对形成相互信任的氛围非常重要，如果组织崇尚开放、诚实、协作的办事作风，同时鼓励员工的参与和自主性，就比较容易形成信任的环境。

4. 形成强烈的归属感

执行团队的成员必须对团队表现出高度的忠诚和奉献精神，为了使团队的目标获得成功，愿意调动和发挥自己最大的潜能。归属感还表现为成员喜欢他们的团队，有一种自豪感。他们非常愿意留在自己的团队，如果离开会依依不舍。在有归属感的团队里，成员之间可以分享成就，愿意帮助别人克服困难，能够自觉自愿地多做工作。要想让员工有归属感一方面要树立团队精神，另一方面领导要真诚地关心下属。

5. 良好的沟通

毋庸置疑，良好的沟通也是有执行力的团队一个必不可少的特征。通过畅通的沟通渠道，执行团队中的成员能迅速准确地了解彼此的想法和感情，也能积极主动地听取别人的意见。而领导与团队成员之间的良好沟通，有助于领导指导团队成员行动，消除误解。

6. 迅速调整角色

由于团队的目标和关系时常变化，在执行团队中，成员的角色具有灵活多变性，也就是说，成员可能会在不同的时间或不同的场合，负责不同的工作，这就需要他们不断调整自己。执行团队的成员必须能够迅速调整自己的能力来面对变化了的情况。

7. 恰当的领导

执行团队的领导在团队中充当的是教练员和后盾的角色，对团队提供指导和支持，不刻意去控制团队，执行型团队的领导能够让团队跟随自己渡过最艰难的时期，因为他能为团队指明前途所在，并且善于鼓舞团队成员，帮助他们更充分地了解自己的潜力。

8. 良好的内、外部支持

建立有执行力的团队的最后一个必要条件就是它需要支持环境。从内部条件来看，团队应该有一个合理的组织结构，这包括适当的培训、一套易于理解的员工绩效评估系统以及一个起支持作用的人力资源系统。恰当的基础结构应能支持并强化成员行为以取得高绩效。从外部条件来看，管理层应给团队提供完成工作所必需的各种资源。

执行力来自良好的计划管理

美国某钢铁公司总裁舒瓦普向一位效率专家利请教能更好地执行计划的方法。利声称可以给舒瓦普一样东西，在10分钟内能把他公司的业绩提高50%。利递给舒瓦普一张纸，说："请在这张纸上写下你明天要做的六件最重要的事。"舒瓦普用了约5分钟写完，利接着说："现在用数字标明每件事情对于你和公司的重要性次序。"舒瓦普又用了约5分钟做完。利说："好了，现在这张纸就是我要给你的。明天早上第一件事是把纸条拿出来，做第一项最重要的。不看其他的，只做第一项，直到完成为止。然后用同样办法对待第2项、第3项，直到下班。即使只做完一件事，那也不要紧，因为你总在做最重要的事。你可以试着每天这样做，直到你相信这个方法有价值时，请将你认为的价值给我寄支票。"

一个月后，舒瓦普给利寄去一张2.5万美元的支票，并在他的员工中普及这种方法。5年后，当年这个不为人知的小钢铁公司成为世界最大的钢铁公司之一。

分析：这个案例告诉我们，执行力不仅是行动的能力，更是一种高效、精准完成任务的能力，做好目标设定和计划是执行的基础，做好计划的时间管理是提升执行效率的保障。

活动与训练

团队任务实战

一、目标：体会团队执行力和个人执行力之间的边界，加深对执行力的理解。

二、活动形式：团队任务实战将采用分组对抗的形式进行。每个团队需要在规定的时间内完成一系列的任务挑战，任务内容将根据团队的特点和需要进行定制，以确保活动的针对性和有效性。同时，活动将设置一定的难度梯度，以激发团队成员的积极性。

三、道具：

1. 任务卡：包含各项任务的具体要求和提示，确保团队成员能够明确任务目标。

2. 计时器：用于记录每个任务的完成时间，从而评估团队的效率和速度。

3. 障碍物：设置障碍物，增加任务的难度，考验团队成员的协作和解决问题的能力。

4. 通信设备：如对讲机或耳机，模拟真实场景中的沟通方式，提升团队的沟通能力。

四、过程：

1. 运用【总结案例】中的程序教学法，规划并执行自己的一项计划或者班级的一项团队工作。

2. 完成计划后，进行总结，并展示计划的执行情况、分工、团队的配合等。

（建议时间：20分钟）

探索与思考

1. 如何提升个人的执行力？

2. 提升团队执行力需要注意哪些关键点？

6.3 职场终身学习和自我提高

爱迪生的终身学习

托马斯·阿尔瓦·爱迪生是一个典型的终身学习者，他的故事至今仍为许多职场新人所传颂。爱迪生并非一开始就是一个成功的发明家，早在他的职业生涯初期，他就面对了许多失败和挑战。然而，这些挑战并未阻止他探索新领域或继续改进他的发明。爱迪生知道，唯有不断学习和适应时代的变化，他的职业生涯才能不断进步。

爱迪生通过持续的实验和研究，不断增加自己在电气工程和化学领域的知识储备。他的持续学习态度帮助他发明出世界上第一个具有商业意义上的电灯泡，这是一个改变世界的发明。除了电灯泡，爱迪生还改进了众多设备，包括留声机和电影放映机。他的终身学习的态度以及适应市场需求的能力，是他职业生涯中不可或缺的一部分。

资料来源：托马斯·爱迪生，百度百科

分析：托马斯·阿尔瓦·爱迪生的成功不仅体现在他的发明上，更在于他对新知识的不断追求，这为现代职场人提供了宝贵的启示。

一、职场终身学习的意义

（一）时代发展的趋势

随着国家制造经济向服务经济的转变，知识技能的价值将取代物质的价值，体力劳动者（生产型工人）逐渐转变为脑力劳动者（知识型产业工人）。因此，社会对知识型、技术型人才的需求量也会继续上升，并要求他们掌握更多的知识、技术，以及较高的职业素养，成为多元复合型人才。

（二）职业生存的需要

在竞争激烈的职场环境中，拥有持续学习和进步的能力对于个人的职业生存至关重要。终身学习能够帮助职场人士不断更新自己的知识和技能，提高自己的职业竞争力，更好地应对职场挑战。同时，通过不断学习，个人还能够拓宽自己的职业道路，实现职业发展的多元化和可持续性。

（三）赢得尊重的需要

在知识经济时代，知识成为一种重要的资本。通过不断学习，职场人士可以积累更多的知识和技能，提高自己的专业素养和综合能力，从而在职场中赢得他人的尊重和认可。这种尊重不仅来自同事和领导的认可，还来自客户和合作伙伴的信任和支持。因此，职场的终身学习是我们拥有个人职场魅力、赢得大家尊重的必然因素。

（四）提升幸福感的需要

学习本身就是一种享受，能够带给人成就感和满足感。通过终身学习，职场人士可以不断挑战自己、超越自己，实现自我价值的提升。这种自我实现的过程能够带来极大的幸福感。同时，学习还能够拓宽视野、丰富人生体验，让职场人士在忙碌的工作之余，拥有更加充实和美好的生活。

总之，职场终身学习的意义在于跟上时代发展、满足职业生存的需要、赢得尊重以及提升幸福感。对于职场人士来说，终身学习不仅是一种必要手段，更是一种生活态度和追求。只有不断学习、不断进步，才能在职场中立于不败之地，实现个人价值的最大化。

 案例 6.5

学无止境

李芳是一名刚毕业的计算机科学专业学生，她加入了一家科技公司，担任初级软件开发人员。虽然李芳在大学期间的成绩优异，掌握了多种编程语言，但她很快发现，职场上需要的技能和知识远远超出了她在学校学到的，特别是在人工智能和机器学习领域，公司的项目要求使用最新的技术和方法，这使得李芳有些措手不及。

意识到要不断更新知识和技能以跟上行业的发展，李芳开始积极参与各种在线课程和研讨会，学习最新的技术。她还加入了公司的技术分享会，这是公司内部定期举行的活动，旨在促进知识技术共享。通过这些活动，李芳不仅学习到了最前沿的编程技巧和解决方案，还与公司内部的高级工程师建立了联系，这些经验丰富的工程师成为她的导师。

通过持续的学习和实践，李芳的技能水平显著提高。她能够独立负责更复杂的项目，并在工作中取得了显著成就。公司领导对她的成长和贡献给予了高度评价，她也因此获得了职业晋升的机会。

问题1：李芳为什么感觉必须继续学习，即使她的学术背景已经很扎实？

问题2：持续学习如何影响了李芳的职业发展和在公司中的地位？

二、职场终身学习的方法

职场终身学习对于个人职业发展和社会进步都具有重要的意义。它使我们能够适应职业变革，提升个人职业能力和专业素养，增强自信心和自我价值感，同时也推动组织的创新和发展。终身学习的方法多种多样，涵盖了各种形式的学习资源和活动。以下是一些职场终身学习的方法。

（一）有计划地学习

试着列一个计划表，把你想学的和需要学习的技能和知识列出来，做一个优先级的排序，然后努力地去学习或者掌握这个表格里排在最前面的那一个技能和知识，久而久之，你会发现我们每次的进步就是在进化，这也是有计划地学习的优势所在。

（二）多思考多联想

思考和联想都是我们不断获取新知识的起点和"导火索"，也是学习中的趣味所在，你会发现越思考，新奇的知识就会越多，这也是和上面提到的计划有些关联的，正是我们在工作中的思考，才启发了我们去学习和掌握新的技能，也是思考让我们在工作中有了创新的能力，所谓"举一反三"就是思考和联想的结果。

（三）多尝试挑战性任务

无论在工作中还是生活中，多尝试一些自己从没做过的、有挑战性的事情，这样做一方面能提升我们的能力，另一方面也会让我们有勇气迎接未来不确定的新挑战和新机遇。我们常说机遇是留给有准备的人的，平时多进行训练，才能在关键时刻展现出我们的抗压能力和完成任务的能力。

（四）阅读

阅读是获取新知识和信息的重要途径。定期阅读行业内的专业书籍、期刊和报告，可以及时了解行业的最新发展和变化，有助于个人在职场中保持敏锐的洞察力，及时调整自己的职业规划和发展方向。此外，阅读不同领域的书籍也可以拓宽视野，提升综合素质。

综上所述，职场终身学习的方法多种多样，职场人士可以根据自己的需求和兴趣选择适合自己的学习方法。通过不断学习和实践，可以不断提升自己的能力和素质，为职业生涯的发展奠定坚实的基础。

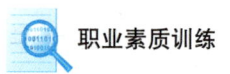

 案例 6.6

职场学习的重要性

陈莉是一名人力资源专业的毕业生,毕业后在一家大型跨国公司的人力资源部门工作。起初,陈莉发现自己对一些业务流程和使用的 HR 信息系统不太熟悉,这让她在处理员工数据和参与招聘活动时遇到了一些困难。意识到继续提升自己的专业技能和业务知识是必要的,陈莉采取了多种方法来加强自己的职场学习。

第一,陈莉利用公司提供的资源,如内部培训课程和在线学习平台,来学习最新的人力资源管理策略和系统操作技能。她定期参加由公司组织的研讨会和工作坊,这些活动不仅帮助她更新了行业知识,还使她能够与经验丰富的同事建立联系并从中学习。

第二,陈莉还主动寻找外部学习机会。她购买了几个在线课程,包括领导力发展和高级数据分析技能,这些课程帮助她更好地理解复杂的人力资源问题和大数据应用能力。陈莉还参与行业网络会议和专业论坛,通过与行业同行的交流获取新知识并分享经验。

通过不断的学习和实践,陈莉在工作中的表现得到了显著提升。她不仅能够独立处理复杂的人力资源任务,还被公司选为多个关键项目的领导者。这些成就加强了她的职业信心,并为她未来的职业生涯提供了更多的发展机会。

问题 1:陈莉采用了哪些方法强化自己的职场学习和技能提升?

问题 2:职场学习如何帮助陈莉提升在公司中的地位和影响力?

三、自我提高

(一)自我提高相关概念

1. 自我提高的含义

自我提高是一个个体主动追求自我学习、成长与进步的过程,它涵盖了多个方面,包括知识、技能、态度、价值观以及个人素养的提升。通过自我提高,个体能够不断适应变化的环境,增强自身的竞争力,实现个人和职业生涯的持续发展。

2. 自我学习与自学的区别

自我学习更强调学习的目标性和计划性,即学习者需要对自己的学习过程进行自我监督、自我指导和自我强化,有明确的学习目标和计划,并通过自我评估来调整学习策略。而自学则更侧重于学习的自由性和探索性,即学习者可以根据自己的兴趣和好奇心去探索新知识,不一定有明确的学习目标和计划,更注重学习过程中的体验和收获。

（二）自我提高的意义

自我提高不仅会对个人职业生涯产生积极影响，而且对个人成长与自我实现、职业发展、人际关系的改善以及生活质量的提升等多个方面都有助益。

1. 个人成长与自我实现

自我提高是个人成长的重要组成部分。通过不断学习新知识、掌握新技能、克服困难和挑战，个人能够不断拓展自己的边界，实现自我超越。自我提高有助于个人实现自我价值。每个人都有自己的潜能和天赋，通过自我提高，个人能够发掘和发挥这些潜能，实现自己的目标和梦想。

2. 职业发展

在竞争激烈的职场环境中，持续地自我提高是保持竞争力的关键。通过不断学习和更新知识，个人能够紧跟行业发展的步伐，提高自己的职业技能和素养，为职业发展打下坚实的基础。自我提高还能够为个人提供更多的职业机会。随着技能的提升和经验的积累，个人在求职或晋升时更具优势，能够获得更多的选择和机会。

3. 人际关系的改善

自我提高有助于提升个人的社交能力。通过学习和实践，个人能够更好地理解他人、尊重他人，提高与他人沟通和合作的能力，从而建立更和谐的人际关系。自我提高还能够增强个人的影响力和吸引力。一个不断进步、充满活力的人更容易吸引他人的关注和尊重，从而赢得更多的支持和合作。

4. 生活质量的提升

自我提高能够丰富个人的生活体验。通过学习新知识、尝试新事物、拓展自己的兴趣爱好，个人能够拥有更加丰富多彩的生活，享受更多的乐趣和成就感。自我提高还有助于提高个人的心理健康水平。在面对挑战和困难时，一个具备自我提高能力的人更能够保持积极的心态和情绪，从而更好地应对生活中的各种压力。

（三）自我提高的途径

在自我提高的过程中，个体需要具备自我驱动和自律的能力。这意味着要设定明确的目标，并制订切实可行的计划，以确保自我提高的行动得以持续进行。同时，还要保持积极的学习态度、不断吸收新知识、掌握新技能，以应对日益复杂和多变的社会。

自我提高的途径多种多样，包括但不限于以下八种。

1. 专业培训机构与课程

参加专业培训课程与课程是职场人士提升自身能力的有效途径。这些课程通常由行业专家授课，内容针对性强，能够帮助职场人士快速掌握新的知识和技能。

2. 在线学习平台

随着互联网的普及，越来越多的在线学习平台纷纷涌现。这些平台提供了丰富的课程资源，涵盖各个领域的知识和技能。职场人士可以利用业余时间，通过在线学习平台自主学习，不断提升自己的能力和素质。

3. 企业内部培训

许多企业都会为员工提供内部培训的机会，包括新员工入职培训、职业技能提升培训等。参加这些培训不仅可以了解公司的文化和规章制度，还可以学习到与工作密切相关的知识和技能。

4. 行业研讨会与学术会议

参加行业研讨会、学术会议等活动，可以了解行业的最新动态和发展趋势，与同行交流经验，拓宽视野。这些活动还可以为职场人士提供结交新朋友、拓展人脉的机会。

5. 导师制度

寻找一位经验丰富的导师，建立师徒关系，可以从导师那里学习到宝贵的经验和知识。导师还可以为职场人士提供职业规划和发展建议，帮助他们更好地成长。

6. 跨界学习与合作

跨界学习是指通过与其他领域的人士进行合作和交流，学习不同领域的知识和技能。这种学习方式有助于打破思维定式，激发创新思维，为职场人士带来新的发展机会。

7. 自主阅读与研究

阅读专业书籍、行业报告等文献资料，是职场人士自主学习的重要途径。通过阅读，可以深入了解行业的历史、现状和未来发展趋势，提升自己的理论水平和分析能力。

8. 利用社交媒体和网络资源

社交媒体和网络资源是获取信息和知识的便捷途径。通过关注行业内的专业账号、参与在线讨论等方式，可以及时了解行业的最新动态和观点，拓宽学习渠道。自我提高是一个长期的过程，需要个体持续投入时间和精力。在这个过程中，个体可能会遇到各种挑战和困难，但只要保持坚定的信念和持续的努力，就一定能够取得显著的进步。

总之，自我提高是一个不断追求进步和成长的过程，它需要个体具备自我驱动和自律的能力，通过多种途径实现自我提升。通过持续的努力和投入，个体可以在知识、技能、态度和价值观等方面取得显著的进步，为未来的成功打下坚实的基础。

保持终身学习

中国工程院院士、"共和国勋章"获得者袁隆平（1930—2021年），一生致力于杂交水稻技术的研究、应用与推广,创建超级杂交稻技术体系,为我国粮食安全、农业科学发展世界粮食供给做出杰出贡献。

袁隆平虽然年事已高,但一直坚守在科研一线,并多次表示要向更高产的育种目标进军,"不从事杂交水稻,我的生活就没有意义了。"

临近90岁时,袁隆平仍每天去试验田"打卡",他说要再完成两个目标才能放心退休。第一要做到杂交水稻大面积示范亩产1200公斤,第二是耐盐碱的海水稻培育,将沧海变为桑田,他一直在朝着这两个目标不断努力。在他住院前10多天,他还在海南三亚试验田基地查看水稻长势情况。不仅如此,他每天起床的第一件事就是去家旁边的田里走一走,拔拔稻穗,始终奔赴在一线工作。

袁隆平1981年获得国家发明特等奖,2001年获得首届国家最高科学技术奖,2014年获得国家科学技术进步奖特等奖,2018年获"改革先锋"称号,2019年被授予"共和国勋章",还相继获得联合国教科文组织"科学奖"等二十余项国内国际大奖。

资料来源:郁静娴,人民日报(2021年09月23日05版)

分析: 袁隆平这种"活到老,学到老"的精神时刻激励着当代的年轻人。学习是一个持续不断的过程,需要保持热情和毅力,在终身学习的过程中,需要不断寻找和创造有利于学习的环境,与积极向上的人交流学习,不断提升自己的知识和技能。

活动与训练

终身学习

一、目标:掌握终身学习的方法。

二、活动形式:技能成果展示。

三、道具:一张A4纸、一份报告。

四、过程:

1. 让学生在纸上列出自己认为需要终身学习的知识和技能,并对技能做一个优先级的排序,然后写出排在第一项的技能的学习计划和学习方法、途径。

2. 执行计划,完成后进行总结,并整理成一份报告,同时分享自己的学习心得。

(建议时间:20分钟)

探索与思考

1. 终身学习的意义是什么?
2. 自我提高的途径有哪些?

模块七 职场关键能力提升

 模块简介

问题解决的能力可以促使个人掌握一些分析和处理问题的方法和技巧，塑造每个人在职场中的不可替代性与个性。

在职场中，表达与沟通的能力是一个人职业形象的重要标志，语言、文字表达的锻炼能够让思路更清晰、抓住关键更迅速、根源更明确，能够更好地应对错综变化的情形、有条不紊地处理各种复杂情况。

良好的职业心态应该是衡量一个职场人成熟度的重要指标，而压力与情绪管理则是塑造职业心态的基础和职商的表现形式。每个职场人都应该做情绪的主人，掌控好自我情绪。

 能力标准

分类	具体内容
知识	1. 了解解决问题的步骤； 2. 了解演讲需具备的能力； 3. 认识职场压力的来源
技能	1. 掌握提升表达能力的具体路径； 2. 掌握各种类型分析问题的方法； 3. 掌握正确处理职业倦怠的对策
态度	1. 能够意识到正确处理压力与情绪的重要性； 2. 具备对待压力与情绪的正确方式

模块七　职场关键能力提升

学习导航

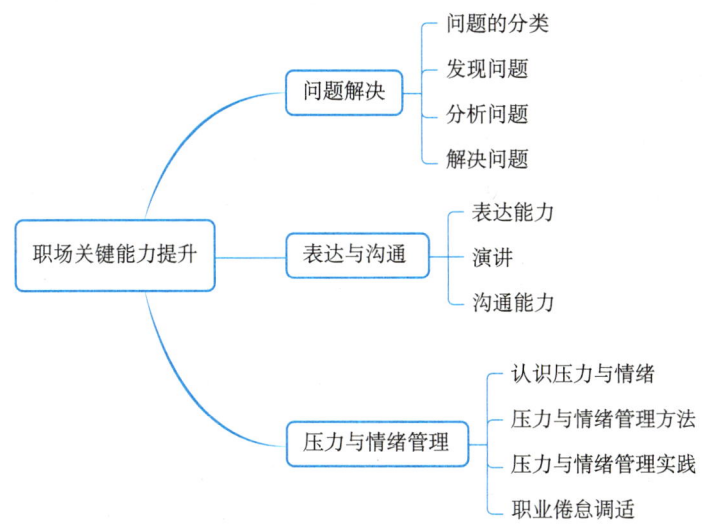

7.1　问题解决

胖东来为超市食安问题打样

2024年6月25日有消费者在抖音平台反馈称，新乡胖东来联营餐饮擀面皮加工场所卫生存在环境较差的问题。胖东来餐饮部于6月26日接到顾客的反馈并开启调查，涉事档口在停业整改后恢复营业，胖东来在看到抖音平台相关视频后，成立了调查小组介入处理。6月27日，胖东来商贸集团发布《关于新乡胖东来餐饮商户"擀面皮加工场所卫生环境差"的调查报告》，其中提到，将对顾客进行补偿，补偿款高达883.3万元，并对涉事员工进行了辞退、免职相关处罚。同时表示，下一步将加强商品品控管理，并完善各项管理制度及工作标准。在报告中，胖东来进一步反思了该事件出现的原因：管理层缺乏对企业经营理念的认知，对食品安全意识淡薄，没有坚守商品品质底线，对食品安全风险监管不到位，同时折射出各项管理制度及流程标准的不完善。

在食品安全问题上，企业必须采取"零容忍"的态度，想要走得更远，需要不断地自省。经过快速处理、直面回应，胖东来把信任危机变成品牌宣传的机会，收获了消费者的好感。

资料来源：胡静蓉，北京商报（2024年06月27日）

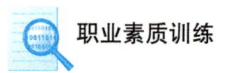

职业素质训练

问题：在面对食品安全问题时，胖东来采取了怎样的处理态度？

一、问题的分类

（一）问题的含义

所谓"问题"，就是"必须被解决的课题"，尽管问题的重要性与紧急性有所不同，但本质都是期望与现实的落差，问题具有两面性，同时拥有一个共同点：必须决定如何拟定解决策略并付诸实施。解决问题的基本思路应分三步：第一步，先发现期望与现实之间的落差；第二步，对落差进行剖析，并找到解决方案作为问题的答案；第三步，将对策实施落地，完成路径闭环。

（二）问题的分类

问题依据其状态、发生阶段，可以分为恢复原状型问题、防范潜在型问题和追求理想型问题。

1. 恢复原状型问题

恢复原状型问题（如图7-1所示）是指问题恢复成原本的状态。遇到这类问题，要把原本的状态设为预期。思考方式为：此时状态与原有状态之间出现落差，要从落差中找到问题。例如，管理费用比去年多了1倍；销售额比去年少了5000万。在这些问题里，人们把过去的状况设定为期待的状况，因此解决问题的办法就是恢复成以前的水平，所以叫恢复原状型问题。

图7-1　恢复原状型问题

2. 防范潜在型问题

潜在型问题（如图7-2所示）是还未发生损害，但未来可能显在化的问题。这类问题以及这类问题带来的损害不容易被直接观察到，但是如果不及时采取措施就会转化为显性问题。例如，一位同学下周一要做演讲，但是到本周日下午还没有进行演讲排练。在这个

图7-2　防范潜在型问题

案例里，这位同学下周一可能会出现对演讲内容不熟悉，无法很好地回答观众的问题的情况，这些都是潜在的问题。如果本周日晚上还不进行排练，则上述情况就会发生。

3. 追求理想型问题

追求理想型问题（如图 7-3 所示）是指此时的状态还不能满足期待。追求理想型问题的思考方式是：此时状态与理想状态之间有差别，所以将此时的状态视为问题。此类型问题的困难之处在于如何设定理想状态的位置。有的人把理想状态设定得太高，努力几次达不到后就放弃了。而有的人把理想状态设定得太低，无法激发挑战的激情。

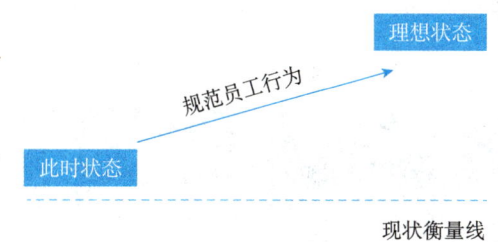

图 7-3　追求理想型问题

猴子的预期和行为

1928 年，心理学家延克波做了一个有趣的实验：他将一只小猴子作为测试对象，训练其完成一项辨别任务。首先当着猴子的面将香蕉放入一个带盖子的容器中，用木板挡住猴子的视线。随后，让猴子在多个容器中选出装有香蕉的容器。

结果发现，猴子具有良好的辨别能力，它准确地从装有香蕉的容器中取得了食物。延克波再次当着猴子的面将香蕉放入一个容器内，在挡板后面将香蕉取出，换成猴子不喜欢吃的葛芭叶子，并要求猴子取食。结果发现，当猴子从容器中取出葛芭叶子时，显得非常沮丧，并向延克波高声尖叫，大发脾气。

从实验可以看出，猴子的行为明显受到预期结果的影响，体现了期望与现实之间的落差，当偏差较大时，猴子产生了强烈的反应。

问题：影响猴子行为的问题是什么？是否与认知中的预期结果有关？

二、发现问题

（一）发现问题的意义

问题是促进社会进步和科技发展的原动力，也是个人识别困难和挑战、进行自我提升的重要因素。发现问题是"答案创造"的前提，发现问题的过程是思考的过程，发现问题以解决问题为目的，保证后续分析、解答问题的合理性。

（二）发现问题的方法

发现问题可以在不同的背景中使用不同的方法，提升针对性和合理性，提高效率。主要有以下几种方法：SCQA 分析法、问卷调查法、头脑风暴法、结构式访谈法。

1.SCQA 分析法

SCQA 分析是指"情境—冲突—问题—回答"的分析方法（如图 7-4 所示），拥有较强的结构性，通过此方法可以有效地掌握问题与设定问题的过程，适用于多种场景。

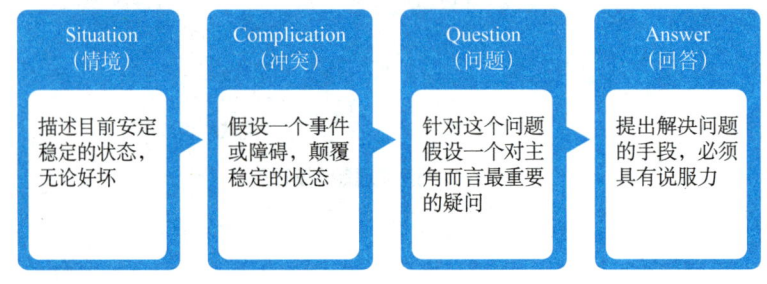

图 7-4　SCQA 分析法

（1）情境（Situation）。情境就是环境、氛围创建，由大众所熟悉的现状或事实作为起点，包含对象、所处阶段等，用于描述当事人过去的经验、目前稳定的状态和未来的目标。

（2）冲突（Complication）。实际情况往往和我们的目标有冲突，颠覆了稳定的状态，这种情形称作冲突。此阶段需要说出行动的原因，包含威胁、机会和等待去克服的困难点。

（3）问题（Question）。基于前置的情境和冲突，用自问自答的形式来假设相应问题，同时思考如何去解决这个困难点。

（4）回答（Answer）。思考出问题的答案，是对前置所有阶段的终结。需要定位出需求点，洞悉情境和冲突，针对问题提出最终的解决方法。

2.问卷调查法

调查法又称为调查性谈话法，是指调查者（访问者）与被调查者（被访问者）之间通过的直接沟通交谈的形式进行调查的一种方法，是最常见，也是应用最广泛的发现问题的方法。问卷调查主要用于定量分析，因为问卷是事先设计好的，所以调查过程的标准化程度较高，避免了主观和人为因素对信息收集过程的影响。

其中问卷调查包含了员工、客群、渠道、管理等方向的调查，在选择问卷调查法时应遵循以下步骤：

（1）确定调查内容。在设计问卷之前首先要明确调查内容，针对不同的调查内容确定不同类型、方向的问卷。调查内容一定要与企业的经营需求密切相关，如企业经营重点为制造，制作调查设计时就应以制造管理为主。

（2）确定调查对象。不同的调查问卷适用对象不同，选择的对象应为对某一个维度或某几个维度非常了解的人，而不是选择所有人对所有纬度进行评价，针对性评价更为客观和公正。

（3）设计调查问卷。调查问卷的设计应分为几个步骤：罗列调查内容相关问题，逐个进行推敲筛选，确定其逻辑通顺、语言描述准确，最终决定问卷问题。所选方向和题目必须符合客观实际，有针对性地围绕调查目的设定，避免过于简单或烦琐，提高传播效率。

（4）分析调查结果。根据统计学原理，分析方法有多种，如回归分析、方差分析、因素分析、群体分析等，但并不是方法越多、越难就越好，而是要看这些方法是否适用于调查需要，可以灵活应用从而提供更翔实、更科学的数据分析信息。

（5）发现存在问题。根据问卷调查结果，可以按照不同群体、不同调查内容来获取最终所得分数，发现存在的问题，如企业可以通过满意度得分最低的维度发现自身存在的问题，还可以通过大多数员工的选择发现培训存在的问题。

3. 头脑风暴法

头脑风暴法又称智力激励法，1939 年由美国 BBDO 广告公司的经理亚历克斯·奥斯本发明，最初用在广告的创新上，1953 年总结成书。这是世界上最早用于实践的创造技法，此法经各国创造学研究者的实践和发展，至今已经形成了一个发明技法群，如奥斯本智力激励法、默写式智力激励法、卡片式智力激励法。

头脑风暴法的特点是让与会者敞开思想，使各种设想在相互碰撞中激起脑海的创造性"风暴"。它要求参与者自由发表各种想法和观点，不受任何限制和批评。这种开放式的氛围可以激发出更多的创意，促进团队成员之间的合作和互动。

头脑风暴分为传统头脑风暴、高级头脑风暴、默写式头脑风暴、卡片式头脑风暴，选择不同的头脑风暴方式，对发现企业问题的深度和广度都会有很大影响。

4. 结构式访谈法

结构式访谈又称标准化访谈，是一种互动性和目的性都很强的发现问题的定量研究方法，通过访谈者进行引导性的提问和交流，获取对诊断有帮助的直接信息和间接信息，进而发现存在的问题，量化访谈结果，然后做统计分析。为了提高访谈的可信度，在进行访谈的过程中，要注意以下几点：

（1）把握访谈原则。以被访谈者陈述为主，避免喧宾夺主；尊重被访谈者，鼓励其表达真实想法。提问要有连贯性，避免跳跃性提问；注意访谈时间，切忌陈词滥调。

（2）做好充分的访谈准备。了解被访谈者的基本情况，根据实际情况，结合访谈提纲准备有针对性的访谈题目。

（3）控制访谈过程。在过程中营造和谐的访谈气氛，及时总结被访谈者的立场和观点，根据被访谈者的回答随时做好相关记录，保证记录的真实性和完整性。

（4）掌握必要的访谈技巧。针对不同的访谈主题，需要选择不同的技巧，需要被访谈者确认的问题，可以选择封闭式的发问技巧；需要被访谈者就某项问题表达自己观点的问题，可以选择开放式的发问技巧。

（5）及时整理访谈记录。记录是访谈的重要成果，在当天的访谈结束后，调研人员应及时整理好访谈记录，形成正式的访谈日记，交组长审阅与备案。

 案例 7.2

小明的毕业规划

小明是某高校应届毕业生，正面临毕业找工作的问题，面对眼花缭乱的工作岗位，他因不确定就业方向而感到苦恼，他需要对就业市场及环境进行充分了解，分析自身需求和问题，完成最终的毕业规划。

Situation（情境）	小明在即将毕业时需要对就业市场的热门职位和当前的人才需求进行了解
Complication（冲突）	假设小明对自己的方向和需求并不清晰，但目前正面临毕业找工作的问题，需要迅速做出判断并付诸行动
Question（问题）	哪些行业的发展和潜力更好？ 市场对毕业生是否有激励措施？
Answer（回答）	小明如果想要解决就业问题，可以通过性格测试、线上线下渠道获取岗位信息等方式来完成毕业规划

问题：请各位同学模仿小明的形式，基于 SCQA 模型分析法分析就业市场情况，做出个人关于毕业的规划。

三、分析问题

发现问题后，需要对问题提出切实可行的解决方案，问题分析是正确解决问题的前提，通过全面分析问题的条件和信息，可以找出数量关系和解决方案的突破口，这种能力对于个人职业的发展至关重要，有助于提升技能水平、提高决策效率。常用的分析问题方法包括 SWOT 分析法和鱼骨图分析法。

（一）SWOT 分析法

SWOT 分析法是四个英文单词的缩写：Strengths（优势）、Weaknesses（劣势）、Opportunities（机会）、Threats（威胁），最早由美国旧金山大学管理学教授提出，由哈佛大学商学院的安德鲁斯教授 1971 年在《公司战略概念》中最终确立。使用该分析法需遵循以下步骤。

1. 优势分析

这一步是评估企业或个人的内部因素,识别出自身相对于竞争对手或市场环境的优势所在,重点思考团队或个人有哪些独特的技能、资源、技术或经验。

2. 劣势分析

与优势分析相反,这一步是找出企业或个人在竞争或市场环境中的不足,如资金短缺、技术落后、管理不善等问题。理解并接受这些不足,可以更好地找到改进的方向。

3. 机会分析

机会分析需要关注外部环境的变化,寻找可能带来发展或增长的机会。这些机会可能来自市场需求的增长、新技术的出现、政策的支持等。识别并抓住这些机会,争取实现更大的发展。

4. 威胁分析

主要分析外部环境中可能造成威胁的因素,包括市场竞争的加剧、法律政策的变动、技术更新带来的挑战等。了解这些威胁,可以提前做好准备,应对可能出现的风险。

绘制SWOT矩阵也是重要的一环,将识别出的优势、劣势、机会和威胁列在矩阵中,根据它们的轻重缓急或影响程度进行排序。基于矩阵综合分析,制定相应的行动计划,包括发挥优势、克服弱点、利用机会和化解威胁。运用系统分析的方法,将各种环境因素相互匹配,组合得出有益于未来发展的可选对策。

(二)鱼骨图分析法

鱼骨图分析法(如图7-5所示),也被称为因果分析法或石川图,是一种用于识别和分析问题的根本原因的有效工具。它通过层次分明的图形展示,将影响问题的因素归类,从而揭示问题背后的深层原因。鱼骨图分析法的形状类似鱼骨,因此得名。

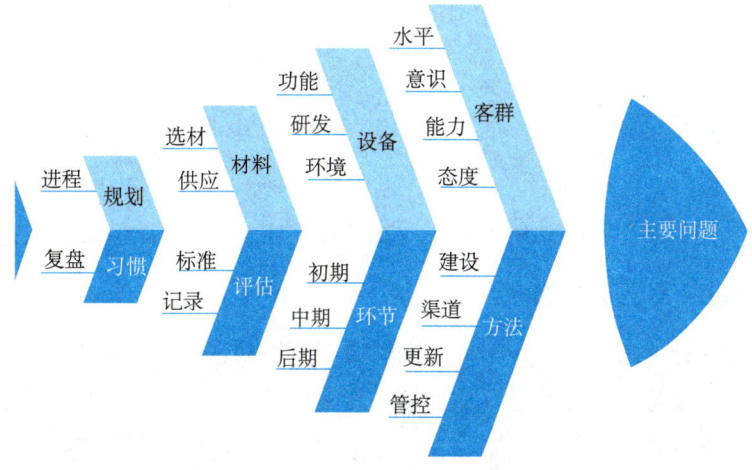

图7-5 鱼骨图分析路径模型

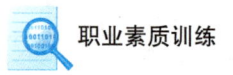

鱼骨图包含问题型、原因型、对策型三种类型，有效制作鱼骨图需要注意以下步骤：

（1）分析问题原因和结构，针对问题点，选择分层方法，将改善的重点或主题填写在鱼头的位置，集中于问题的实质内容。

（2）按头脑风暴法对各层别、类别找出所有可能的因素，合理排布在鱼骨位置。

（3）将找出的各要素进行归类、整理，明确其从属关系，原因之间需要有因果联系，某种原因可以归于多种时，以关联最强的为主。

（4）检查各要素的描述方法，确保语法简明、意思明确、重点突出，最终制作完成。

 案例 7.3

李华的转变

李华是一个普通职员，随着时间的推移，他渐渐发现自己在职场中的进步似乎停滞不前。他努力工作，但业绩却总是平平无奇；他试图与同事沟通，但总是难以建立起深厚的友谊。他开始怀疑自己是否真的适合这个工作？

一天，李华参加了一个关于职业发展的讲座。讲座中，讲师提到了一个观点：职场中的成功，往往取决于个人是否能够准确地认识自己，发现自己的问题所在，并勇敢地去面对和解决这些问题。

他开始反思自己在职场中的表现，试图找出自身的问题所在。他回想起自己过去的工作经历，发现自己在处理问题时总是过于急躁，缺乏耐心和细心；在与同事沟通时，他总是过于关注自己的观点，忽略了倾听他人的想法。

于是他决定从现在开始，努力改变自己。一段时间后，李华渐渐发现自己的职场表现有了明显的提升，业绩开始稳步上升，同事关系更加融洽。他感到自己正在逐步走向成功，实现自己的职业梦想。

问题：李华在遇到工作问题后，是如何进行问题分析的？

四、解决问题

（一）解决问题的四个步骤

1. 定义问题，确定优先级

对现有问题进行清晰定义，包括问题的性质、范围和影响，并根据紧急程度确定优先级，将重要性小、紧急性低的问题延后处理，将重要性大、紧急性高的问题提前，确保在一定时间内解决好重要的问题。

2. 收集信息，将问题具象化

将问题定义后，迅速收集与问题相关的信息，通过查阅文档、与相关人员交流、收集数据等，全面了解问题的背景和现状，理性评估问题信息的可实现程度。

3. 制定、实施解决方案

通过问题分析，针对问题的根本原因制定一个或多个解决方案，并考虑方案的可行性、效果和成本等因素。

4. 评估效果，总结反馈

解决方案实施后，对最终效果进行评估，收集数据、观察变化，并与预期目标进行比较，如若效果不理想，反思此次方案的问题所在，并考虑调整方案或采取其他措施。

（二）解决问题需具备的能力和素质

1. 分析能力

对问题的性质、范围和原因进行深入的分析，找出问题的根源和关键因素，锻炼逻辑思维和批判性思维，能透过现象看本质，不被表面信息所迷惑。

2. 创新能力

在解决问题时，能够提出新颖、有创意的解决方案，运用开阔的视野和灵活的思维方式，打破常规，从多个角度思考问题。

3. 执行力

将解决方案付诸实践，确保问题得到有效解决需要具备坚定的决心和行动力，能够克服困难和挑战，推动任务完成。

4. 自我管理和学习能力

有效地管理自己的时间、情绪和压力，保持高效的工作状态，需要制订计划、设定优先级、调整心态等，以便更好地应对职场中的各种问题。同时保持持续学习的态度，不断更新自己的知识和技能，以适应新的挑战和需求。

总结案例

解决问题之路

李明是即将毕业的大学生，他在学校学习成绩优异，课余时间积极参加各种实践活动，有着丰富的实践经验。然而，李明在找工作时遇到了困难。他发现，虽然学历和能力是求职的基本条件，但仅凭这两项优势并不能获得心仪的职业岗位。经过调查和分析，李明得出结论：求职成功还需要强调自己的特长，并且特长能够与企业需求紧密契合。于

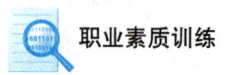

是，他通过学校教学实践基地，参加了一系列与就业市场需求相匹配的项目，并积累了丰富的社会实践经验，终于找到了合适的工作。

分析： 首先，要发现问题，并寻找自身求职过程中产生问题的原因。其次，深刻了解企业的需求，分析问题存在的背景及解决办法，更好地展示自己的优势。最后，解决自身竞争力不够的问题，积极参与实践活动并获取丰富的实践经验，为就业增加砝码，在激烈的竞争中脱颖而出。

活动与训练

你该怎么解决这个问题

一、目标：提升分析问题和解决问题的能力。

二、活动形式：报告。

三、道具：A4卡纸。

四、过程：

1. 教师设置几个与学生专业相关的职场开放性的问题，可以是一些职场上可能发生的突发事件，然后试着让学生回答"你该怎么解决这个问题"。

2. 学生针对问题，写出自己的分析过程和解决办法，做成一个文字版报告。

（参考问题：老板交给你一份纸质版手稿，让你20分钟内给他一份电子版的文件，按照你打字的速度，时间只够把内容输入完，你怎么办？）

（建议时间：15分钟）

探索与思考

1. 如何在实践过程中发现问题、分析问题？
2. 遇到问题时应使用何种方法解决问题？

7.2 表达与沟通

表达的差别

有一个秀才去买柴,他对卖柴的人说:"荷薪者过来!"卖柴的人听不懂"荷薪者"(担柴的人)三个字,但是听得懂"过来"两个字,于是把柴担到秀才前面。

秀才问他:"其价如何?"卖柴的人听不太懂这句话,但是听得懂"价"这个字,于是就告诉秀才价钱。秀才接着说:"外实而内虚,烟多而焰少,请损之(你的木材外表是干的,里头却是湿的,燃烧起来,会浓烟多而火焰小,请减少些价钱吧!")。卖柴的人因为没有听懂秀才的这句话,于是担着柴就走了。

分析: 有效表达和沟通在平时生活、交际中尤为重要,对于从业者而言,要对表达的内容、时机有所掌握,无须过分地修饰;作为管理者而言,要学会使用简单直接、易懂的言辞来传达讯息。

一、表达能力

(一)概念

1. 表达能力的含义

表达能力又叫作表现能力或显示能力,它是指一个人把自己的思想、情感、想法和意图等,用语言、文字、图形、表情和动作等清晰明确地表达出来,并能够让他人理解、体会和掌握。

2. 表达能力的分类

表达能力包括语言表达能力、文字表达能力、数字表达能力、图示表达能力、行为表达能力等形式。其中数字表达能力、图示表达能力属于专业范围内修炼的基本技能,而语言表达能力和行为表达能力最为常见和重要。

(1)语言表达能力。语言表达能力指在口头语言(如说话、演讲、报告)及书面语言(如回答问题、写文章)的过程中,运用字、词、句、段来表达思想和情感的能力,包括口头语言表达能力和书面语言表达能力,它们共同构成了人们在日常交流和书面表达中的基础技能。在书面表达中，表达能力体现为文字的组织、逻辑性和准确性，而在口头表达中，则涉及语言的流畅性、情感的真实性和体态语言的协调性。

（2）行为表达能力。行为表达能力主要通过肢体动作或实际行动来表达，强调行动传递信息，相对语言表达更加生动具体。在职场中，良好的行为表达能力尤为重要。它有助于我们清晰地传达工作指令、有效地进行团队协作，并在处理复杂问题时展现出专业性和条理性。同时，优秀的行为表达者能够建立和维护良好的人际关系，提升个人影响力和团队凝聚力。

（二）提升表达能力的路径

提升表达能力的路径涉及多个方面，从输入到反馈，每个环节都至关重要。他们在逻辑上有关联性，环环相扣，最终形成体系化的思考，通过语言或行为展现出来（如图 7-6 所示）。

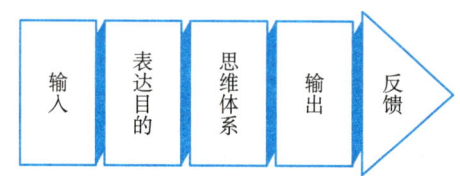

图 7-6 提升表达能力的路径

1. 输入

输入是提升表达能力的基础，在系统性地表达之前，要先收集素材，获取外界信息，丰富自己的知识，从学习和借鉴中成长，为表达打下坚实基础。

2. 表达目的

明确表达目的是提升表达能力的前提。在表达之前，需要清楚地知道自己想要传达什么信息、达到什么目的。表达目的需要明确以下几点：了解受众情况，明确想要传达的核心信息，预设希望通过表达达到的效果。

3. 思维体系

思维体系是指对于不同概念之间关联性的理解，把概念串联成一个有机体是提升表达能力的关键。要注重逻辑思维的条理性和逻辑性，确保表达的内容前后连贯、层次分明；从不同角度思考问题，提出新颖的观点和解决方案。

4. 输出

文字和语言，这两种输出形式分别对应写作和语言表达。通过阅读、观察、聆听等方式形成自己的表达技巧和思维方式，提升口语和书面表达能力，同时注重肢体语言协调程度，使其与语言表达相符合。

5. 反馈

通过反馈可以了解表达方式是否有效、是否达到预期的效果，从而更好地调整和改进输出方式，达到我们的沟通表达目的。

综上，遵循上述路径对表达能力的提升起着很关键的作用。在写作与演讲当中，可以检查是否收集了大量的资料，同时还可以明确表达的目的是什么，是为了传递知识还是推销宣传。在内容逻辑上，可以自查每一个论点之间是否有内在的逻辑联系，如是递进还是并列。在输出方式上我们是否选择了最合适的方式，如正式的表达更适合书面，口头的表达更容易让听众在情感方面产生共鸣。最后，我们要通过反馈来判断我们是否达到了预设的目的。

案例 7.4

表达的魅力

小梁是经济学专业的大三学生，担任团队项目组长，负责分析市场趋势并在团队里进行报告。项目开始时，尽管团队成员积极收集大量市场数据和案例研究，但在整理和表达这些信息时遇到了显著困难。特别是一些团队成员在口头表达中过度使用复杂的专业术语，如"市场渗透率"和"消费者购买行为模型"，没有为非专业成员充分解释这些概念的含义。此外，其他成员的书面报告结构混乱，缺乏清晰的论点和逻辑流，导致报告难以传达核心观点。

为解决这些问题，小梁组织了几次工作坊，专注于训练团队如何使用简单直接的语言进行口头和书面表达。在工作坊中，他指导团队成员将复杂的行业术语转化为易于理解的语言，并教授如何构建清晰的报告结构。成员们进行了专业的"翻译"练习，全队评估其清晰度和有效性。

问题 1：在小梁的团队中，成员在使用复杂术语进行口头表达时遇到了困难。这种情况如何违背了表达能力模型中"输出"部分的要求？他们是如何通过练习改善这一点的？

问题 2：小梁如何确保团队的表达活动满足了表达力模型中"反馈"部分的要求？这对最终表达效果有何影响？

二、演讲

（一）演讲的含义

演讲又叫讲演或演说，是指在公众场合，以有声语言为主要手段，以体态语言为辅助手段，针对某个具体问题，鲜明、完整地发表自己的见解和主张，阐明事理或抒发情感，

进行宣传鼓动的一种语言交际活动。主要形式大体有四种：照读式演讲、背诵式演讲、提纲式演讲、即兴式演讲。

1. 照读式演讲

亦称读稿式演讲。演讲者拿着事先写好的演讲稿，走上讲台，逐字逐句地向听众宣读一遍。其内容经过慎重考虑，语言经过反复推敲，结构经过精心安排，讲话更为郑重。

2. 背诵式演讲

亦称脱稿演讲。演讲者事先写好演讲稿，背熟后上讲台，脱稿向听众演讲。

3. 提纲式演讲

亦称提示式演讲。演讲者只把演讲的主要内容和层次结构，按照提纲形式写出来，借助它进行演讲，而不必一字一句写成演讲内容。

4. 即兴式演讲

演讲者预先没有充分准备而临场生情动意所发表的演讲，它是一种难度最大、要求最高、效果最佳的演讲方式，可以根据实际情况，针对听众的心理和需要，灵活机动，迅速调动语言的一切积极因素，以出众的口才生动形象地表达，更具直接感染力。

（二）演讲需具备的能力

人们总是称赞那些口若悬河、滔滔不绝的演讲者，这主要是因为他们有内容可讲，而这可讲的内容却又来自"过目不忘"的记忆力。在演讲前的积累阶段，演讲者博览群书，吸取丰富的知识，他们阅历丰富，储存了大量的材料，他们耳濡目染了社会生活的方方面面，虽然丰富、复杂，然而他们却能牢记于心。头脑里储存了大量的信息，一旦需要写演讲稿时，他们就会如囊中取物一样，迅速而准确地输出并组织到演讲稿中，使演讲的内容丰富、形式活泼。因此，演讲者主要应该具备以下四种技能：较强的口语表达能力、丰富的想象力和联想力、敏锐的观察力和较强的记忆力。

（三）演讲的准备

1. 素材选择

搜集素材是非常重要的一个步骤，它是充实演讲主题、充分证明论点的重要手段。所以选择素材时候不能盲目，要遵循实事求是、典型性、充足、详略得当、针对性强的原则。

（1）实事求是。实事求是是指素材的客观性，即所选材料是客观世界真实存在的，并且符合历史实际。有真实的材料才具备说服力，才能加强人们对演讲内容的认同感。

（2）典型性。典型性是指由于材料深刻揭示事物本质，具有较强的说服力。演讲的目的在于说服别人、鼓动别人。因此，要认真地收集能说明主旨，具有代表性的事实材料。

（3）充足。材料要充分，演讲要求收集大量、详细的材料。既要纵向了解事物的发展经过，又要横向了解事物各个方面的联系，不仅要正面了解事物，还需要反面了解事物。这样才能多方位、多角度进行分析、比较，从而避免认识上的主观性、片面性。材料越充分，思想越开阔，论据就越充分，就越能更有力地阐明自己的观点。

（4）详略得当。有时候，材料虽然真实、新鲜、典型，但是详略处理不当，即便厘清了来龙去脉也不能很好地达到演讲的效果，原因在于叙述太简略笼统。在演讲的时候有必要对重点的内容进行详细的阐述，做必要的渲染。这样才会显得具体，给人留下清晰的印象。

（5）针对性强。收集材料要防止盲目性和随机性。演讲的时间有限，所以必须做到有计划、有针对性地收集材料。要围绕论题，根据论题划定区域范围。划定范围时要大小适中，不要太窄导致漏掉一些材料，也不要太宽这样往往很难抓住重点。

2. 制作演讲文稿

（1）视觉类。演讲过程需要视觉方面的展示，视觉效果良好的演示文稿不仅可以引导注意力，还可以使信息更加鲜明、生动，制作视觉类演讲文稿需要遵循以下步骤：

①明确主题与目的，有助于更好地组织内容，确定所需的视觉元素。

②根据主题和目的，设计大纲。大纲应该包括演讲的主要观点、故事线以及想要传达的关键信息。

③选择视觉元素，视觉元素是视觉类演讲稿的重要组成部分。选择视觉元素时可以参考以下意见：使用图片与照片直观地展示想法和观点；使用图表和数据可视化工具（如柱状图、折线图、饼图等），使信息更易于理解；选用适当的视频和动画吸引观众的注意力，并帮助他们更好地理解复杂的概念或过程；选择合适的配色方案和字体样式，以确保视觉元素与演讲内容相协调，提升整体视觉效果。

（2）语言类。语言稿的制作需明确演讲的主题和目标，确保演讲内容清晰、有条理，聚焦内容，确保语言稿与主题紧密相关，从而达到预期的演讲效果。

①构建演讲结构。一个清晰的演讲结构能够让演讲更有条理。通常，一个完整的演讲包括开头、主体和结尾三个部分。

开头：吸引听众的注意力，明确演讲的主题和目的。可以使用引人入胜的故事、引用或提问等方式。

主体：展开演讲的主要内容，按照逻辑顺序组织观点和信息。可以使用分点、举例、对比等方法来增强表达效果。

结尾：总结演讲要点，强调核心观点，并给出一些行动建议或呼吁。

②撰写详细的语言稿。根据演讲结构，开始撰写详细的语言稿。需要注意以下几点：

语言简洁明了：避免使用复杂的词汇和句子结构，确保语言易于理解。

使用生动的词汇和比喻：有助于增强演讲的吸引力和表达效果。

注意语气和语调：在语言稿中标注出需要强调的部分，以及需要调整语气和语调的地方。

③进行反复修改和优化。完成初稿后，反复阅读并修改语言稿。注意检查语法错误、拼写错误和逻辑问题。同时，可以根据需要进行内容的增减和调整，使语言稿更加完善。

④熟悉并练习语言稿。通过多次练习，更好地掌握演讲的节奏和语气，确保在正式演讲时能够自信、流畅地表达内容。

3. 排练

排练时要熟悉并掌握演讲内容，深入理解演讲的主题，对演讲稿进行反复阅读和修改，确保内容清晰、准确，并且逻辑严密。在排练过程中，要注意语速、语调和停顿，使语言流畅自然，同时能够突出重点。需要遵循以下几点：

（1）肢体语言的使用。站姿要挺拔自信，避免低头或晃动身体等不自信的表现；手势要自然得体，避免过于夸张或僵硬的动作；面部表情要丰富多样，与演讲内容相配合，以吸引观众的注意力。

（2）与观众的互动。在排练时，可以模拟实际演讲场景，想象与观众的交流互动。通过提问、引导思考等方式，激发观众的兴趣和参与感，使演讲更加生动有趣。

（3）注意时间控制。在排练时要把握好演讲的时间，确保在规定的时间内完成演讲。可以通过多次排练来调整语速和内容的长度，以达到最佳效果。

（4）反复练习并不断改进。通过多次排练，可以熟悉演讲流程，发现自己的不足之处，并及时进行改进。在每次排练后，可以请他人提供反馈意见，以便更好地完善演讲。

（四）演讲舞台呈现

演讲舞台呈现是演讲成功与否的关键因素之一，在演讲舞台呈现时，要注意以下几点事项。

1. 肢体语言与表情

演讲者应保持良好的站姿和动作，避免僵硬或随意，适当使用手势来增强表达力，但避免过度夸张。表情应自然、丰富，与演讲内容相配合，展现真诚和热情。

2. 互动与沟通

在演讲过程中，注意与观众的互动和沟通，可以通过提问、引导思考等方式激发观众的兴趣和参与感。同时，注意观察观众的反应，及时调整演讲节奏和内容。

3. 时间管理

严格控制演讲时间，确保在规定时间内完成演讲内容，如需超时，应提前与主办方沟通并征得同意。

（五）演讲复盘

演讲复盘是对一场已完成的演讲活动进行全面的回顾、分析和总结。它涉及对演讲内容、技巧、效果等多个方面的深入剖析,旨在找出演讲中的优点和不足,并找到改进和提升的方法。演讲复盘能帮助演讲者深入了解自己的演讲能力和表现,发现潜在的不足,并提供具体的改进方向。通过复盘,演讲者可以不断积累经验,提升自己的演讲技巧和水平,为未来的演讲活动做更充分的准备。

在演讲复盘过程中,演讲者可以从演讲内容、听众反馈、场地与技术支持三个方面入手进行复盘,具体如下。

1. 演讲内容

(1)主题与核心观点:回顾演讲的主题和核心观点是否清晰明确,是否有效地传达给了听众。

(2)内容结构:分析演讲内容的逻辑结构是否合理,是否有助于听众理解和记忆。

(3)例证与故事:检查使用的例证、故事或案例是否恰当,是否增强了演讲的说服力。

2. 听众反馈

(1)互动环节:分析互动环节的效果,包括提问、讨论、小游戏等,是否有效地激发了听众的参与热情。

(2)听众反应:回顾听众在演讲过程中的反应,包括表情、动作等,以此判断演讲内容是否引起了听众的兴趣和共鸣。

(3)后续交流:如果有机会与听众进行后续交流,可以收集他们对演讲内容的理解和反馈,以便进一步调整演讲策略。

3. 场地与技术支持

(1)场地设施:评估演讲场地的设施是否满足需求,如音响、灯光、投影等设备是否正常运行。

(2)技术支持:检查使用的技术工具(如 PPT、视频等)是否有效地辅助了演讲内容,是否出现技术问题影响了演讲效果。

 案例 7.5

李华的演讲技巧

李华是管理学专业的大四学生,参加了学校组织的一次公开演讲比赛,主题是"未来的市场趋势"。虽然李华对主题有深刻理解,但在第一次模拟演讲中,他的表达显得生硬,信息传递不够清晰,受到评委的批评。

李华意识到需要提高自己的演讲技巧。他分析了自己的演讲,发现主要问题在于过度依赖演讲稿,缺乏与听众的互动,以及表达方式单一没有变化。为了改善这些问题,李华决定采用提纲式演讲,这样他可以更自然地与听众交流,同时保持演讲内容的逻辑性和连

贯性。

李华开始在练习中不再死记硬背演讲稿，而是尝试理解每个部分的核心意义，并用自己的话来表达。他还加入了演讲俱乐部，通过定期的练习和反馈，逐步增强了即兴演讲的能力。此外，他学习使用非语言的表达方式，如手势和面部表情，以增强演讲时的感染力。

在比赛当天，李华的表现有了显著提升。他不再拘泥于稿件，而是更加自信和流畅地与观众沟通，有效地使用手势和语调变化来强调演讲中的关键点。他的这次演讲不仅内容丰富，而且形式活泼，赢得了评委和听众的高度评价。

问题1：李华在准备演讲时采取了哪些措施来提升自己的演讲技巧？

问题2：提纲式演讲对李华的演讲效果有何帮助？

三、沟通能力

在日常生活中免不了与人沟通，在职场当中也不例外。但沟通并不是一件容易的事情。缺乏沟通能力的人想要表达一件事情的时候可能会一直说不清楚，别人也无法清楚地理解他想要表达的内容，因而在职场中处处碰壁，这一现象说明沟通能力确实是一项很重要的能力，接下来我们就来认识一下什么是沟通能力。

（一）什么是沟通能力

沟通能力指的是个体在事件、情感、价值观等方面与对方进行交流的能力。一般来说沟通能力强的人，事业进步快，会比别人获得更好的工作机会。而沟通能力相对差的人，工作效率会比较低，不受领导与同事的喜欢，晋升机会少。从沟通的目的和沟通的效果来看可以将沟通分为四个层次。

1. 传递与交换信息

沟通最基本的目的就是把某个信息告诉某人，也就是信息的传递与交换，在信息的交换与传递当中不需要争辩，不需要说服别人，只要达到信息的共享与交流的目的就可以了。

2. 解释说明

解释说明信息，是指将自己对信息的理解传达给别人，如向上级汇报工作等，这时需要我们具备能够清晰明确解释信息的技能。我们可以有一个总的框架，解释说明时思路清晰、语言简洁、突出重点。

3. 说服他人

在与同事沟通，说服同事按照你的方式行动的时候，如果沟通不到位，就会引起同事的反感。所以，我们应该在说服别人之前，先表明自己想法的可行性，提出需要对方的协助,并鼓励肯定对方,让对方对于好结果有期待。

4. 商务谈判

商务谈判当中不仅需要说服对方,更需要在协商当中达成一致,互利共赢。我们在谈判之前要尽力去理解客户的需求,提前沟通清楚,找到双方利益的契合点,只有这样才能实现共赢。

(二)构成沟通力的基本要素

构成沟通力的基本要素包括倾听、表达、提问、说服、反馈(如图7-7所示)。

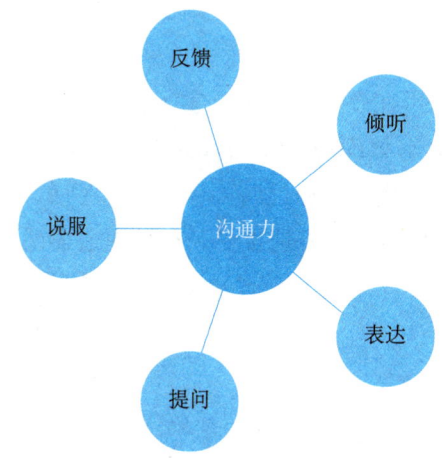

图7-7 构成沟通力的基本要素

1. 倾听

倾听是沟通的开始,只有在倾听的时候抓住关键信息,了解对方的喜好,才能更好地表达自己的看法与主张。倾听并不是简单地听,还要将听到的信息进行筛选和解读。

2. 表达

良好的表达是沟通的关键。当你跟一个人说话的时候,他总是云里雾里;别人跟他说话的时候,他就茅塞顿开,这很可能是你的表达出了问题。

3. 提问

合适的提问可以使自己在沟通时获得更多的信息,掌握更多的主动权,但是进行提问时应该注意场合和对象。例如,与上级、客户、同事沟通时应该采取不同的方式来提问。

4. 说服

想要在沟通中说服对方,首先确定自己要说服的人是谁,其次要取得对方的信任,最后要了解他的个性特质并进行针对性的沟通。关于取得信任的方式有三种:

(1)重复对方的话:假如自己不善于沟通,可以重复对方刚刚说的话中的关键词表示赞同，将对方表述的内容进行同义词替换，之后引用事实进行复述。

（2）表示理解：首先深入理解对方说的话，其次对对方说的话表示理解并提出自己的建议，最后获得对方的认同与信赖。

（3）表示认同：对于无关紧要的问题可以直接提出表示赞同，若确实存在和对方不同的观点时，要保留意见，等待合适的时机发表意见。

5. 反馈

反馈作为沟通的重要组成部分，是表达自己观点的方式。主要形式是一对一，或者一对多。有效的反馈可以起到优化工作过程的作用，以及带来更完美的结果。

（三）有效沟通的原则

有效沟通越来越多被应用在企业管理上，常见主流商业管理课程如 EMBA、MBA 及其他各类企业培训等均将"有效沟通"作为管理者必备的一项素质要求。所谓有效的沟通，是通过听、说、读、写等载体，通过演讲、会见、对话、讨论、信件等方式将思维准确、恰当地表达出来，以促使对方更好地接受。有效沟通遵循以下原则（如图 7-8 所示）。

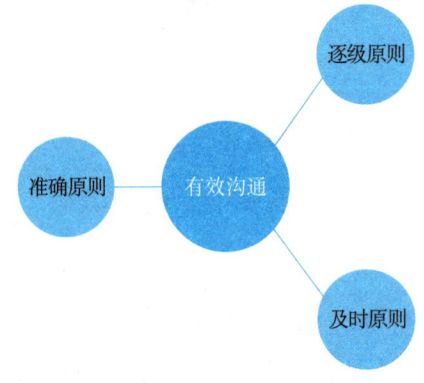

图 7-8 有效沟通原则

1. 准确原则

准确是沟通当中最重要的原则。例如，在领导给下级布置任务的时候，需要传递者准确地传递信息，需要接收者准确地理解信息。建议在信息传达完之后，接收者复述一遍，这样可以有效避免信息不一致的情况。

2. 逐级原则

在职场沟通当中，由于职位级别的存在而出现的一个原则是逐级原则。例如，经理下面有总监，总监下面是普通职员。这时在沟通当中，普通职员有问题需要先与总监进行沟通，再由总监和经理进行沟通。只有特殊情况下才可以越级沟通。

3. 及时原则

在实际工作当中，信息经常因为传递不及时，导致信息的价值大打折扣。所以无论是与同事、领导，还是客户沟通的时候都应该注重信息及时传递与及时反馈。

勇于沟通

新员工小李进店一个月以来，一直不能单独上岗承担任务，他自己也很着急，经常加班加点"恶补"到很晚，刘经理见状，便找其谈话，小李一进办公室，脸涨得通红，支支吾吾，半天答不上来一句话，谈话继续不下去了。刘经理找来班组主管全面了解小李的情况之后，心里有了底。

第二天，刘经理直接到班组找小李，在空闲时将其叫到一旁与其交谈，从他的家庭、学习情况聊起，又谈到对工作岗位的认识和了解，慢慢地，小李打开了心扉，话也多了起来，他认识到，原来与上级交流也不是件难事。从此，小李在工作上进步很快，不久就能单独上岗了。

分析： 上述案例可以看出，面对上级、同事时营造良好的沟通气氛，积极交流谈话是开展工作、集思广益的前提，有助于与他人进行有效沟通，更好地完成任务。

展现自我，完成演讲比赛

一、目标：掌握演讲的技巧和流程。

二、活动形式：演讲比赛。

三、道具：PPT演示、演讲稿。

四、过程：

1. 学生自选演讲主题，演讲时长5分钟。

2. 演讲内容自行掌握，主要围绕一个原则：如何将复杂的产品、科学原理、技术、道理等给听众讲明白。根据讲解内容的难度和现场表现进行打分。

（建议时间：20分钟）

1. 如何在职场中与同事、上级进行有效沟通？
2. 如何准备一场被人称赞、喜欢的演讲？

7.3 压力与情绪管理

海伦·凯勒的压力管理

海伦·凯勒在一岁多的时候，因为生病，导致眼睛看不见，并且又聋又哑。由于这个原因，海伦的脾气变得非常暴躁，动不动就发脾气、摔东西。她家里人认为这样下去不是办法，便替她请来一位很有耐心的家庭教师苏丽文小姐。海伦在她的熏陶和教育下，逐渐改变了。她利用仅有的触觉、味觉和嗅觉来认识四周的环境，努力充实自己，后来更进一步学习写作。

几年以后，当她的第一本著作《我的一生》出版时，立即轰动了全美国。在她的《假如给我三天光明》一文中，更是表达出了她的坚强、乐观和向上的精神，而这一切都该归功于她对生活的认识。当把失明仅仅当作一项压力的时候，她痛苦惆怅，所以她不能真正面对生活；当她把压力化作动力的时候，生活就选择了她。

资料来源：海伦·凯勒，百度百科

问题：海伦·凯勒在面对生活带来的挫折和压力时，选择了怎样的方式面对？这对我们管理压力和情绪有什么样的启示？

一、认识压力与情绪

（一）压力与情绪的定义

1. 压力

心理学意义上的压力，是心理压力源超过自我处理能力时带来的心理压力反应并引起生理变化，进而影响人的行为的一种感觉和行为过程。压力源是引起压力的反应的根源，分为内在压力源和外在压力源。内在压力源是指性格压力、选择压力、情绪压力和改变压力。外在压力源是指环境压力、社会压力、工作压力、生活压力、经济压力、情感压力、健康压力。

2. 情绪

情绪，是对一系列主观认知经验的统称，是人对客观事物的态度体验以及相应的行为反应，是以个体愿望和需要为中介的一种心理活动。情绪是一种内部的主观体验，很难确定产生情绪体验的客观刺激是什么，而且不同人对同一刺激也可能产生不同的情绪。但在情绪发生时，又总是伴随某种外部表现。这种外部表现也就是可以观察到的某些行为特征，如面部表情、姿态表情、语调表情和感觉反馈。

（二）压力与情绪的影响

压力是一种复杂的心理与身体的反应，可能会对个人产生多方面的影响。长期面对压力还可能引发抑郁症、焦虑症等心理疾病。压力还可能导致人们的行为和情绪发生变化。例如，人们可能会变得易怒、暴躁、情绪化，甚至产生攻击性行为。然而，值得注意的是，并非所有的压力都是负面的。适当的压力可以激发人们的潜能和动力，提高工作效率和创造力。总的来说，压力是一把双刃剑，对人的影响具有双重性，既有积极的一面，也有消极的一面（如表7-1所示）。

表7-1 压力的影响

压力的积极影响	压力的消极影响
增加人生的驱动力	身心健康受损
增加平衡生活的技巧	工作、学习效率下降
增加抗压能力	人际关系退步、适应力下降

情绪的影响主要体现在身心健康和工作效率上，人的情绪对人的社会生活有着直接的影响。乐观积极的情绪、情感赋予人崭新的精神面貌和愉快的生活情趣；消极悲观的情绪、情感则损害着人们健康积极的生活态度，妨碍人们在发展过程中机会的获得、事业的成功和生活的幸福。情绪也构成一个基本动机系统。愉快、平稳而持久的积极情绪能使人的大脑及整个神经系统处于良好的活动状态，它可以驱动人从事学习和活动，并放大和增强其作用，从而更有力地激发有机体的行动，发挥潜能，提高人的活动效率。同时也有利于保持身体各器官系统功能正常，使人的身心和谐，增进身心健康。

（三）职场压力的来源

1. 工作负载

高强度的工作负荷、紧迫的时间限制以及过多的任务要求，常常导致员工感到压力巨大。当工作量超出个人处理能力时，员工可能感到焦虑、紧张，甚至产生工作倦怠。

2. 人际关系

每个单位都存在复杂的人际关系，如下属对上级授权的误解、同事之间互不信赖、领导方式偏误引起工作氛围不和睦等。身在其中，员工可能觉得心理疲劳，特别是在应对这些关系时，会产生沟通不畅、信任缺失、冲突频发等问题，都会影响工作氛围和效率，从而增加员工的心理压力。

3. 职业发展

职场竞争激烈，个人职业发展也是压力的一个重要来源。一方面，晋升缓慢、薪资待遇不如意、职业前景不明朗等问题，都可能让员工感到沮丧和不安。另一方面，职业发展太顺利，会同时面临各种方面的问题，有的甚至超出了自己掌控的能力范围，员工会怀疑自己是否真正胜任，心理负担沉重。

4. 环境压抑

不良的工作环境，如噪声干扰、空间拥挤、设施不完善等，都可能对员工的工作效率和心理健康产生负面影响。国外研究证实办公楼环境是一种无形的环境压力，封闭的场所会使人精神紧张、容易疲倦。这些无形的压力也会造成紧张和不适。此外，过度强调加班、忽视员工休息的公司文化，也可能加重员工的职场压力。

5. 角色模糊与组织不确定性

当员工在工作中面临多个相互冲突的角色期望，或者对自身职责范围感到模糊时，可能会感到困惑和压力。这种不确定性可能导致员工难以做出决策，进而影响工作效率和满意度。

6. 心态不良

我们的压力很多来源于周围环境，但更多源于心态。我们的压力通常来自两种不良心态：一是"永争第一"心态。该心态会使我们方方面面都想要和别人比，处处都要争第一，所以容易陷入压力。勇争第一的人其实在内心深处是自卑的，所以才会处处想要比别人强。二是"应该"心态。很多人做事总是从应该怎么做、不应该怎么做的角度出发，用外界制定的规则严格约束自己。当一个人习惯用这种心态看问题，内心往往是压抑的，时间长了就会有矛盾，因而活得很累。

 案例 7.6

情绪管理技巧

李磊是计算机科学专业的大二学生，他在准备学期末的项目展示时感受到了巨大的压力。项目的复杂性，结合紧迫的截止日期和个人对成功的高期望，使他感到焦虑和压力重重。初始阶段，李磊经常加班到深夜，试图通过不断地工作来缓解他的焦虑，但这反而使他感到更加疲惫，影响了他的健康和社交生活。他的情绪开始影响他的团队协作，导致团队成员之间的关系紧张。

意识到这种方式不可持续，李磊决定寻求改变。他首先通过咨询学校的心理辅导服务，学习了一些压力管理和情绪调节的技巧。通过辅导，他学会了识别和接受他的情绪，而不是试图抑制或忽视它们。他开始进行冥想和定期锻炼，这帮助他减轻了身体的紧张感，并提高了他的精神状态。

此外，李磊还开始与他的团队成员开放沟通，表达他的压力和预期，这改善了团队的合作氛围。他学会了如何合理安排时间，设置实际可行的目标，并学会在工作和休息之间找到平衡。通过这些努力，他不仅改善了自己的情绪状态，也提高了工作效率。

项目最终展示时，李磊的表现出色，他的项目获得了教授和同学们的高度评价。这次经历使他意识到压力和情绪管理的重要性，以及这对个人健康和职业成功的影响。

问题1：李磊在面对项目压力时采取了哪些措施来管理自己的情绪？

问题2：李磊的压力和情绪管理技巧如何影响了他的团队关系和项目成功？

二、压力与情绪管理方法

有压力的时候，人会受到愤怒、不安、低落等负面情绪的影响，这个时候就需要掌握压力与情绪管理方法。压力与情绪管理方法就是在压力下提升抗打击能力，保持良好情绪，以胜任工作所需的科学方式。现代职场人士最需要的业务技能就是压力与情绪管理方法。以下将简要介绍一下压力与情绪管理的五种方法：明确目标与计划、积极沟通与协作、情绪调节与放松、保持健康生活方式以及寻求支持和帮助。

（一）明确目标与计划

明确工作目标和优先级，合理安排工作时间和任务分配，避免一次性承担过多工作。将大任务分解为若干小任务，逐一完成，这样可以减轻工作压力，提高工作效率。另外，明确工作目标和计划可以更有条理地安排工作，减少因任务不明确或时间管理不当而带来的压力。明确目标与计划具体措施如下：

（1）设定清晰的工作目标，并分解为可操作的小步骤。

（2）制订实际可行的工作计划，避免拖延和"临时抱佛脚"。

（3）定期检查进度，及时调整计划，确保工作有序进行。

（二）积极沟通与协作

职场压力往往源于信息不对称、任务不明确或人际关系紧张等。通过积极沟通，员工可以更加清晰地了解工作要求和期望，避免不必要的误解和冲突。同时，通过协作，团队成员可以共同分担任务，减轻个体的工作压力。积极沟通与协作具体措施如下：

（1）与同事保持良好的沟通，及时分享信息和反馈。

（2）学会倾听他人的意见和建议，尊重他人的观点。

（3）寻求团队合作，共同解决问题，减轻个人压力。

（三）情绪调节与放松

职场压力往往伴随着各种负面情绪，如焦虑、愤怒、沮丧等。长期的职场压力可能导致各种身心问题，如失眠、焦虑、抑郁等。通过情绪调节与放松，我们可以降低这些问题发生的风险，保持身心健康。同时，积极的情绪状态还能够激发创造力，帮助我们找到解决问题的新思路和新方法。因此，情绪调节与放松对解决职场压力具有重要意义。情绪调节与放松具体措施如下：

（1）学会识别自己的负面情绪，并尝试通过深呼吸、冥想等方式进行调节。
（2）在工作间隙适当休息，如进行简单的伸展运动或闭眼放松。
（3）培养个人兴趣爱好，如阅读、画画、运动，以缓解工作压力。

（四）保持健康生活方式

保持健康的生活方式对于解决职场压力具有重要意义。它不仅能够提升我们的身体素质和心理素质，还能够提高工作效率和人际关系，使我们能够更好地应对职场中的挑战和压力。因此，我们应该积极采取健康的生活方式，为自己的身心健康和职业发展打下坚实的基础。保持健康生活方式具体措施如下：

（1）合理安排作息时间，保证充足的睡眠。
（2）注意饮食健康，避免暴饮暴食或过度依赖咖啡、茶等刺激性饮品。
（3）定期进行体检，关注身体状况，及时调整生活方式。

（五）寻求支持和帮助

当遇到难以解决的问题时，不要独自承受，可以向同事、朋友或家人寻求帮助。如有需要，可以寻求专业心理咨询师的帮助，学习更多有效的情绪管理技巧。同时，员工可以积极参加公司组织的培训活动，提升自己的职业技能和应对压力的能力。

案例 7.7

情绪与压力的管理

王浩是一名大三会计专业的学生，近期面临着毕业论文的截止日期和即将到来的重要考试。随着压力的积累，王浩开始感受到强烈的焦虑和不安，影响了他的睡眠和日常表现。起初，王浩尝试忽视这些感受，希望通过更加努力学习来克服，但这种方法并没有减轻他的压力，反而使他压力倍增。

王浩意识到，他需要发展更强的心理韧性来有效管理这些压力。他开始通过查阅心理健康资源和参加学校提供的压力管理研讨会来寻求帮助。在这个过程中，他学会了识别自己的"必须型"思维方式。例如，认为自己必须每科都得高分，必须完美无缺地完成每项任务。王浩学会了通过驳斥这些不合逻辑和不实用的思维方式来减轻自我施加的压力。

他开始练习"最好"型思维方式，将绝对的要求转变为相对的愿望，如从"我必须在所有科目中得高分"转变为"我希望在大部分科目中表现良好"。这种思维转变帮助王浩更加现实地评估自己的目标,并接受了不完美的可能性,减少了失败的恐惧。

通过这些方法,王浩不仅在学习中找到了更多的动力,而且学会了如何在压力面前保持冷静和专注。最终,他成功地完成了论文并顺利通过了考试,他的自信心和抗压能力有了显著提高。

问题1:王浩最初采用了哪些策略来应对他的学习压力?为什么这些策略未能有效减轻他的压力?

问题2:"必须"型和"最好"型思维方式有什么区别?王浩是如何应用这些思维方式来改善他的压力和情绪管理的?

三、压力与情绪管理实践

在面对压力时,情绪管理是一项至关重要的技能。以下是一些关于压力与情绪管理的实践建议:跨越愤怒、克服不安和消除罪恶感。掌握好这些技巧,有助于个人更好地应对职场压力,保持情绪的稳定和健康。

(一)跨越愤怒

"跨越愤怒"可用于避免"必须"型错误思维。"必须"型错误思维是一种绝对化的思维方式,即认为某些事情必须按照特定的方式发生或实现,否则就会产生强烈的负面情绪,如愤怒、沮丧等。这种思维方式往往导致人们过度关注自己的期望和要求,而忽视了实际情况和他人的感受,从而引发不必要的冲突和压力。

而"跨越愤怒"则是一种积极的情绪管理技巧,它要求我们在面对愤怒时保持冷静和理性,不被情绪所控制。通过深呼吸、转移注意力、积极沟通等方式,我们可以逐渐缓解愤怒情绪,从而避免陷入"必须"型错误思维的陷阱。

(二)克服不安

害怕失败往往比失败本身更为可怕。害怕失败可能会阻碍我们追求目标、尝试新事物或接受挑战,因为它引发了强烈的不安和焦虑感。然而,"克服不安"是一种积极的解决方案,可以帮助我们面对并克服对失败的恐惧。通过正视失败、接受不确定性、制定目标和计划、保持积极心态、寻求支持以及从失败中学习,我们可以逐渐建立起自信,并更加勇敢地追求自己的目标和梦想。

(三)消除罪恶感

"消除罪恶感"不仅仅是摆脱负面情绪的过程,也是一个将自责转化为自我改进和前进动力的过程。通过这个过程,我们可以更加积极地面对自己的不足,并努力成为更好的自己。

案例 7.8

无法满足增产要求

林主管是一家芯片工厂的生产部负责人,从业多年,林主管一直以高度的责任感为人称道。一天,林主管和工厂的销售部负责人金主管一起开会。会上,销售部负责人金主管提出型号 1 的芯片的市场需求正在增加,要求紧急提产型号 1 的芯片。林主管表示支持销售部工作是他的分内之事,但现在的产能已经无法再增加了。

会后,林主管因为自己不能满足金主管的要求,自己管理的生产部产能不能满足型号 1 芯片的市场增长要求而有罪恶感。

分析: 在这个情景中,林主管不应该陷入自怨自艾的场景中,相反,他可以努力消除"部门产能不能满足型号 1 芯片的市场增长要求"的罪恶感,把自责转化成动力,去寻找能帮助到金主管的地方。

四、职业倦怠调适

(一) 职业倦怠的含义

职业倦怠是由过度和长期的压力引起的一种情绪、身体和精神上的疲惫状态。当个体感到不知所措、情绪低落、无法满足来自工作上不断的要求时,就会出现这种情况。职业倦怠的负面影响会渗透到生活的方方面面,包括家庭、工作和社交生活。长期疲劳还会引起身体的变化,使个体更容易患上感冒和流感等疾病。

职业倦怠是一种特殊类型的工作压力,是一种身体或情绪上的疲惫,还包括成就感降低和个人认同感的丧失。当然,"倦怠"不是医学诊断,一些专家认为职业倦怠背后还有其他原因,如抑郁。一些研究表明,许多经历过工作倦怠症状的人并不认为他们倦怠的主要原因是工作。不管是什么原因,职业倦怠都会影响个体的身心健康。

(二) 职业倦怠的类型与表现形式

根据马氏职业倦怠量表,可以从三个维度表述职业倦怠。

1. 情感衰竭

指没有活力,没有工作热情,感到自己的感情处于极度疲劳的状态。它被确定为职业倦怠的核心纬度,具有最明显的症状表现。

2. 去人格化

指刻意在自身和工作对象间保持距离,对工作对象和环境采取冷漠、忽视的态度,对工作敷衍了事,个人发展停滞,行为怪癖,提出调度申请等。

3. 无力感或低个人成就感

指倾向于消极地评价自己，并伴有工作能力体验和成就体验的下降，认为工作不但不能发挥自身才能，而且是枯燥无味的。职业倦怠因工作而起，直接影响到工作准备状态，然后又反作用于工作，导致工作状态恶化，职业倦怠进一步加深。它是一种恶性循环的、对工作具有极强破坏力的因素。因此，如何有效地消除职业倦怠，对于稳定员工队伍、提高工作绩效有着重要的意义。

（三）职业倦怠的对策

1. 保持积极的心态

保持积极的心态是对倦怠进行自我调适的关键，要勇于承认自己并不能控制和改变工作中的所有事情，有些工作能够完全胜任，但也有些是自己做不好的。

2. 进行有效时间管理

有效的时间管理方法包括为所要做的事情设定轻重缓急，简单安排一下主次关系，着手开始做那些排在前面的事，对那些重要的事情分配较多的时间；采取行动，改变拖延的习惯；学会利用一些提示时间和计划的外部手段，工作的时候集中精力，不要试图一下子把所有工作做完。

3. 及时倾诉

我们在受到压力威胁而产生倦怠情绪时，不妨与家人或亲友同事一起讨论目前压力的情境，把自己心理的症结点说出来，不要闷在心中，关心你的亲友会给你一个恳切的建议，在他们的帮助下确立更现实的目标，以及对压力的情境重新进行审视。

4. 锻炼与放松

注意劳逸结合，保证足够的睡眠。找理由休息，将闲暇和各种娱乐活动作为工作的必要补充。进行适度的、有节奏的锻炼，每次持续5～30分钟，就能够缓解倦怠，换来舒畅而平稳的心情。

 总结案例

正确对待压力与情绪

康斯坦丁·齐奥尔科夫斯基是俄国著名的科学家，有"俄罗斯航天之父"的美誉。但童年时期的康斯坦丁却是不幸的，10岁时不幸患上了猩红热，由此所引起的并发症使他几乎完全失去了听觉，生理缺陷使他同人们更疏远，无法在学校继续就读，只能靠自学完成中学课程。两年后母亲去世，此时康斯坦丁陷入了人生最痛苦、最忧伤的时刻。

但是，这些都没有击倒他，通过刻苦的努力，康斯坦丁学到了许多物理知识。后来康斯坦丁一边教书，一边做独立的研究工作，学习书本知识的同时，他通过各种方式对自己掌握的知识进行检验。他在1903年至1914年间发表了多篇名为《利用喷气工具研究宇宙空间》的论文，深入探讨了火箭与星际航行的理论知识。他的理论研究成果和太空旅行小说被广泛传播，并在全国范围内引发了"太空旅行热"。1957年，苏联的第一颗人造卫星上天，以及1969年美国的登月壮举，使得他的理论设想成为现实。

资料来源：康斯坦丁·齐奥尔科夫斯基，百度百科

分析："地球是人类的摇篮，但人类不可能永远被束缚在摇篮里。"康斯坦丁的这句话不仅是对航天事业的畅想，更是对自身顽强面对困难的真实写照，真实的案例告诉我们，在面对困境时应不抛弃不放弃，正确对待负面情绪，从而实现人生的价值和理想。

活动与训练

突破自我，挑战不可能

一、目标：在遇到困难、压力或拥有逆反心理的状态下，完成挑战性任务。

二、活动形式：情景模拟。

三、道具：任务执行进度表。

四、过程：

1.学生罗列出平时自己最不擅长的事情，做出挑战计划。同时，预想一些执行任务时可能遇到的极限障碍和挑战。例如，是否能在更短的时间内完成任务；困难度增加时是否依然可以完成；在遇到多方面压力时能否继续完成任务。

2.完成任务汇报展示，分享心得。

（建议时间：15分钟）

探索与思考

1.压力与情绪管理的方法有哪些？

2.职业倦怠有何表现？如何更好地应对职业倦怠？

模块八　自我管理与团队管理

 模块简介

　　自我管理是管理的最高形式、最高境界，同时也是有效管理的基本条件。团队管理要以自我管理为基础，不是管理者一个人的事情，团队的每一位成员都应该参与进来。管理团队的核心是提升团队的工作绩效，加强团队凝聚力。而搞好团队建设活动，是实现这一目标的有效手段。

　　现代社会中，卓有成效的管理者正在成为社会中一项极为重要的资源，能够成为卓有成效的管理者已经成了个人获取成功的主要标志。而卓有成效的管理的基础在于管理者的自我管理。也就是说，作为企业和团队的主心骨与领导者，要想管理好别人，必须首先管理好自己；要想领导好别人，必须首先领导好自己。

 能力标准

分类	具体内容
知识	1. 能够说出目标管理的工具与方法； 2. 能够说出建立积极心态的方法； 3. 能够说出自我管理的方法
技能	1. 能够运用时间管理的工具与方法； 2. 能够运用自我管理的方法管理自己； 3. 能够运用团队管理的方法管理团队
态度	1. 知道时间管理的重要性； 2. 知道职场心态的重要性

学习导航

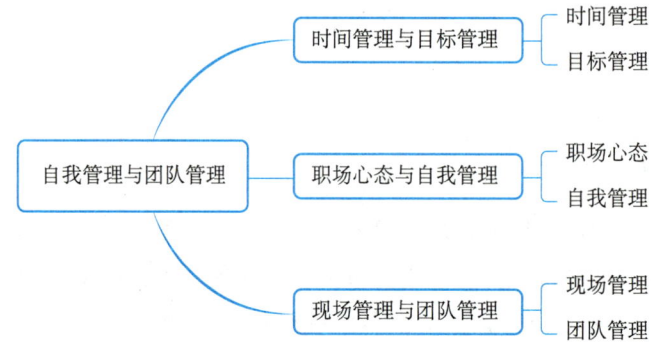

8.1 时间管理与目标管理

年轻人的 86400 秒

一个一无所长的年轻人感觉自己的生活非常无聊，于是，他就去拜访一位哲人，希望哲人能够给他的未来指明一条道路。哲人问他："你为什么来找我呢？"年轻人回答道："我至今仍一无所有，恳请你给我指明一个方向，使我能够找到人生的价值。"哲人摇了摇头，说："我感觉你和别人一样富有啊，因为每天时间老人也在你的'时间银行'里存下了 86400 秒的时间。"年轻人苦涩地一笑，说："那有什么用处呢？它们既不能被当作荣誉，也不能换成一顿美餐……"哲人肃然打断了他的话题，问道："难道你不认为它们珍贵吗？那你不妨去问一个刚刚延误乘机的游客，一分钟值多少钱；你再去问一个刚刚死里逃生的'幸运儿'，一秒钟值多少钱；最后，你去问一个刚刚与金牌失之交臂的运动员，一毫秒值多少钱？"听了哲人的一番话，年轻人羞愧地低下了头。哲人继续道："只要你明白了时间的珍贵，去发现一件自己想做的事情，那你脚下的路便会慢慢明朗起来。"

分析： 如果你珍惜现在，每天都拥有 86400 秒的时间可以支配。如果你不珍惜，时间就会像风一样从你身边溜过，给日子留下一片苍白。

一、时间管理

（一）时间管理的重要性

时间就是效率、时间就是金钱、时间就是生命，时间对每个人来说都很重要。每个人每天都有二十四个小时，有的人将时间变成工作成果、成绩，而有的人任凭时光飞逝，之所以有这样的反差，就在于是否有效利用了时间。

哲学家说："时间是物质运动的顺序性和持续性，其特点是一维性，是一种特殊的资源。"时间这种特殊资源有以下四个特征。

1. 无法积蓄

时间无法像人力、财力、物力那样被储藏。不论行为者是否愿意，他都必须消费时间。

2. 供给没有弹性

时间供给量是不变的，每天都是二十四个小时，不会增加或减少。

3. 无法取代

时间是任何活动所不可缺少的基本资源，无法被取代。

4. 无法失而复得

时间的丧失是永久性的，人力无法挽回。

在事业上取得成功的人往往掌握了时间管理，时间管理是指通过事先规划并运用一定的技巧、方法与工具实现对时间的灵活以及有效运用，从而实现个人或组织的既定目标。然而，从上述四个时间管理的特征可以发现，时间管理的对象不是时间，而是对时间管理者自身的管理。对自身的管理指的是引进新的工作方式和生活习惯、制定目标计划、合理分配时间、权衡轻重，加上自我约束与持之以恒。时间管理的目的是进行有效的自我管理，减少对目标毫无贡献的时间消耗，在真正意义上把握时间。

有效时间管理可减轻工作压力、促进对工作计划的思考、提高组织效能、促进目标达成。

（二）时间管理方法

1. SMART 原则

SMART 原则也称为目标原则，明确目标是时间管理的一大法宝。目标越明确，注意力越集中，行为者就越容易在时间选择上做出更明智的决定。SMART 指的是 Specific（具体）、Measurable（可度量）、Actionable（可实现）、Realistic（结果导向）、Time-based

（时间限定）。SMART 原则强调了进行目标管理的基本原则，也是员工管理时间，执行工作的基本思路。

2. 时间管理四象限

传统的时间管理以事件的紧急程度来划分事件的优先级，只要是紧急的事情就优先处理，因此出现了一种现象——每天都忙于处理急事，却没有成就感。其实，在正确的时间做正确的事更有成就感。关于如何在正确的时间做正确的事，美国管理学家史蒂芬·柯维提出了时间管理四象限法则，将工作按照重要和紧急程度分为"既重要又紧急""重要但不紧急""紧急但不重要""既不紧急也不重要"四个象限，这四个象限让行为者很容易分辨事情的轻重缓急，是一种有效的时间管理工具（如图 8-1 所示）。

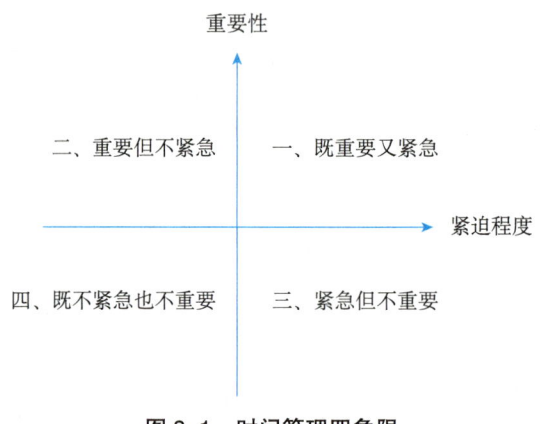

图 8-1　时间管理四象限

（三）时间管理工具的应用

在之前的内容中，我们已经初步了解了两种不同的时间管理方法，我们以时间管理四象限为例，一起来熟悉一下四象限的应用。四象限法则将工作分为"既重要又紧急"（如即将到期的论文和项目，上司临时交办的任务）、"重要但不紧急"（如自我提升，建立人际关系，问题的发掘与预防）、"紧急但不重要"（如陌生访客的电话）、"既不紧急也不重要"（如闲聊，看视频）四个象限。具体内容如下。

1. 第一象限：既重要又紧急

这部分工作考验员工的经验、判断力。该象限的本质是缺乏有效的工作计划，由本来处于第二象限"重要但不紧急"的事情转变而来的。

2. 第二象限：重要但不紧急

这一象限的事务若不及时有效地处理将会转变为第一象限的事务，使员工在压力中疲于应付。反过来说，如果投入时间和精力解决这个象限里的事务，将会减少第一象限里"既重要又紧急"的事务。做好事先的规划、准备与预防能让很多急事无从产生。

3. 第三象限：紧急但不重要

这个象限的事情像第一象限一样紧急，因为任务的迫切性会让员工产生"这件事很重要"的感觉，花费大量的时间完成这一象限的任务其实只是在满足他人的期望和标准。区别第一象限和第三象限的一个重要标准是，完成这件事是否有助于达成某个重要目标，如果是，就属于第一象限，如果不是就属于第三象限。

4. 第四象限：既不紧急也不重要

第四象限的事务如阅读让人上瘾但无聊的小说、在办公室闲聊，这类事务无益于完成重要目标，还造成了精力的消耗。这一象限的事务不值得花费时间。在设定优先级的过程中，区分清楚紧急与重要十分重要。时间管理的专家建议，既紧急又重要的任务立刻去做，然后将精力转到重要但不紧急的任务上。

 案例 8.1

小张的"时间管理"

小张准备晚上 7 点开始看书，由于晚饭吃得太多，想要看电视消遣消遣。他本来只想看一点点，谁料节目太精彩，只好继续看完，这时已经过了两个小时。9 点的时候，刚想坐下看书，他却又折回来给女朋友打个电话聊天，不知不觉又花了 40 多分钟。这时他又接了一个电话，花了 20 分钟。当他走到书桌旁时，忽然看到有人打乒乓球，他不禁觉得手痒。于是，他又打了一个小时的乒乓球。打完球后，他已经全身是汗，就去冲凉。接着，他又有点疲倦，觉得应该小睡片刻。同时，因为打球和淋浴，他又感觉到有点饿了，所以还要吃点宵夜。这个原准备用功的晚上马上就过去了，最后在半夜一点钟，小张才打开书来。但是，这时候他已经看不下去了，只好作罢，蒙头大睡。第二天早上他对教授说："我渴望你再给我一次补考的机会，我真的非常用功，为了这次考试，我昨天晚上看书看到半夜两点呢！"

我们都希望企业中少一些小张这样的人，否则企业的管理人员大概是会比较烦心的。如果在一个项目核心团队里，有好几个小张，那这个项目经理可能会感到回天乏力了。

问题： 如果你是小张，你会怎么利用已经学过的时间管理工具安排好自己的时间？

二、目标管理

（一）目标管理的重要性

经典管理理论对目标管理（MBO）的定义为：目标管理是以目标为导向，以人为中心，以成果为标准，使组织和个人取得最佳业绩的现代管理方法。目标管理亦称成果管

理，俗称责任制。是指在企业个体职工的积极参与下，自上而下地确定工作目标，并在工作中实行"我控制"，自下而上地保证目标实现的一种管理办法。

美国管理大师彼得·德鲁克于1954年在其名著《管理实践》中最先提出了目标管理的概念。德鲁克认为，并不是有了工作才有目标，而是有了目标才能确定每个人的工作。

目标管理在指导思想上是以Y理论为基础的，即在目标明确的条件下，人们能够对自己负责。在具体方法上是泰勒科学管理的进一步发展。它与传统管理方式相比有鲜明的特点，可概括为以下几点内容。

1. 重视人的因素

目标管理是一种参与的、民主的、自我控制的管理制度，也是一种把个人需求与组织目标结合起来的管理制度。在这一制度下，上级与下级的关系是平等、尊重、依赖、支持，下级在承诺目标和被授权之后是自觉、自主和自治的。

2. 建立目标锁链与目标体系

目标管理通过专门设计的过程，将组织的整体目标逐级分解，转换为各单位、各员工的分目标。从组织目标到经营单位目标，再到部门目标，最后到个人目标。在目标分解过程中，权、责、利三者已经明确，而且相互对称。这些目标方向一致、环环相扣、相互配合，形成协调统一的目标体系。只有每个人完成了自己的分目标，整个企业的总目标才有完成的希望。

3. 重视成果

目标管理以制定目标为起点，以目标完成情况的考核为终结。工作成果是评定目标完成程度的标准，也是人事考核和奖评的依据，完成目标成为评价管理工作绩效的唯一标志，至于完成目标的具体过程、途径和方法，上级并不过多干预。所以，在目标管理制度下，监督的成分很少，而控制目标实现的能力却很强。

（二）OKR工作法介绍与应用

OKR（Objectives and Key Results）即目标与关键成果法，是一套明确和跟踪目标及其完成情况的管理工具和方法，由英特尔公司创始人安迪·葛洛夫发明。并由约翰·道尔引入谷歌使用，1999年OKR在谷歌发扬光大，在Facebook、Linkedin等企业广泛使用。OKR于2014年传入中国。

OKR的定义为"一个重要的思考框架与不断发展的学科，旨在确保员工共同工作，并集中精力做出可衡量的贡献。"OKR的主要作用是明确公司和团队的"目标"以及明确每个目标达成的可衡量的"关键结果"。

OKR的实施流程分为四个部分（如图8-2所示）：第一步是确定目标，也就是OKR中的O，Objectives；第二步是定义关键成果，也就是OKR中的KR，Key Results；第三步是推进执行；第四步是定期回顾。

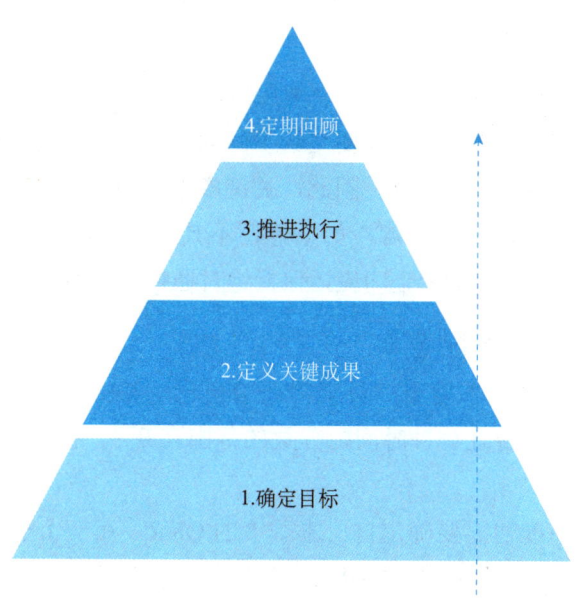

图 8-2　OKR 的实施流程

1. 确定目标：从总到分

目标务必是具体的、可衡量的。例如，不能笼统地说"我想让我的网站更好"，而是要提出如"让网站速度加快 30%"或者"融入度提升 15%"之类的具体目标；不能说"使 gmail 达到成功"而是"在 9 月上线 gmail 并在 11 月有 100 万用户"。

目标必须达成共识，目标必须是在管理者与员工直接充分沟通后的共识。没有达成共识的目标不能算作目标，目标的设定以达成共识为终点。

实施的关键流程：从上至下，目标的设立顺序应该是公司—部门—组—个人。个人自己想做什么，和管理者想他做什么一般来说是不会完全相同的。个人可以通过查阅上层的目标，在自己想做的事情范围内找到对公司目标有利的部分，将这部分拿出来和自己的管理者进行讨论，做权衡取舍。某种情况下，很有可能这个自己想做的东西，会变成公司今后的发展方向。

2. 定义关键成果：从长期到短期

所谓的 KR 就是为了完成这个目标我们必须做什么，KR 是必须具备以下特点的行动：必须是能直接实现目标的；必须是具有进取心、敢创新的，可以不是常规的；必须是以产出或者结果为基础的、可衡量的；评分标准不能设定太多，一般每个目标的 KR 不超过四个，且必须是和时间相联系的。

关键成果既要有年度 KR，也有季度 KR：年度 KR 统领全年，但并非固定不变，可以根据需求调整，但调整要经过批准；季度 KR 则是一旦确定就不能改变的。在这里要切记可以调整的是 KR，而不是目标。目标不能调整，KR 可以进行调整。同样 KR 的设定也必须是管理者与员工直接充分沟通后的共识。

3. 推进执行：重点明确负责人

当有了关键成果（期望的结果）后，就要围绕具体的目标来分解任务了。所以，每项关键成果就会派生出一系列的任务，需要交给不同的同事负责。关键成果负责人就成了名副其实的项目经理，来组织协调大家。因此，关键成果的项目经理应当是团队非常重要的成员，他们能够调度和影响企业资源，如果他还不具备这个能力，就不能把这个权力给他。至少，项目经理和企业决策者之间应当保持绝对通畅的沟通。

4. 定期回顾：绩效与薪酬挂钩

每个季度做回顾。到了季度末，员工需要给自己的 OKR 的完成情况和完成质量打分。这个打分过程只需花费几分钟时间，分数的范围在 0～1 分之间，而最理想的得分是在 0.6～0.7 之间。

每个员工在每个季度初需要确定自己本季度的 OKR，在一个季度结束后需要根据自己这个季度的工作完成情况给 OKR 打分。每半年公司会进行一次绩效回顾，主要是回顾员工过去半年的绩效，并根据绩效回顾的结果变更业务职级和薪酬。值得一提的是，所有的个人绩效回顾的成就内容及级别都是全公司公开共享的，这会给公司发展带来正面影响，因为一方面可以做到更为公平和透明，另一方面也给每位同事提供了学习和成长的样本，激励大家在工作中以更高的目标挑战和要求自己。

东成公司的目标管理

东成印刷公司始建于 1991 年，是一家以生产上级指令性计划任务为主的印制类中型国有企业，现有员工 1500 余名，作为特殊行业的国有企业，东成印刷公司的首要任务就是完成总公司每年下达的国家指令性计划，并在保证安全生产、质量控制的前提下，按时按质按量地完成总公司交给的各项任务，支持国家宏观经济的正常运转。

拥有百余年历史的东成印刷公司，在传统的管理体制下，企业的供、产、销一系列工作都是在总公司计划下完成的，因此，企业在经营自主性和自我调控等方面较弱。随着市场经济的发展，东成印刷公司实行目标管理，在原材料采购、生产技术创新、第三产业的开拓等方面逐渐拥有更大的发展空间和自主权，使得企业在成本控制、技术水平、产品市场销售等各个方面的能力不断提高，同时迫切要求建立适合企业自身发展的现代企业管理制度，摒弃国有企业存在的众多痼疾，更好地适应企业的管理和经营。

资料来源：目标管理案例分析东城印刷公司，百度文库网（2013 年 05 月 03 日）

分析：东成印刷公司通过引入目标管理，逐步摆脱传统计划体制的束缚，增强了经营自主性和自我调控能力。这一转变提升了企业在成本控制、技术创新和市场销售等方面的能力，推动了现代企业管理制度的建立，使公司更好地适应市场经济的发展。

活动与训练

忙碌的一天

一、目标：通过复盘的方式学习时间规划和任务规划的方法。

二、活动形式：小组讨论。

三、道具：任务列表、A4纸、便利贴。

四、过程：

1. 把学生分成 5 人一组，每组一个组长，每人回顾自己最忙碌的一天或同时处理多个事情的经历，运用本节课学习的方法，重新分析一下自己当时的处理方法，写出新的时间规划和任务规划。

2. 每组选派代表，挑选小组中一个成员的案例进行分析和分享。小组之间互评打分，选出最佳规划小组。

（建议时间：15 分钟）

探索与思考

1. 你是如何用时间管理方法管理你的学习的？
2. 你在时间管理和目标管理上是否存在问题？你打算如何改进？请和班级同学讨论。

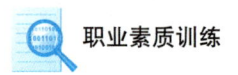

8.2 职场心态与自我管理

为自己工作

杰克在一家贸易公司工作了一年，由于不满意自己的工作，他总是忿忿不平地对朋友说："我在公司里的工资是最低的，老板也不把我放在眼里，如果再这样下去，总有一天我要跟他拍桌子，然后辞职不干了。"有些人听了一笑了之，但是，其中有一个朋友问了一句："你把现在这家贸易公司的业务都弄清楚了吗？弄懂了吗？"他老老实实地回答："还没有！"这时他朋友又说："君子报仇十年不晚！我建议你先静下心来，认认真真地工作，把他们的一切贸易技巧、商业文书和公司组织完全搞通，甚至包括如何书写合同等具体细节都弄懂了之后，再一走了之，这样做岂不是既出了气，又有许多收获吗？"杰克听从了这位朋友的建议，一改往日工作散漫的习惯，开始认认真真地工作起来，甚至下班之后，还常常加班加点地留在办公室里研究商业文书的写法。

一年之后，那位朋友偶然遇到他，就问："现在你大概都学会了，可以准备拍桌子不干了吧？"杰克说："可是，我发现近半年来，老板对我是刮目相看了，最近更是委以重任，不但升职而且加薪。说实话，不仅仅是老板，公司里的其他人都开始敬重我、羡慕我了！"

分析： 随着职场压力的不断增大，对心态的把握显得越来越重要。在职场中做事，要有主人翁心态，不要认为工作是老板的。在工作中主动发现、主动学习，最终获得收获的是自己。如果抱着拿多少钱干多少事的心态，吃亏的也是自己。

一、职场心态

（一）职场心态的定义和分类

职场心态是指在工作的时候对事物发展的反映和理解表现出不同的思想状态和观点，是人们在面对职场或在职场中工作时的心态。心态是劳动者经过较长时间的工作形成的一种综合的心理行为模式或状态，是体现职业素养的一个重要方面。只有摆正自己的心态，才能更好地适应职场。

职场上，有的人积极向上，也有的人消极被动，积极主动的人发展得越来越好，消极被动的人发展得越来越差,随着时间的流逝两者之间的差距越来越大,这时候很多人就希望自己能够拥有正能量和积极的心态,减少消极的心态。管理好职场心态就显得十分重要。

职场心态对职场人的工作状态与工作成效有着重要的影响。良好的职场心态已经成为现代职场人士必须具备的技能。工作中有些不良的职场心态阻碍了人际关系的正常发展,也影响到个人乃至组织的绩效发挥,美国心理学家舒伯总结了 15 种最为普遍的职业价值观,代表着不同群体在工作(如表 8-1 所示)中普遍拥有的职场心态。

表 8-1　15 种最为普遍的职业心态

序号	心态	意义
1	利他主义	让你能为了他人的福利做贡献的职业,有社会服务方面的兴趣
2	美的追求	使你能够制作美丽的物品并将美带给世界的职业
3	创造发明	能使你发明新事物、设计新产品或产生新思想的工作
4	智力激发	能让你独立思考、了解事物怎样运行和作用的工作
5	独立自主	能让你以自己的方式去做事,或快或慢随你所愿的工作
6	成就满足	能让你有一种做好工作的成功感。重视成就的人喜欢能给人现实可见的结果的工作
7	声望地位	让你在别人的眼里有地位、受尊敬、能引发敬意的工作
8	管理权力	允许你计划并给别人安排任务的工作
9	经济报酬	报酬高、使你能拥有想要的事物的工作
10	安全稳定	不太可能失业,即使在经济困难的时候也有工作
11	舒适环境	在怡人的环境里工作(不太冷也不太热,不吵闹也不脏乱),环境或工作的物质条件对某些工作者来说是很重要的,他们对于相应的工作条件比工作本身更加感兴趣
12	上司关系	在一个公平并且能与之融洽相处的管理者手下工作,和领导相处融洽
13	多样变化	在同一份工作中有机会尝试不同种类的职能
14	人际关系	能与你喜欢的人接触并共事。对某些人来说,工作中的社交生活比工作本身重要得多
15	生活方式	工作能让你按照自己所选择的生活方式生活并成为自己希望成为的人

舒伯将 15 种职业价值观分为三个维度:一是内在维度,即与职业本身性质有关的因素;二是外在维度,即与职业性质有关的外部因素;三是外在报酬。具体如表 8-2 所示。

表 8-2　舒伯特职业价值观三维度

内在维度	外在维度	外在报酬
利他主义	人际关系	经济报酬
智力激发	管理权力	生活方式
多样变化	上司关系	安全稳定
独立自主	舒适环境	声望地位

续表

内在维度	外在维度	外在报酬
创造发明		
美的追求		
成就满足		

（二）职场心态的影响因素

1. 公司环境

办公环境会在一定程度上影响员工的心理舒适度。例如，在很多开放式办公环境的公司中，公司本着推动员工合作和交流的出发点，想要促进公司的包容性和开放性，但无形中可能会给员工造成一种心理负担。员工感觉隐秘性不足，没有独立的自我空间的安全感，尤其是当同事领导都坐在周围时你想偷懒休息一下都要瞻前顾后，久而久之就会身心疲惫。

办公室氛围也会影响心理健康，如办公室冷淡疏离的氛围，会让员工没有组织归属感。在竞争激烈的公司中，办公室斗争很常见，当人人都怀着心计工作，会让氛围变得冷漠尴尬，员工也会没有归属感。另外，企业文化也会对员工的职场心态产生影响。一家公司的理念、价值观会渗透给员工，如果公司只注重绩效不考虑员工幸福，必然会让员工感到工作毫无意义，失去了人的自我价值。

2. 职场人际关系

每个员工性格不同，有的内向者可能不善于社交，但他们内心也渴望融入团体，外在表现和内心需求无法自洽，公司同事又难以发现，很可能会造成与领导、同事之间人际关系淡薄，从而导致沟通不畅，长此以往，岗位的责任分担就会模糊，员工缺乏人际亲和感，就会感到孤单，另外，屡见不鲜的职场霸凌让员工被孤立、被欺凌，职场性别歧视等严重的社会问题，都会造成巨大的心理创伤。

3. 工作压力

工作量过多，是职场中最大的压力源，也就是要做的事情太多却没有足够的时间去做。我们都知道任何超负荷都会导致崩溃，工作负载管理不当，也会引发员工的心理崩溃。从工作任务的复杂性来讲，太单调的工作会让员工有重复感，从工作中无法获得乐趣；太繁杂的任务会让员工感到自我耗竭、无力应对，这两种情况都会引发员工的职业倦怠感。值得注意的是，员工都期望付出能获得回报，在公司中，员工如果感到晋升缓慢、发展空间不足甚至受到不公平待遇，也就会让自己停滞不前、陷入困境，形成无法承受的压力，损害员工的心理健康。

4. 对工作的控制感和满足感

决策自由度低，员工太被动。如果员工在职务中缺少发言权，只是被动地接受工作安排，他们会感到冷漠和无助；但如果让他们感受到自己对工作的贡献是有意义的，他们会更愿意参与进来，并且提高自己的士气和自豪感。组织方针和目标不明确。员工常常沉浸于手头的任务，但并不明确公司的目标是什么，导致工作的反复，也让员工产生了自我怀疑。超出能力范围不能胜任的工作会降低员工的控制感。员工对工作的控制感主要体现在让他觉得自己可以胜任这份工作，如果工作难度超出了他的能力范围，却没有得到妥善的处理，会降低员工的自我效能感。所以要注意的是，员工工作适合度要比公司评估的工作匹配度更为重要。

5. 公司对员工的支持水平

一是身体健康和安全。公司要照顾到员工的身体健康和人身安全，这是谈心理健康之前最基础的指标。众所周知，生理健康和心理健康是互相影响的，很多身体症状在被注意到的时候，说明心理健康已经出了问题。二是身心一体。只有健康的身体和安全的工作场所，才能让员工安心地工作。三是心理需求和支持。心理支持可以说是公司帮助员工共同面对压力源的最重要的因素了。如果缺乏心理支持，员工无法倾诉自己的困扰，可能会在工作时退缩、降低工作效率。但如果给予他们适时的关注和认可，让他们觉得他们的情感需求得到了满足，就会提高员工的心理健康水平。

（三）建立积极职场心态的方法

社会竞争激烈，人际关系复杂，建立积极的职场心态，有助于掌握有效的工作方法、创造业绩、建立人际关系，以全新的自我迎接职场人生。

1. 探索职业兴趣

兴趣是一种无形的动力，每个人都会对他感兴趣的事物给予优先注意和进行积极的探索。职业兴趣是兴趣在职业方面的表现，是个体对不同类型的工作、活动的心理偏好，表现为有从事相关工作的愿望和兴趣。拥有职业兴趣将增加个人的工作满意度、职业稳定性和职业成就感。

2. 探索职业性格

经济学家凯恩斯说"习惯形成性格，性格决定命运。"美国心理学家威廉·詹姆士曾说："播下一个行为，收获一种习惯；播下一种习惯，收获一种性格；播下一种性格，收获一种命运。"中国古语说："积行成习，积习成性，积性成命。"这都表明性格决定着职业发展的长远，与个人生涯发展息息相关。

3. 适度积极，持之以恒

每个职场人在踏入新工作环境之前，得到的告诫均是要积极表现、尊重老员工。因此，提前上班、抢倒垃圾、卫生全包、茶水全包等，成为每个职场新人的必修课。但实际上，这种做法只是为了给其他人留下一个好印象，并非发自新人内心。随着工作时间的延长，新人渐渐失去了职场新鲜感，以前抢着做的事自然会慢慢松懈，此时便会与从前形成

强烈的反差，给同事和领导留下不好的印象。

4. 小处关怀，远离家常

融洽地与领导、同事相处，不在于整天叔叔阿姨或是哥哥姐姐的称呼，而在领导或同事有烦心事时，能够及时发现，并就自己的能力给予小小帮助。例如，发现有同事感冒咳嗽，可以提前为他准备好一杯胖大海莲子心茶；得知同事的小孩爱玩游戏，就自己或身边其他人教育孩子的经验与其进行分享。

5. 善于聆听，少发意见

每个人在潜意识里都喜欢发表自己的意见，表现自己。因此，融洽地与同事相处，要学会善于聆听，满足同事的分享欲。特别是作为一个职场新人，就工作中遇到的问题，积极地向同事或领导请教，可以迅速获得他们的信任，被其认为"自己人"，从而在工作、生活中得到更多的帮助甚至"庇护"。

6. 认清自我，正视批评

作为一名职场人，在踏入职场之前，一定要对自己有一个清醒的认识。一方面，不管你过去的成绩多么优异、工作经验多么丰富，或是头脑多么聪慧，在新环境下，你也不可能迅速熟悉掌握其中的品种结构、工作流程、企业文化等方面，因此，新人犯错是不可避免的事。另一方面，作为一名职场新人，还有漫长的职业生涯，可以在日后的工作中，通过不断的学习提升自己，这就是俗称的"后生可畏"。

（四）职场中应建立的心态

1. 主动心态

当然，这说的不仅是积极主动，还要有乐观的心态，保持活力，如果你能够持久性地保持你这种状态，那么你的激情就会处于充满的状态，无论做什么都会有动力的。

2. 谦虚心态

即使你现在的成就很高，资历人脉都很好，还有着超强的工作能力，但是这也不是你骄傲的理由。谦虚会让你得到的更多，真正的谦虚会让你得到更多的帮助，你要做的就是多发现别人的优点，这样你在与他人相处当中也会更顺利。

3. 务实心态

不懂就问，实实在在地做好自己的本职工作，不要眼高手低，认真做好每一件小事，如果你都能把一件小事做到极致，那么做其他的事情也不会有什么大问题，执行在于细节。

4. 成长心态

在职场中最重要的就是成长，如果你一直停留在原地，那么你只能被淘汰。应大胆去尝试，不要担心自己会出丑。当然，想要成长就必然要付出一定的代价，不要害怕失败，更不要因为害怕失败而放弃。要懂得从失败中吸取教训，不要让自己在同一个地方摔倒两次。

5. 竞争心态

现在的世界就是这么的残酷，适者生存，不适者淘汰，这是大自然的生存规律，在职场中也同样适用。别人不会因为你是弱者就会同情你给你发展的机会，你只有让自己变得更强大，才能不被淘汰，也能够走得更远。

6. 团队心态

一个真正的团队应该有一个共同的目标，其成员之间相互依存、相互影响，并且能配合默契，不断创造和追求团队的业绩。团队协作是团队精神的核心，是全体成员的向心力、凝聚力，是个体利益和整体利益的统一，能够保证团队的高效率运转。团队的成员能够挥洒个性、表现特长，保证完成团队的任务和目标。团队成员之间明确的协作意愿和协作方式能够产生巨大的内在动力。

 案例 8.2

小代的职场心态

小代口述：我们公司为其他公司提供人力资源专业服务，因为人力资源的地域性规范较多，所以每天的工作非常琐碎，和各种劳动法规等条款打交道。两年工作过去，工作慢慢顺手了，我却感觉自己进入了职业的瓶颈期，好像在工作上没有什么上升空间了。我想跳槽，但是觉得自己的资历又不足以找到比现在更好的工作。每天都不想上班，觉得日复一日，没什么意思。

小代为什么会觉得自己现在的工作越来越没意思？我们都有这样一种感觉，刚进入某个单位时，往往会很有干劲，好像浑身充满了力量，希望、憧憬源源不断来到我们身边。此时的我们处于一个职场的"新鲜期"。渐渐地，当我们发现自己每天都在重复地进行着某项工作时，就会本能地产生排斥，并感到身心疲惫，于是进入了职场"倦怠期"。如果我们没有得到正确的自我调整，便会对现有工作失去信心，走入职场"撤退期"，逃离现状。其实，从本质上来讲，我们的工作并没有改变。从我们接手的第一天是这样，现在还是这样。改变的是我们对待它的心态。以小代为例，在她从事的人事客服工作中，她会发现，自己似乎每天都会对着固定类型的几种客户，久而久之，在与客户的互动关系中，她也形成了固定的几种模式，遇到某个问题她会使用针对这个问题的某一种特定的方法去解决。当然，这会使她的工作"越来越顺手"，因为这是经验积累的结果，但同时，由此产生的对工作的厌倦，是不是通过换工作就可以彻底解决了呢？答案当然是否定的。因为任何工作都会让我们亲历上述三个时期。其实，我们无需改变工作，只需改变我们应对工作的方式方法，并从中发现惊喜，找到快乐，就可以度过职场倦怠期。

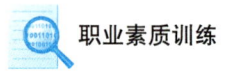

问题： 如果你是小代，你该如何调整自己的心态？

二、自我管理

自我管理，可以视为与自我的关系管理，就是指个体对自己本身，对自己的目标、思想、心理和行为等表现进行的管理，自己把自己组织起来、自己管理自己、自己约束自己、自己激励自己，自己管理自己的事务，最终实现自我奋斗目标的一个过程。自我管理又称为自我控制，是指利用个人内在力量改变行为的策略，普遍运用在减少不良行为与增加良好行为的时候。自我管理注重的是一个人的自我教导及约束的力量，即行为的制约是通过内控力量（自己），而非传统的外控力量（教师、家长等）。职场人要及时给自己充电，可以通过以下三种方法提高自己的能力。

（一）不断丰富知识结构

丰富自己的知识结构可以向书本学习，书本、报纸、杂志等都是知识的基本来源，养成长期坚持读书看报、思考总结的习惯，日积月累，知识水平肯定会大幅提升，这些知识将在工作实践中、与人交往中发挥作用。

（二）在实践中学习

读万卷书不如行万里路。只知道知识和道理还不够，职场人还应学会在实践中学习。与同事合作时可以学习，与同行、客户交流时可以学习，只要你做有心人，怀着谦卑的态度，那么你的所见所闻、所经历的一切都可以是学习素材。

（三）向优秀的人学习

优秀的人是标杆也是旗帜，可以是你的上司也可以是下属，可以是你的同事也可以是你的朋友，有的拥有丰富的工作经验，有的有远大的见识。只要能保持谦虚的心态，在平时生活中、工作中向他们学习，就可以取长补短，提升自己的综合素质。

从普通汽修工成长为职教精英

尹宏观是重庆立信职业教育中心教师兼汽车专业部副部长、全国优秀指导教师、沙坪坝区"四有好老师""尹宏观名师工作室"主持人、重庆市交通运输行业协会"突出贡献奖"获得者，作为职业教育骨干典型，先后被中央电视台等多家媒体相继报道。

2011 年，他凭借过硬的职业技能被推荐到重庆立信职业教育中心执教。刚到学校的他，就被学校荣誉陈列馆里的各种奖杯、奖状所吸引，于是暗下决心，一定要在他从事职业教育的过程中留下自己的一笔色彩。他利用业余时间翻阅相关书籍，不断增强专业技术，一本3000多页的维修手册，他来回翻阅了好几遍，每一次翻阅他都把新的收获记录下来。最终在2012年12月他如愿进入了全国大赛指导教师团队，担任"定期维护与车轮定位"赛项的指导教师。2013年全国职业院校大赛中，他指导的学生获得了全国一等奖，这也是重庆市第一次在该项目上斩获全国金牌，随后几年一直蝉联。

2016年，尹宏观团队获得批准开办起以新能源汽车维修和汽车运用与维修专业为双核心的节能与新能源汽车专业培训班。2017年，他又牵头参与了教育部课题《新能源汽车行业人才需求与职业院校专业设置指导报告》中职部分内容的编写工作，并由高等教育出版社出版，成为全国职业院校新能源汽车检测与维修专业设置的指导方案。学校汽车专业培训新格局被他打开，并以他的名字成立了"尹宏观名师工作室"。

资料来源：张浩，沙坪坝报（2019年08月16日）

分析： 勤勉的做事风格、过硬的职业技能、敢于挑战和创新的做事态度，这就是我们熟悉的"工匠精神"。"工匠精神"是对职业的敬仰和奋斗，因为有做好工作的目标信念，对自己的职业生涯有明确的规划以及孜孜以求、锲而不舍的行动力，才成就了尹宏观这位职教"新星"。

活动与训练

演绎探索职业能力

一、目标：通过语句描写，探索自己职业心态。

二、活动形式：情景描绘。

三、道具：白色卡纸。

四、过程：

1. 按照"我可以教书，因为我有表达讲解的能力和积极的心态"语句结构，每位学生写3~5个句子，探索自身具备的职业能力和心态。

2. 选择部分学生进行课堂分享，最终形成职业心态表格。

（建议时间：20分钟）

探索与思考

1. 建立积极职场心态的方法是什么？

2. 如何有效地进行自我管理？

8.3　现场管理与团队管理

制造企业的现场管理

某工厂是一家有着近十年历史的国有企业，员工 400 人左右，生产部门是每个车间有 4~6 个班组不等，每个班组有 15~20 人。两年前应总公司要求调整现场管理组织结构建立工段，于是每个车间成立了两个工段，每个工段下辖两个或者三个班组，这样就形成了"工厂—车间—工段—班组"四级管理的组织结构。有技术部门编制的工艺贴在岗位上，但看得出已很久没人碰过；安全部门在车间也挂了"安全第一"等标语，安全承包也是该厂安全管理的主要方式；班组建有人员、成本台账，但上面只是寥落记了几笔。之所以说"看不到各种管理方式的痕迹"，是因为这些管理方式都无法在现场坚持下来，很多最后都只剩了形式甚至连形式也丢掉了。如果我们找一些车间主任、工段长和班组长聊一聊，问他们是从哪几个方面考虑进行现场管理，每一方面工作具体有哪些措施，以及当前自己现场的管理状况处于什么水平？那么他们的回答就只能是一些支离破碎、没有系统的答案。实际上这样的问题如果让工厂职能部门的管理人员来回答，同样难以让人满意。

资料来源：王家源，中国教育报（2019 年 05 月 15 日 01 版）

分析：某工厂的情况提醒我们，现场管理对于制造企业来说很重要。制造企业的现场管理不仅注重系统性，还要注重培养基层单位的自主性和积极性。

一、现场管理

（一）现场管理的内容

生产现场是指从事产品生产、制造或提供服务的场所，也就是劳动者用劳动手段作用于劳动对象，完成一定生产作业任务的场所。生产现场一般是指企业的作业场所，我国工业企业习惯称之为车间、工厂或生产线。

现场管理是指用科学的标准和方法对生产现场各生产要素，包括人（工人和管理人员）、机（设备、工具、工位器具）、料（原材料）、法（加工、检测方法）、环（环境）、信（信息）等进行合理有效的计划、组织、协调、控制和检测，使其处于良好的结合状态，以达到优质、高效、低耗、均衡、安全、文明生产的目的。

现场管理包括创造良好的工作环境，解决现场问题，消除不利因素和建立合理的组织机构四个方面的内容。

1. 创造良好的工作环境

为现场作业人员创造一个良好的工作环境是现场管理者的首要工作，也是开展生产的前提条件。总的来说，创造良好的工作环境就是将生产中的人员、物资和设备等协调到最佳状态。

2. 解决现场问题

生产现场常会出现各种各样的问题，如设备故障、沟通不畅、员工技艺不熟练、积极性不高等，现场管理者要对这些问题进行全面的分析，并根据问题的轻重缓急统筹解决。

3. 消除不利因素

现场管理的基本工作就是设置时间节点并推进工作的开展，按计划完成生产任务。这个过程也是消除各种不利因素的过程。为了实现这个过程，现场管理者必须找出妨碍正常生产活动进程的异常情况并采取措施。一般来说，产生异常的因素有操作者精神状态差、材料供应不及时、作业环境不好、工艺方法发生改变等。

4. 建立合理的组织机构

有机地将生产人员组织起来，能充分发挥集体的作用。现场管理者应掌握每一位员工的特点，了解他们在现场中的工作情况和作用，现场管理的最终目标是完成生产任务，所以现场管理者必须建立合理有效的现场组织管理机构。

（二）现场管理的基本法则

1. 问题发生时，要先去现场

对现场管理者而言，所有工作都是围绕现场进行的。当问题发生时，要做的第一件事就是去现场，因为现场是所有信息的来源。现场管理者必须随时掌握现场第一手情况并及时处理或向上级报告。

2. 检查现场

在到达现场后，现场管理者应该马上检查现场以确认问题产生的原因。例如，把一个刚产出的不合格的产品握在手中，去接触、感觉并仔细观察，然后再去观察生产的方式和设备，这样很容易确定产生问题的原因。

3. 当场采取暂行处理措施

确定了问题产生的原因，现场管理者可以当场采取改善措施。例如，工具损坏了，可安排人员去领用新的工具或使用替代工具，以保证工作的顺利进行。

4. 发掘并找出问题的真正原因

发掘现场原因的有效方法之一就是持续地问为什么，直到问出引发问题的原因为止。

5. 标准化处理，以防问题再次发生

为了防止同样的问题发生，改善后的工作程序就必须标准化。

（三）人员管理

要使生产现场的工作顺利进行，企业必须把人配备妥当。现场人员的配备应当根据生产现场作业的需要，为不同的工作配备相应工种和技术等级的员工。

1. 生产现场人员配备的原则

生产现场人员的配备应该采用人岗匹配的原则，发挥每个人员的专长和积极性，明确每个人的职责，保证每人都有足够的工作量。

2. 生产现场人员配备核心要素

生产过程中，要考虑人员的合理搭配，在实际生产中，除了考虑男女员工的分工安排，还应该考虑成熟技术工与辅助工的比例、班制调配、员工老龄化、临时工等要素。

3. 人员编制

实际生产中，可以依据工艺确定岗位，同时还应当设置职能管理岗位，来保证生产环节有序地运转。

4. 生产现场人员定岗管理

生产现场人员的定岗是有一些比较成熟的方法的，如比例定员法，还有按照组织机构、职责范围和业务来确定员工数量的分工定员法。

（四）设备管理

生产设备对生产有着重要影响，没有好的设备就制造不出好的产品。做好现场生产设备的管理要做好以下几点。

1. 做好设备的识别

包括设备的名称、管理编号、精度校正、运作状况、设备位置、安全逃生和生命急救装置。

2. 制作操作说明书

对某项设备各个技术环节的操作进行指导说明，让使用者掌握必要的生产技术，合理使用设备。

3. 凭证操作

操作前应提供准许操作人员独立使用设备的证明文件。操作人员通过技术基础理论和

实际操作技能培训，经考核合格后方可取得操作证。

4. 三好四会

三好指的是管好、用好、修好；四会指的是会使用、会保养、会检查、会排除故障。

5. 常做整顿工作

设备要定期进行整顿，即清扫、操作和检修。

（五）安全管理

安全管理是为实现安全目标而进行的有关决策、计划、组织和控制等方面的活动，主要运用现代安全管理原理、方法和手段，分析和研究各种不安全因素，从技术上、组织上和管理上采取有力的措施，解决和消除各种不安全因素，防止事故的发生。做好安全管理有以下五个重点。

1. 风险评价抓源头控制

风险评价是企业安全管理中采用的一种技术手段，通过危险源的划分和预评价，找出各单位中存在的危险因素，然后有的放矢，采取必要的安全对策加以解决，从危险源上加以控制，来达到安全生产目标。因此，公司应依据本身的生产特点，将整个生产流程划分为若干单元，然后进行危险分析和不可接受危险程度的评价，对不可以接受的因素，及时拿出相应的安全对策和资金进行整改，而对不能接受的危险，则告知员工可能发生什么结果，以及应如何做好预防。

2. 加强监督抓隐患整改

监督检查是安全生产管理工作的一项保证措施，是安全管理网络里的一个双向载体，通过它可以对公司的安全决策实施进行监督，又能快速向公司决策层反馈最新的安全信息，并根据这些信息做出决断，其目的就是及时发现危害因素、快速消除安全隐患。

3. 总结工作抓整改提高

通过阶段性的总结和评比找出差距，找出安全管理中的漏洞，作为下一阶段应解决的问题，达到提高整体安全管理水平的目的，这个提高包括言论理念和行为意识、客观环境和管理技术，开展这方面工作是真正地实现一个全方位的安全群防体系的标志。

4. 更新理念抓积极因素

"以人为本"找准切入点，开展具有针对性的长期细致的工作，实现从"要我安全"到"我要安全"的思想转变，将安全预防工作的重点转移到加强安全教育、提高全员安全素质的环节上来。

5. 落实责任抓网络建设

安全生产责任制的落实，是有效控制安全生产事故的中心工作，而落实的途径，则是

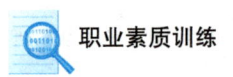

依靠合理的安全管理网络。采取安全生产责任横向划分，落实到边，逐层分解鉴定到底的方法，使各个体单位安全目标实现，就能确保安全生产总目标的实现。

 案例8.3

音乐节的现场管理

某城市预计举办一场规模较大的音乐节活动，预计有数千名观众参与。根据前几届音乐节中发生的一系列问题，如观众拥挤、安全隐患和秩序混乱等情况，为了确保音乐节的顺利进行，需要进行有效的现场管理。

为构筑坚不可摧的安全防线，主办方首先增强了安保阵容，设立了高效的安检关卡，并引入了一系列先进的安全防护手段，如密布的监控摄像头网络、完备的紧急救援装备及训练有素的急救团队，全方位守护每一位参与者的安全。在人员配置上，主办方明确了各岗位的职责边界，从安保精英到工作人员，再到热心的志愿者团队，每一环节紧密相连，形成高效协同的工作网络。借助先进的监控技术与系统，实现对全场活动的实时、精准监控。一旦发现任何异常或潜在风险，立即启动应急响应机制，确保问题得到及时发现、迅速处理，从而进一步强化现场的安全控制与秩序维护。

问题：你认为主办方采取的这些措施能够实现良好的现场管理秩序吗？

二、团队管理

（一）团队管理的原则

团队管理指在一个组织中，依成员工作性质、能力组成各种小组，参与组织各项决定和解决问题等事务，以提高组织生产力和达成组织目标。基本上，小组是组织的基本单位，若是成员能力具有互补性，形成异质性团队，其小组形成效果较佳，因为可从不同角度进行讨论，得到更有创意或独特的问题解决方式。

团队管理需要遵循目标一致、调整心态、树立标杆、创造学习氛围、增强团队意识五个方面的原则（如图8-3所示）。

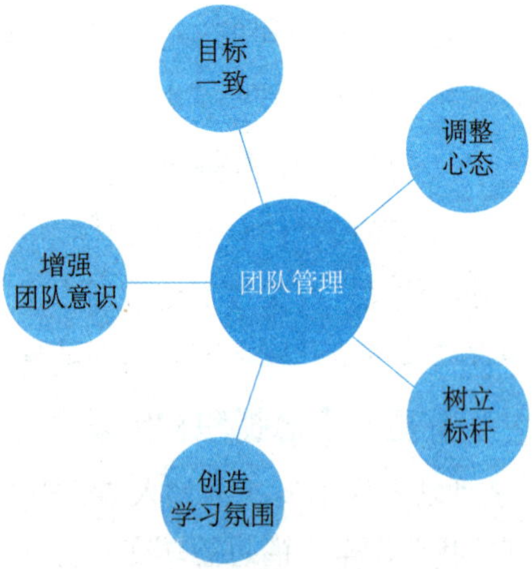

图8-3　团队管理的原则

1. 目标一致

如果当事者的思想不统一、意识跟不上（不主动、不想干）、考核不到位，再好的措施也得不到好的执行。"思想统一"不仅是喊口号，更是遇到问题不退缩、不迟疑的保证，是提升执行力的最大保障。所以要想带好一个团队首先要把部门目标与公司（组织）目标紧密结合起来并切实可行地落实到团队每个成员头上，围绕公司的中心目标分解工作并激励团队成员毫不迟疑地去执行。

2. 调整心态

激励就是力量，激励可以诱之以利，也可以惧之以害，但是最有威力的激励是改变心态。一个人不断成长的关键是心态。要经常调整自己的心态，改变自己消极负面的状态。要以结果为导向，要善于引导下属将思想、注意力集中于光明前景（结果）。

3. 树立标杆

一个团队中成员素质、能力参差不齐，管理者不但要帮助能力弱、业绩差的"短板"成员来提升整个团队的业绩，更要注重培养工作业绩、学习意识等各项综合表现突出的下属，把他们当作标杆，在例会中介绍他们的业绩和成功经验以带动整个团队的士气。

4. 创造学习氛围

学习最主要的是静下心来去除浮躁，一个人如果心都静不下来，哪有智慧？人在焦躁的情况下做出的决定往往是错误的。

5. 增强团队意识

团队是由人组成的，增强团队意识首先要着眼于团队内部的每个成员，管理者要积极与团队成员进行沟通，注重团队合作，增加成员对团队的归属感与认同感。

（二）制度管理

制度，也称规章制度，是国家机关、社会团体、企事业单位，为了维护正常的工作、劳动、学习、生活秩序而制定的管理体系或规范。制度是企业生存与发展的保障，企业有了制度就有了公平，有了公平就有了效率。

制度对相关人员做些什么工作、如何开展工作都有一定的提示和指导，同时也明确相关人员不得做些什么，以及违背了会受到什么样的惩罚。因此，制度有指导性和约束性、鞭策性和激励性的特点。制度有时会张贴或悬挂在工作现场，随时鞭策和激励着人员遵守纪律、努力学习、勤奋工作。制度还具备规范性和程序性的特点。制度对实现工作程序的规范化，岗位责任的法规化，管理方法的科学化起着重大作用。制度的制定必须以有关政策、法律、法令为依据。制度本身要有程序性，为人们的工作和活动提供可供遵循的依据。

好的制度管理要遵循以下原则：

（1）完善：完善的制度是规范企业、约束员工的有效保障。只有完善的制度，才能让管理走向规范化。

(2) 公平：制度就是为了维护公平，只有通过奖优惩劣，才能激励大家积极进取。

(3) 服众：制度好不好，能不能得到执行，关键是要看制度能不能服众，能服众的制度才是大家认可的制度。

（三）流程管理

流程管理主要是对企业、团队内部改革。改变企业职能管理机构重叠、中间层次多、流程不闭环等现状，使每个流程可从头至尾由一个职能机构管理，做到机构不重叠、业务不重复，达到缩短流程周期、节约运作资本的作用。

流程管理最终希望提高顾客满意度和公司的市场竞争能力并达到提高企业绩效的目的。依据企业的发展实际情况来决定流程改善的总体目标。在总体目标的指导下，再制定每类业务或单位流程的改善目标。

流程管理分为流程梳理、流程优化和流程再造三个步骤。

1. 流程梳理

流程梳理的过程包括组织流程调研，确定流程梳理范围，流程描述，整理作为日常工作的指导依据。

2. 流程优化

流程优化是为了实现流程描述，可以利用流程管理工具进行流程优化，优化后流程收集成册，作为日常工作的指导依据。

3. 流程再造

流程再造包括组织流程调研，确定再造的流程范围、新流程设计、流程管理方法与工具的使用。

（四）绩效管理

绩效是指对应职位的工作职责所达到的阶段性结果及其过程中可评价的行为表现，也就是指管理者与员工之间就目标与如何实现目标上达成共识的基础上，通过激励和帮助员工取得优异绩效从而实现组织目标的管理方法。绩效管理的目的在于通过激发员工的工作热情和提高员工的能力和素质，以达到改善公司绩效的效果。

绩效的影响因素主要有员工技能、外部环境、内部条件以及激励效应。员工技能是指员工具备的核心能力，是内在的因素，经过培训和开发是可以提高的；外部环境是指组织和个人面临的不为组织所左右的因素，是客观因素，我们是完全不能控制的；内部条件是指组织和个人开展工作所需的各种资源，也是客观因素，在一定程度上我们能改变内部条件的制约；激励效应是指通过各种激励手段激发员工工作的主动性、积极性，激励效应是主观因素。

绩效管理可以采用 PDCA 循环。PDCA 是英语单词 Plan（策划）、Do（实施）、Check

（检查）和 Act（处置）的首字母，PDCA 循环就是按照这样的顺序进行绩效管理，并且循环不止地进行下去的科学程序（如图 8-4 所示）。详细说明如下。

1. P（Plan）策划

根据顾客的要求和组织的方针，为提供结果建立必要的目标和过程。

2. D（Do）实施

即实施过程。

3. C（Check）检查

根据方针、目标和产品要求，对过程和产品进行监测，并报告结果。

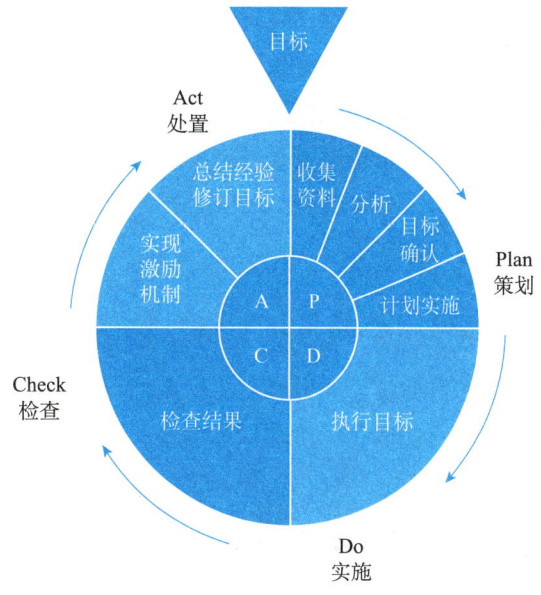

图 8-4　PDCA 循环程序

4. A（Act）处置

采取措施，以持续改进过程绩效。对于没有解决的问题，应提交到下一个 PDCA 循环中去解决。

以上四个过程不是运行一次就结束，而是周而复始地进行，一个循环完了，解决一些问题，未解决的问题进入下一个循环，是阶梯式上升的。

（五）班组管理

班组是一个企业最基本、最活跃的组织，也是企业各项工作的落脚点和具体实践者，班组建设的好坏，将直接影响企业的社会形象和经济效益，甚至决定着企业的后备人才培养和生存发展。班组素质的高低体现和反映了企业的生产、经营管理水平和参与市场的竞争力。

1. 班组管理的重要性

班组管理即是公司生产现场管理，它是企业管理的重要组成部分，是企业管理素质的集中表现，通过现场管理的好坏可判断出企业广大职员的素质、管理水平、产品质量的可信赖程度和企业可协作程度，而班组又是企业生产现场管理的前沿阵地，所以，提高企业的班组生产现场管理水平是企业自身发展的需要。

2. 如何开展班组建设

（1）营造良好工作氛围，为班组建设奠定基础。

（2）发挥班组长的作用。

（3）强化教育培训，提高员工的素质。

（4）加强班组内部基础管理。

（5）抓好交接班。

（6）严抓班组安全管理。
（7）履行好班组长职责。
（8）统一思想和行动。
（9）端正班组建设的态度。
（10）探索班组建设的新途径与新方法。

（六）沟通与激励

沟通是人与人之间、人与群体之间思想与感情的传递和反馈的过程，以求达到思想一致和感情通畅。激励就是组织通过设计适当的外部奖酬形式和工作环境，以一定的行为规范和惩罚性措施，借助信息沟通，来激发、引导、保持和规范组织成员的行为，以有效实现组织及个人目标的过程。

1. 有效沟通的方式

（1）积极沟通：具备沟通的意识，在积极沟通中寻求合作，协调团队成员的关系，引导大家在各司其职的基础上彼此协调，相互配合，以便达到团队目标。

（2）明确沟通目的：知道该说什么，什么时候说，和谁说，和怎么说。

（3）了解沟通是双向的过程：沟通是双方的事情，是一种互动，在沟通的时候，不仅要自己说，还要引导别人和你交流，鼓励对方说出自己的想法。

2. 有效激励的注意事项

（1）激励是长期行为而不是短期行为。
（1）激励员工的同时不可忽视有效的沟通。
（3）激励员工不可偏离团队目标。

总结案例

"逼"员工自己想办法

A是个管理者，自认脑子还算"转得快"，是那种"灵机一动，计上心来"的人。每当他向下属员工交代工作，或员工遇到困难找到他时，A总是情不自禁地将自己的主意和盘托出，而且总是针对他能够想到的所有细节一一做出详细指示。跟着A这样的"好领导"做事，员工觉得分外轻松，他也因此在员工中颇有人气。

A发现了问题：下属找他问问题的次数太频繁，他们几乎丧失了主动思考的能力，令他疲于应付。

A经过一段时间的观察和反思，与其直接把办法告诉给员工，不如启发他们自己寻找办法。

A 把心一横：哪怕员工把事情搞砸，也要逼他们自己想办法。而他则做好当一段时间"甩手掌柜"的心理准备。

每当再有员工找到他问问题时，A 总是对他们说："对不起，我脑子里一片空白，什么也不知道。但我相信你比我聪明，我给你一个晚上的时间，到明天上午你肯定能够想出 10 个办法来。我从这 10 个办法里挑一个出来交给你去执行。"经过一段时间的试验，A 的员工逐渐摆脱了对领导的依赖，遇到问题可以自己动脑筋，想办法了。他们很兴奋，很有成就感，自我感觉也越来越好。

对此，A 很高兴。当然，他们在工作中依然存在着这样那样的不足，为了维护他们的信心，A 总是很小心地帮他们矫正，在他们身边做"打下手"的工作。

分析： 从"主角"变成了"配角"，从"忙人"变成"闲人"，利用难得的"闲暇"去更多地观察、思考，寻找管理漏洞，是值得提倡的工作作风。

活动与训练

企业模拟招聘面试

一、活动目标：正确认识自己，盘点自身优劣势。

二、活动流程：

第一阶段，计划用时 10 分钟。

1. 教师安排学生提前做好以下准备工作。

（1）在教室前摆上 5 套桌椅，制作 5 个名牌分别是"企业副总""人力资源部部长""市场开发部部长""企业秘书""辅导员"。

（2）制作积分表，分项初步定为"印象分""表达分""专业分""心理分""可塑分" 5 项。

2. 从学生中挑选 10 名积极踊跃的学生作为面试官队伍，其余学生作为应聘面试队伍。

3. 根据积分表各事项，由面试官队伍 10 人集体研究，确定总分为 100 分的这 5 个项目的分值分配。

4. 从 10 人中最终选取 5 人作为模拟面试官。

5. 模拟面试官每人列出和专业相关的 3~5 个小问题，最终确定 5~10 个提问问题（要求提问的问题能够在 1 分钟左右答完，最终的提问问题由模拟面试官们讨论后确定）。

6. 应聘面试同学每人准备一份一页纸的简历（可以打草稿）。

第二阶段，计划用时 25 分钟。

1. 模拟面试官中"秘书"角色在应聘面试队伍中随机选取 3 名同学进行面试，每人面试时间控制在 7 分钟。

2. 辅导员协助组织应聘面试人员参加面试。

3. 由企业副总及市场开发部部长从事先准备的问题中随机抽取 2 个进行提问。

4. 应聘面试人员简历交由 5 名模拟面试官逐一审阅,并由企业副总根据个人简历随机提出一个问题。

5. 模拟面试官中"秘书"核定模拟面试官给出的平均分,予以公布。

第三阶段,计划用时 10 分钟。

1. 应聘面试人员代表分享体会与感受。

2. 模拟面试官代表分享体会与感受。

3. "观众"代表分享体会与感受。

4. 教师进行分析、归纳、总结和评价。

(建议时间:45 分钟)

探索与思考

1. 如果你是一场线下活动的组织者,你认为应该从哪些方面进行管理,来保证活动的顺利进行呢?

2. 对你来说,团队管理最重要的是什么?为什么?

模块九　法律法规与健康安全

模块简介

职场中不仅要掌握劳动合同、社会保险、劳动处理等方面的法律法规，也要树立严谨的法律与规则意识，我国劳动法律法规体系提供了劳动者保护自身权益的渠道，规范了企业的用工行为。能做到懂法、知法、守法、用法，就能掌握职场必备的法律技能。

劳动禁忌是保障劳动者权益和安全的重要措施之一，既要符合相应的规章制度，也要注重劳动过程中的行为规范，共同营造一个安全、健康、有序的工作环境。保障工作安全后也要注意劳动者的身体和心理健康，避免因压力、情绪对工作产生不良影响，才能在未来职场中保持良好状态，实现个人、企业、社会的稳定和谐发展。

我国安全生产法律体系与每个职场人的日常工作生活息息相关，相关法律法规包含了从业人员应注意的安全事项、生产经营单位应采取的措施和承担的责任，在职场中应做好必要的安全及健康防护。

能力标准

分类	具体内容
知识	1. 了解劳动法相关知识； 2. 了解职业病相关常识； 3. 了解劳动仲裁相关知识
技能	1. 掌握职场安全知识； 2. 掌握保持心理健康的方法
态度	1. 树立法律意识； 2. 增强安全意识

— 231 —

学习导航

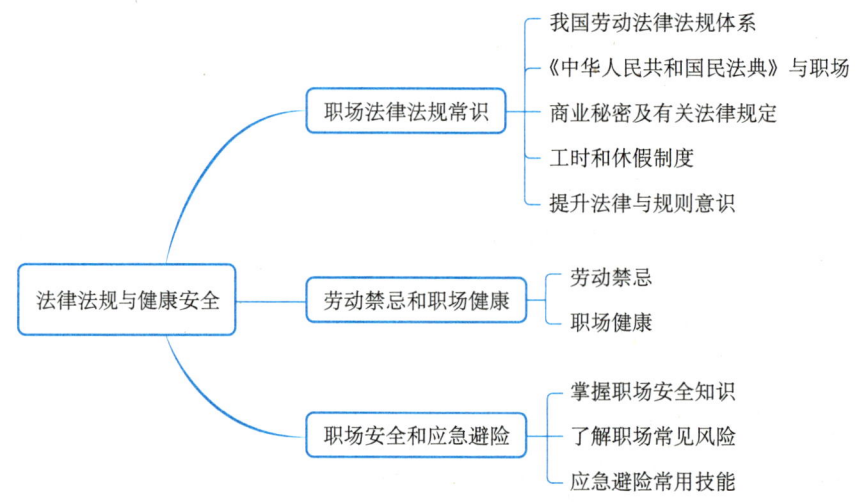

9.1 职场法律法规常识

导入案例

在校大学生的劳动关系

王某是郑州某职业学院在校大四学生，于2021年7月1日毕业。2021年1月25日，王某应聘入职某法律咨询公司，担任法务专员。当日，王某与公司签订试用期协议，试用期限截至2021年3月24日。

王某向劳动人事争议仲裁委员会提起仲裁，请求某法律咨询公司支付其未签订书面劳动合同双倍工资差额、同工同酬工资差额、加班费、经济赔偿金等。仲裁委作出《仲裁决定书》裁决：因申请人王某为郑州某职业学院的在校大学生，其申请不属于劳动仲裁受案范围。王某不服仲裁结果，遂诉至法院。

证据显示王某、某法律咨询公司均具有与对方建立长期劳动关系的意愿，且双方均具备法律规定的主体资格，王某受某法律咨询公司的劳动管理、从事公司安排的工作，结合劳动报酬定期发放情况，均证明双方当事人之间具有密切的人身隶属关系，符合劳动关系的基本要素和特征。故法院确认王某与某法律咨询公司之间系劳动关系而非实习关系。

资料来源：管城法院发布劳动争议十大典型案例，郑州市管城回族区人民法院（2023年05月04日）

分析：现行法律规定并没有完全将在校大学生排除在《中华人民共和国劳动法》适用主体之外。已经完成学业任务的大学生以就业为目的进入用人单位，双方用工关系符合劳动关系实质特征的，应认定为劳动关系。

法律是国家的产物，是指统治阶级（政党，包括国王、君主），为了实现统治并管理国家的目的，经过一定立法程序，所颁布的基本法律和普通法律。法律是全体国民意志的体现，是国家的统治工具。我国社会主义法律体系是以宪法为核心，由行政法、民商法、经济法、社会法、刑法和程序法等相关法律部门组成。

一、我国劳动法律法规体系

我国劳动法律法规体系是一个复杂而完善的系统，旨在保护劳动者的权益，规范企业的用工行为，促进劳动关系的和谐稳定。这些法律法规涵盖了劳动合同、社会保险、公积金、劳动争议处理等多个方面。

与劳动合同相关的法律法规主要有《中华人民共和国劳动合同法》和《中华人民共和国劳动合同法实施条例》，它们规定了劳动合同的签订、履行、变更、解除和终止等方面的内容，以及用人单位和劳动者的权利和义务。与社会保险和公积金相关的法律法规有《中华人民共和国社会保险法》和《公积金管理条例》，包括养老保险、医疗保险、失业保险、工伤保险和生育保险等。此外，与劳动争议处理相关的法律法规有《中华人民共和国劳动法》和《中华人民共和国劳动争议调解仲裁法》，是关于劳动争议的调解、仲裁和诉讼等方面的规定，以及劳动者和用人单位在争议处理中的权利和义务。

同时，还有一些其他涉及职场安全和用工安全的法律法规，如《中华人民共和国安全生产法》《中华人民共和国职业病防治法》。这些法律法规旨在保障劳动者的安全和健康，规范用人单位的安全生产行为。

职场中，签订、履行、变更、解除劳动合同，遵守工作制度，了解安全卫生规范和特殊保护，维护自身合法权益等，必须借助劳动法系相关法律，劳动法系是劳动者必须了解的基本法律常识。这些法律法规为劳动者提供了明确的劳动管理规范、全面的法律保护，也为用人单位提供了明确的劳动管理规范。法律法规的不断完善和发展，对于维护社会稳定、促进经济发展具有重要意义，其中主要有以下核心法律。

（一）《中华人民共和国劳动法》

《中华人民共和国劳动法》（以下简称《劳动法》）是为了保护劳动者的合法权益，调整劳动关系，建立和维护适应社会主义市场经济的劳动制度，促进经济发展和社会进步而制定的法律，是根据宪法制定的。它是维护人权、体现人本关怀的一项基本法律，与我们

的生活和工作密切相关，应该清楚《劳动法》赋予我们的基本权利和义务，积极履行义务、维护权利。在未来职场中，劳动合同的签订、履行、变更、解除等重要性不言而喻，所以《劳动法》是劳动者合法权益的保障，也是用人单位进行合理经济活动的重要依据。

1. 劳动者权利

《劳动法》规定，凡具有劳动能力的公民，享有平等就业和选择职业的权利、取得劳动报酬的权利、休息休假的权利、获得劳动安全卫生保护的权利、接受职业技能培训的权利、享受社会保险和福利的权利、提请劳动争议处理的权利以及法律规定的其他劳动权利。

2. 用人单位权利

用人单位根据实际情况，在符合国家法律、法规的前提下制定各项规章制度，要求劳动者遵守公司相关规定，是用人单位依法享有的建立和完善规章制度的权利。同时享有根据实际情况制定合理劳动定额的权利、对劳动者进行职业技能考核的权利、制定劳动安全操作规程的权利、制定合法作息时间的权利、制定劳动纪律和职业道德标准的权利以及法律规定的其他权利。

（二）《中华人民共和国劳动合同法》

《中华人民共和国劳动合同法》（以下简称《劳动合同法》）主要以完善劳动合同制度，明确劳动合同双方当事人的权利和义务，保护劳动者的合法权益，构建和发展和谐稳定的劳动关系为宗旨。主要内容包含劳动合同期限、工作内容、劳动保护和劳动条件、劳动报酬、劳动纪律、劳动合同终止的条件、违反劳动合同的责任等七种。这是主要的条款内容，除此之外，双方还可以就保密条款、服务期等作出相应的约定。

1. 劳动合同的含义

劳动合同指的是用人单位与劳动者之间确立起劳动关系，明确双方权利义务的书面协议，它是保护劳动者合法权益的基本依据。在劳动合同中，劳动者与用人单位的地位是平等的，双方订立劳动合同时应该遵循合法、公平、平等自愿、协商一致、诚实信用的原则。与劳动合同相关的法律法规主要有《劳动合同法》和《中华人民共和国劳动合同法实施条例》，它们规定了劳动合同的签订、履行、变更、解除和终止等方面的内容，以及用人单位和劳动者的权利和义务。

劳动合同按照其期限的长短可以划分为固定期限合同、无固定期限合同、以完成一定的工作为期限的合同。

2. 劳动合同的签订和解除

（1）劳动合同的签订。合同条款的主要内容：《劳动法》第十七条、第十九条规定了劳动合同应当具备的条款，成为法定条款，包括甲方（用人单位）、乙方（劳动者）、劳动合同期限（包含起始和终止时间）、工作内容和工作地点、工作时间和休息休假、劳动报酬、社会保险、劳动保护、劳动条件以及职业危害防护，法律法规规定应当纳入劳动合同的其他相关事项（试用期、培训、商业秘密、补充福利等）。劳动合同签订时的注意事项如图9-1所示。

劳动合同一般采用书面形式，以最终甲乙方签字盖章为准，签订时一定核实公章与单位主体是否一致。

仔细阅览合同文本，对于自己不愿接受的劳动条款，可与单位协商提出修改意见。

劳动合同的关键表述应明确具体，尤其是劳动报酬、工作时间、工作内容等关键信息。

图9-1 劳动合同签订注意事项

劳动合同包含试用期，劳动合同期限在三个月以上并且未满一年的，试用期不应该超过一个月。劳动合同期限在一年以上未满三年的，试用期不应该超过两个月。如果劳动合同是三年以上固定期限或无固定期限，试用期不应该超过六个月。试用期薪资不得低于本单位同岗位最低工资或劳动合同中约定工资的80%，并且不能低于用人单位所在地区的最低工资标准。

以欺诈、胁迫手段迫使对方签订或变更劳动合同内容的，为无效合同。

劳动合同执行期间的争议解决方式和解除条件需重点关注，并妥善保管纸质版协议。

（2）劳动合同的解除。劳动合同解除是指劳动合同生效后，在劳动合同尚未履行或者还没有完全履行前，签订劳动合同的一方或双方提前解除劳动关系的法律行为。

一是协商解除。依据《劳动合同法》第三十六条规定："用人单位和劳动者协商一致，可以解除劳动合同。"如果用人单位先提出解除劳动合同，需向劳动者支付相应的经济补偿。

二是劳动者单方解除。如劳动者主动希望与用人单位解除劳动合同的，应该在提前三十日以书面形式告知用人单位的前提条件下，可以与用人单位解除劳动合同。劳动者应该在试用期期间提前三日告知用人单位的前提条件下，可以与用人单位解除劳动合同。

劳动者可以在下列情形下随时与用人单位解除劳动合同，并且由用人单位支付劳动者一定的经济补偿：用人单位未依照劳动合同所约定的为劳动者提供劳动保护或者保护措施；用人单位未及时足额支付劳动者相应的劳动报酬；用人单位未依法为劳动者缴纳社会保险费等相关费用；用人单位的规章制度违反相关的法律法规，有损于劳动者的权益；由于用人单位的原因导致劳动合同无效；法律以及行政法规规定的其他情形。

三是用人单位单方解除。劳动者如果有下列情况之一的，用人单位可以与之解除劳动合同：劳动者在试用期间被证明是不符合单位录用条件的；劳动者出现严重违反用人单位

规章制度行为的；劳动者出现严重失职，营私舞弊，或者严重损害用人单位利益；劳动者由于同时与其他用人单位建立了劳动关系，导致无法完成本单位的工作，又或者经用人单位批评而拒不改正的；劳动者以欺诈、胁迫等恶劣手段或者乘人之危与用人单位签订劳动合同，劳动合同无效；劳动者被依法追究刑事责任的。

(三)《中华人民共和国劳动争议调解仲裁法》

《中华人民共和国劳动争议调解仲裁法》是为了公正及时解决劳动争议，保护当事人合法权益，促进劳动关系和谐稳定而制定的。

1. 适用范围

（1）因确认劳动关系发生的争议。

（2）因订立、履行、变更、解除和终止劳动合同发生的争议。

（3）因除名、辞退和辞职、离职发生的争议。

（4）因工作时间、休息休假、社会保险、福利、培训以及劳动保护发生的争议。

（5）因劳动报酬、工伤医疗费、经济补偿或者赔偿金等发生的争议。

（6）法律法规规定的其他劳动争议。

2. 劳动争议的协商与调解

（1）协商。发生劳动争议，劳动者可以与用人单位协商，也可以请工会或者第三方共同与用人单位协商，达成和解协议。协商不是处理劳动争议的必经程序，当事人不愿意协商或协商不成的，可以请求调解或申请仲裁。

劳动争议双方应当自行履行和解协议，但和解协议并无必须履行的法律效力。

（2）调解。

申请调解：当事人申请劳动争议调解可以书面申请，也可以口头申请。口头申请的，调解组织应当当场记录申请人基本情况及申请调解的争议事项、理由和时间。

调解协议：经调解达成协议的，应当制作调解协议书。调解协议书由双方当事人签名或者盖章，经调解员签名并加盖调解组织印章后生效。调解协议对双方当事人具有约束力，当事人应当自觉履行。

申请支付令：因支付拖欠劳动报酬、工伤医疗费、经济补偿或者赔偿金事项达成调解协议，用人单位在协议约定期限内不履行的，劳动者可以持调解协议书向人民法院申请支付令。人民法院应当依法发出支付令。

调解的效力：调解不是处理劳动争议的必经程序，自劳动争议调解组织收到调解申请之日起十五日内未达成调解协议的，当事人可以依法申请仲裁；达成调解协议后，一方当事人在协议约定期限内不履行调解协议的，另一方当事人可以依法申请仲裁。

3. 劳动争议仲裁

（1）仲裁时效。劳动争议申请仲裁的时效期间为一年，仲裁时效期间从当事人知道或者应当知道其权利被侵害之日起计算。因当事人一方向对方当事人主张权利,或者向有关部门请求权利救济,或者对方当事人同意履行义务而中断,从中断时起,仲裁时效期间重新计算。

(2)申请与受理。

申请:申请人申请仲裁应当提交书面仲裁申请,并按照被申请人人数提交副本。仲裁申请书应当载明下列事项:劳动者的姓名、性别、年龄、职业、工作单位和住所;用人单位的名称、住所和法定代表人或者主要负责人的姓名、职务;仲裁请求和所根据的事实、理由;证据和证据来源、证人姓名和住所。

受理:劳动争议仲裁委员会收到仲裁申请之日起五日内,认为符合受理条件的,应当受理,并通知申请人;认为不符合受理条件的,应当书面通知申请人不予受理,并说明理由。对劳动争议仲裁委员会不予受理或者逾期未作出决定的,申请人可以就该劳动争议事项向人民法院提起诉讼。

(3)开庭与裁决。

开庭:仲裁庭应当在开庭五日前,将开庭日期、地点书面通知双方当事人。当事人有正当理由的,可以在开庭三日前请求延期开庭。是否延期,由劳动争议仲裁委员会决定。申请人收到书面通知,无正当理由拒不到庭或者未经仲裁庭同意中途退庭的,可以视为撤回仲裁申请。

裁决:裁决包含缺席裁决,被申请人收到书面通知,无正当理由拒不到庭或者未经仲裁庭同意中途退庭的,可以缺席裁决。当事人在仲裁过程中有权进行质证和辩论。质证和辩论终结时,首席仲裁员或者独任仲裁员应当征询当事人的最后意见。当事人申请劳动争议仲裁后,可以自行和解。达成和解协议的,可以撤回仲裁申请。仲裁庭在作出裁决前,应当先行调解。调解达成协议的,仲裁庭应当制作调解书。

(四)《中华人民共和国就业促进法》

《中华人民共和国就业促进法》(以下简称《就业促进法》)是促进社会主义和谐社会建设的一部重要法律,就业是民生之本,促进就业是安国之策。《就业促进法》将经过实践检验的积极的就业政策措施上升为法律规范,使促进就业的工作机制和工作体系制度化,使促进就业的各项政策措施和资金投入法治化,有利于建立促进就业的长效机制,保障我国积极的就业政策长期实施和有效运行。

《就业促进法》共计九章六十九条,基本内容可概括为:一个方针、一面旗帜、六大责任、五项制度、十大政策。

1. 一个方针

即坚持劳动者自主择业、市场调节就业、政府促进就业的方针。在当前市场机制不健全、劳动者能动性不充分的情况下,政府要承担更多的培育完善市场机制、规范市场行为的责任;要加大鼓励支持劳动者自主择业和企业增加就业岗位的力度。

2. 一面旗帜

即高举公平就业的旗帜，创造公平的就业环境。实行公平就业，反对就业歧视，保障劳动者的平等就业权利，既是促进就业工作的一项重要原则，也是社会关注的一个重要问题。

3. 六大责任

促进就业和治理失业是各级政府执政为民的重要体现。本法对政府在促进就业中承担的重要职责作出了明确规定，主要包括六个方面，即发展经济和调整产业结构增加就业岗位、制定实施积极的就业政策、规范人力资源市场、完善就业服务、加强职业教育和培训、提供就业援助。

4. 五项制度

即加强对就业工作组织领导的政府责任制度，加强对劳动者工作的公共就业服务和就业援助制度，加强对市场行为规范的人力资源市场管理制度，加强对人力资源素质提升的职业能力开发制度，加强对失业治理的失业保险及预防制度。

5. 十大政策

政策是政府履行责任的具体体现。包括有利于促进就业的经济发展政策，财政保证政策，税收优惠政策，金融支持政策，城乡统筹政策，区域统筹政策，群体统筹政策，支持灵活就业政策，援助困难群体就业的政策，失业保险促进就业的政策。

（五）《中华人民共和国社会保险法》

《中华人民共和国社会保险法》（以下简称《社会保险法》）是中国特色社会主义法律体系中起支架作用的重要法律，是一部着力保障和改善民生的法律。它的颁布实施，是我国人力资源社会保障法治建设中的又一个里程碑，对于建立覆盖城乡居民的社会保障体系，更好地维护公民参加社会保险和享受社会保险待遇的合法权益，使公民共享发展成果，促进社会主义和谐社会建设，具有十分重要的意义。

社会保险关系比较复杂，包括政府与公民之间、社会保险费征收机构与用人单位和个人之间、用人单位与职工之间、社会保险经办机构与参保人员之间、社会保险经办机构和参保人与医疗机构、药品经营单位等社会保险服务机构之间等多重关系。《社会保险法》的立法目的之一，就是要规范它们之间的关系，明确相互之间的权利和义务。

《社会保险法》第二条规定："国家建立基本养老保险、基本医疗保险、工伤保险、失业保险、生育保险等社会保险制度，保障公民在年老、疾病、工伤、失业、生育等情况下依法从国家和社会获得物质帮助的权利。"我们在签订合同前经常提到的"五险一金"如图9-2所示。

1. 基本养老保险

基本养老保险是劳动者到达法定年龄后退出工作岗位，由政府提供物质以保障生活需要的一项社会福利制度。由政府建立起养老保险基金，劳动者与用人单位按照工资收入的比例来领取政府的养老金以及享受相关的养老待遇。

图 9-2　五险一金

2. 基本医疗保险

基本医疗保险是政府为了补偿劳动者由于患病风险而造成一定经济损失的社会保险制度。俗称"医保"，我国目前的基本医疗保险制度包括城镇职工基本医疗保险制度、新型农村合作医疗制度与城镇居民基本医疗保险。其中城镇职工基本医疗保险这一保险是由用人单位与职工按照国家相关法律法规规定共同缴纳的，用人单位缴纳的一般控制在职工工资总额的 6% 左右，详细比例因地方不同而有差异，职工缴纳费用一般为工资收入的 2%。新型农村合作医疗与城镇居民基本医疗保险是在个人缴纳的基础上，政府给予一定补贴，其待遇标准依照国家法律法规执行。

3. 失业保险

失业保险指的是社会集中建立起基金加上国家立法的强制实施，对因为失业而造成基本生活需要难以满足的劳动者提供物质帮助的保险制度。失业保险是由用人单位与劳动者共同承担的，失业的劳动者可以按照法定程序办理失业登记后领取上一年度最低工资标准的 80% 的救济金。劳动者在档案退回街道后，如果失业保险连续缴纳了一年以上，那么也可以在街道享受失业保险的待遇。

4. 生育保险

生育保险是国家通过立法，为因怀孕以及分娩而无法继续工作的妇女提供医疗服务、产假以及生育补贴的保险制度。我国的生育保险主要包括生育津贴与医疗服务两项。人力资源与社会保障部《生育保险办法（征求意见稿）》自 2012 年 11 月 21 日起公开征求社会各界人士的意见，意见稿中明确表示，生育保险不限户籍，如果用工单位不缴纳生育保险，那么必须缴纳生育费。生育保险由用人单位缴纳，生育保险的比例是由当地人民政府依据计划生育内生育女职工的生育补贴以及生育医疗服务支出等情况来确定的，最高数额不能超过总工资的 1%。

5. 工伤保险

职业伤害保险就是我们通常所说的工伤保险。工伤保险是政府通过社会统筹的方法并且集中用人单位缴纳的工伤保险费用，以此而建立起工伤保险基金，给予生产活动中因意

外或者是职业病而造成死亡、暂时或者永远丧失劳动能力的劳动者及其家属法定的医疗救治及经济补偿的保险制度。补偿中既包含了医疗、康复所需的费用，也包含了基本生活所需要的费用。劳动者如果在合同期内不幸发生意外，应该及时向企业索取情况说明并加盖企业的公章，在申请工伤认定以及提供相关材料后享受工伤保险。

6. 住房公积金

住房公积金指的是职工所在的国家机关、国有企业、城镇集体化企业、外商投资企业、城镇私营企业以及其他城镇企业、事业单位、民办非企业单位、社会团体以及在职职工个人通过缴纳一定费用来达到长期储蓄一定住房储金的目的，用这笔储金来支付职工家庭日后购买或自建的住房、私房翻修等相关费用的保险制度。

住房公积金是由用人单位与职工个人两者共同承担的。用人单位与职工必须按照法定程序按月缴纳住房公积金，职工个人所缴纳的以及用人单位为职工缴纳的住房公积金全归职工个人所有。

 案例 9.1

劳动合同的签订问题

某公司在与员工签订劳动合同时遇到一个棘手问题，员工甲 2022 年 1 月 1 日进厂，但公司一直忘记与员工甲签订劳动合同，员工甲起初并没有在意这个问题，他认为只要自己的工作得到认可，待遇合理，是否签合同并不重要，因此一直兢兢业业工作。然而，随着时间的推移，员工甲了解到公司如果不与其签订书面劳动合同，需要依法向其支付双倍的工资，因此一直不动声色。

直至 2022 年 5 月 1 日，公司对劳动合同进行了一次大面积普查，才发现与员工甲漏签了劳动合同。公司当即表示要与员工甲补签劳动合同，员工甲同意补签，但是公司要先支付其 2022 年 1 月至 4 月的另一倍工资，否则员工甲只愿意将补签劳动合同日期定在 2022 年 5 月 1 日。

问题 1：公司在上述案件中犯了哪种错误？

问题 2：员工甲的要求是否合法合规？还可以以什么方式解决上述问题？

二、《中华人民共和国民法典》与职场

（一）《中华人民共和国民法典》介绍

2020 年 5 月 28 日，十三届全国人大三次会议审议通过了《中华人民共和国民法典》（以下简称《民法典》），自 2021 年 1 月 1 日起施行。《民法典》共 7 编 1260 条，各编依次为总则、物权、合同、人格权、婚姻家庭、继承、侵权责任、附则，被称为"社会生活的百科

全书",是新中国第一部以法典命名的法律,在法律体系中居于基础性地位。

《民法典》总则编进一步细化了民事权利能力和民事行为能力的规定,扩大劳动合同主体的影响、民事主体范围;合同编涉及格式合同及条款的效力规制、电子合同的签订;人格权编涉及对于劳动者权益的保护;等等。

(二)职场常用的民法典法律规定

《民法典》作为一部保障人民权利之法,看似没有涉及职场劳动的内容,但实务中,劳动用工问题与《民法典》有千丝万缕的联系。

1. 维护信息安全

《民法典》第一百一十一条和第一千零三十四条规定:"任何组织或者个人需要获取他人个人信息的,应当依法取得并确保信息安全,不得非法收集、使用、加工、传输他人个人信息,不得非法买卖、提供或者公开他人个人信息。""个人信息中的私密信息,适用有关隐私权的规定;没有规定的,适用有关个人信息保护的规定。"

2. 追偿履职损害

《民法典》第一千一百九十一条第一款规定:"用人单位的工作人员因执行工作任务造成他人损害的,由用人单位承担侵权责任。用人单位承担侵权责任后,可以向有故意或者重大过失的工作人员追偿。"

《民法典》实施后,劳动者履职中因为故意或者重大过失给单位造成损失的,单位应当注重保留相应证据,在对外承担赔偿责任后可以直接依法向劳动者提起追偿诉讼。

3. 避免职场性骚扰

《民法典》第一千零一十条规定:"违背他人意愿,以言语、文字、图像、肢体行为等方式对他人实施性骚扰的,受害人有权依法请求行为人承担民事责任。机关、企业、学校等单位应当采取合理的预防、受理投诉、调查处置等措施,防止和制止利用职权、从属关系等实施性骚扰。"

4. 避免职场霸凌

《民法典》第九百九十条规定:"人格权是民事主体享有的生命权、身体权、健康权、姓名权、名称权、肖像权、名誉权、荣誉权、隐私权等权利。除前款规定的人格权外,自然人享有基于人身自由、人格尊严产生的其他人格权益。"

《民法典》第九百九十一条规定:"民事主体的人格权受法律保护,任何组织或者个人不得侵害。"

5. 避免负面评价

《民法典》第一千零二十四条规定:"民事主体享有名誉权。任何组织或者个人不得以侮辱、诽谤等方式侵害他人的名誉权。"名誉是对民事主体的品德、声望、才能、信用等的社会评价。

《民法典》第一千零二十五条规定：

行为人为公共利益实施新闻报道、舆论监督等行为，影响他人名誉的，不承担民事责任，但是有下列情形之一的除外：

（一）捏造、歪曲事实；

（二）对他人提供的严重失实内容未尽到合理核实义务；

（三）使用侮辱性言辞等贬损他人名誉。

6. 劳动合同违约处理

《民法典》第四百九十五条规定："当事人约定在将来一定期限内订立合同的认购书、订购书、预订书等，构成预约合同。当事人一方不履行预约合同约定的订立合同义务，对方可以请求其承担预约合同的违约责任。"

7. 劳动合同的免责条款

《民法典》第四百九十六条规定："格式条款是当事人为了重复使用而预先拟定，并在订立合同时未与对方协商的条款。采用格式条款订立合同的，提供格式条款的一方应当遵循公平原则确定当事人之间的权利和义务，并采取合理的方式提示对方注意免除或者减轻其责任等与对方有重大利害关系的条款，按照对方的要求，对该条款予以说明。提供格式条款的一方未履行提示或者说明义务，致使对方没有注意或者理解与其有重大利害关系的条款的，对方可以主张该条款不成为合同的内容。"

《民法典》第四百九十七条规定：

有下列情形之一的，该格式条款无效：

（一）具有本法第一编第六章第三节和本法第五百零六条规定的无效情形；

（二）提供格式条款一方不合理地免除或者减轻其责任、加重对方责任、限制对方主要权利；

（三）提供格式条款一方排除对方主要权利。

8. 职场安全保障

《民法典》第一千一百九十八条规定："宾馆、商场、银行、车站、机场、体育场馆、娱乐场所等经营场所、公共场所的经营者、管理者或者群众性活动的组织者，未尽到安全保障义务，造成他人损害的，应当承担侵权责任。因第三人的行为造成他人损害的，由第三人承担侵权责任；经营者、管理者或者组织者未尽到安全保障义务的，承担相应的补充责任。经营者、管理者或者组织者承担补充责任后，可以向第三人追偿。"

9. 证件权益保护

《民法典》第一百一十四条规定："民事主体依法享有物权。物权是权利人依法对特定的物享有直接支配和排他的权利，包括所有权、用益物权和担保物权。"

**案例 9.2**

小梁的担忧

为展示企业形象、推广企业产品,小梁所在公司想制作一部宣传片。因此,公司安排她和另外一些形象好、声音甜美的同事参加了视频节目的拍摄。此后,小梁又担心公司把自己肖像传播出去,进而影响她的形象。

公司了解了小梁的担忧后,采取了一系列措施,首先与相关人员沟通,明确告知宣传片的目的、内容和可能用到的传播渠道,其次保证宣传片内容真实准确,并没有夸大事实、损害员工形象,并且始终没有透露员工的私人信息。

所以企业在做有关形象、产品的宣传时,如果要使用员工的肖像和声音等,不论是否出于营利目的,是否提供费用,都应事先与员工协商并征得其授权同意,否则就有可能承担侵权责任。

分析:《民法典》第一千零一十九条规定:"任何组织或者个人不得以丑化、污损,或者利用信息技术手段伪造等方式侵害他人的肖像权。未经肖像权人同意,不得制作、使用、公开肖像权人的肖像,但是法律另有规定的除外。未经肖像权人同意,肖像作品权利人不得以发表、复制、发行、出租、展览等方式使用或者公开肖像权人的肖像。"

另外,《民法典》第一千零二十三条第二款规定:"对自然人声音的保护,参照适用肖像权保护的有关规定。"

三、商业秘密及有关法律规定

商业秘密是指不为公众所知悉,具有商业价值并经权利人采取相应保密措施的技术信息和经营信息,如产品工艺、制作方法、进货渠道、客户名单。商业秘密是企业重要的无形资产,对于企业参与市场竞争乃至生存发展都有着重要影响。

(1)《民法典》第五百零一条规定:"当事人在订立合同过程中知悉的商业秘密或者其他应当保密的信息,无论合同是否成立,不得泄露或者不正当地使用;泄露、不正当地使用该商业秘密或者信息,造成对方损失的,应当承担赔偿责任。"

(2)《劳动合同法》规定:"劳动者违反劳动合同中约定的保密义务或者竞业限制,劳动者应当按照劳动合同的约定,向用人单位支付违约金。给用人单位造成损失的,应承担赔偿责任。"

(3)《中华人民共和国反不正当竞争法》的有关规定如下:

第九条规定:

经营者不得利用广告或者其他方法,对商品的质量、制作成分、性能、用途、生产者、有效期限、产地等作引人误解的虚假宣传。广告的经营者不得在明知或者应知的情况

下，代理、设计、制作、发布虚假广告。

第十条规定：

经营者不得采用下列手段侵犯商业秘密：

（一）以盗窃、利诱、胁迫或者其他不正当手段获取权利人的商业秘密；

（二）披露、使用或者允许他人使用以前项手段获取的权利人的商业秘密；

（三）违反约定或者违反权利人有关保守商业秘密的要求，披露、使用或者允许他人使用其所掌握的商业秘密。

第三人明知或者应知前款所列违法行为，获取、使用或者披露他人的商业秘密，视为侵犯商业秘密。

本条所称的商业秘密，是指不为公众所知悉、能为权利人带来经济利益、具有实用性并经权利人采取保密措施的技术信息和经营信息。

（4）《中华人民共和国刑法》第二百一十九条规定了侵犯商业秘密罪。具体如下：

有下列侵犯商业秘密行为之一，情节严重的，处三年以下有期徒刑，并处或者单处罚金；情节特别严重的，处三年以上十年以下有期徒刑，并处罚金：

（一）以盗窃、贿赂、欺诈、胁迫、电子侵入或者其他不正当手段获取权利人的商业秘密的；

（二）披露、使用或者允许他人使用以前项手段获取的权利人的商业秘密的；

（三）违反保密义务或者违反权利人有关保守商业秘密的要求，披露、使用或者允许他人使用其所掌握的商业秘密的。

明知前款所列行为，获取、披露、使用或者允许他人使用该商业秘密的，以侵犯商业秘密论。

本条所称权利人，是指商业秘密的所有人和经商业秘密所有人许可的商业秘密使用人。

 案例9.3

商业秘密的侵犯行为

广州市某气模制品有限公司（权利人）的前员工彭某某、冯某某与公司签订了员工保密协议。彭某某在离职后成立主营业务与权利人一致的广州市某休闲运动有限公司（当事人）。冯某某离职前从权利人保密系统中发送了来自数十个国家的1000多个客户信息资料至当事人处，随后到当事人处任职。当事人使用该客户信息进行气模制品交易，造成权利人经济损失。在案件查办过程中，权利人向法院起诉当事人，借助办案机关第一现场全盘镜像固定的海量证据，成功获赔30万元。

另外，除已查明交易外，办案机关发现当事人存在大量金额巨大的合同和订单文件，经利润审计并提请检察机关核审，确定当事人的行为涉嫌犯罪，已移送公安机关立案侦查。这种不正当竞争行为不仅会给权利人造成经济损失，还会扰乱公平有序的市场环境。

资料来源：杨召奎，工人日报（2023 年 06 月 28 日 04 版）

分析： 上述案例后来依据法律进行了相关处罚，当事人的行为构成《中华人民共和国反不正当竞争法》第九条第三款规定的侵犯商业秘密行为，依据该法第二十一条的规定，责令当事人停止违法行为，没收违法所得 50356.92 元，处罚款 15 万元。

四、工时和休假制度

《劳动法》保护劳动者的权益，为保障职工享有休息权而实行定期休假制度，根据《劳动法》等规定，现行休假制度包括的内容有公休假日、法定节日、探亲假、年休假以及由于职业特点或其他特殊需要而规定的休假。按现行制度，各种休假日均带有工资。

（一）法定节假日休假

《劳动法》规定，在元旦、春节、国际劳动节、国庆节以及法律法规规定的其他休假节日期间应当依法安排劳动者休假。劳动者在法定休假日和婚丧假期间以及依法参加社会活动期间，用人单位应当依法支付工资。

（二）休息日休假

用人单位应当保证劳动者每周至少休息一日。企业因生产特点不能实行劳动法第三十六条、第三十八条规定的，经劳动行政部门批准，可以实行其他工作和休息办法。

（三）带薪年休假

国家实行带薪年休假制度，工资分配应当遵循按劳分配原则，实行同工同酬，工资水平在经济发展的基础上逐步提高，国家对工资总量实行宏观调控。用人单位根据本单位的生产经营特点和经济效益，依法自主确定本单位的工资分配方式和工资水平。

（四）工作时间

国家实行劳动者每日工作时间不超过八小时、平均每周工作时间不超过四十四小时的工作制度。对实行计件工作的劳动者，用人单位应当根据《劳动法》第三十六条规定的工时制度合理确定其劳动定额和计件报酬标准。

用人单位由于生产经营需要，经与工会和劳动者协商后可以延长工作时间，一般每日不得超过一小时；因特殊原因需要延长工作时间的，在保障劳动者身体健康的条件下延长工作时间每日不得超过三小时，但是每月不得超过三十六小时。

有下列情形之一的，延长工作时间不受《劳动法》第四十一条的限制：

（一）发生自然灾害、事故或者因其他原因，威胁劳动者生命健康和财产安全，需要紧急处理的；

（二）生产设备、交通运输线路、公共设施发生故障，影响生产和公众利益，必须及时抢修的；

（三）法律、行政法规规定的其他情形。

用人单位不得违反劳动法规定延长劳动者的工作时间。根据《劳动法》第四十四条规定，有下列情形之一的，用人单位应当按照下列标准支付高于劳动者正常工作时间工资的工资报酬：

（一）安排劳动者延长工作时间的，支付不低于工资的百分之一百五十的工资报酬；

（二）休息日安排劳动者工作又不能安排补休的，支付不低于工资的百分之二百的工资报酬；

（三）法定休假日安排劳动者工作的，支付不低于工资的百分之三百的工资报酬。

案例 9.4

电子邮件不能证明加班

孙某为了证明存在休息日加班，向法院提交了大量的电子邮件截屏，孙某对该证据的解释为，由于每周需要总结工作量、工作进度等，因此，在每周日会制作周工作总结，并通过电子邮件的方式向领导进行发送，所以电子邮件显示出每周日发送的电子邮件，可以证明其存在休息日加班。

法院并没有采信孙某所称电子邮件可以证明存在加班的主张。一方面，电子证据存在易于更改的特性，日期、时间都存在进行更改的可能，在没有进行公证、没有进行有效证据保存的情况下，仅是当事人自己制作的邮件截屏，不能使法院充分相信电子邮件发送的时间为原始记载的时间；另一方面，加班是一种持续的工作状态，而电子邮件所能显示出的只是发送电子邮件的时间点，不能反映出制作周工作总结本身是何时进行的，花费了多少时间。所以，仅凭电子邮件，不能充分证明孙某所主张休息日加班的事实，最终法院没有支持孙某要求支付加班工资的诉讼请求。

资料来源：梁爽，江苏检察网（2019 年 06 月 03 日）

问题 1：你认为为何凭借电子邮件证据不能认定存在加班？

问题 2：如果拥有上班打卡记录，能否认定存在加班？

五、提升法律与规则意识

法律和规则意识可以让从业者更好地遵守法律，维护社会的公平和秩序，促进社会的和谐发展；在规定范围内完成自己的职责，有助于理解职场中运行的规则，避免因不懂规则而犯错，同时有意识地去保护自己的权益。遵守法律、尊重规则是公民的基本素养，也是做人的基本准则，提升法律和规则意识能更好培养自身的道德观念和社会责任感，最终成为有道德、有素质的人。

（一）提升法律意识

1. 法律意识的定义

法律意识是人们对于法和有关法律现象的观点、知识和心理态度的总称。法律意识是一种观念的法律文化，对法的制定实施非常重要。它表现为探索法律现象的各种法律学说、对现行法律的评价和解释、人们的法律动机、对自己权利、义务的认识，对宪法、法律制度了解、掌握、运用的程度以及对行为是否合法的评价等。

2. 法律意识的重要性

法律主体（包括自然人和法人）法律意识的增强，有助于依据法律捍卫自己的权利，更好地履行法律义务，并对法制的健全、巩固和发展具有重要意义。因此，要想建设法治社会，就要提高每一个人的法律意识，使法律成为每一个人的法，成为保护全民族的法。再者，只有提高全民的法律意识，人民才会主动地去用法。

3. 树立法律意识的方法

（1）扩大接触范围，提升质与量。增加看法律方面书籍或节目的时间和质量，如《中华人民共和国宪法》《中华人民共和国民法典》和《中华人民共和国土地管理法》，电视节目或新闻节目等，从中获得更多法律相关知识和案例，增强法律意识。

（2）从我做起，从小事做起。遵纪守法，培养自己的良好行为，学会善待他人，邻里和睦，用实际行动来回报社会，从而更进一步增强自我法律意识。努力在工作、学习、生活的环境中营造尊重法律、遵守法律的氛围，遵守法律的同时渗透到日常工作的方方面面。

（3）加强道德修养。"道德是最基本的法律"已经成为法律界的共识，遵守社会主义道德的基本要求就是遵守法律的基本要求，道德具有自我约束性，道德素质较高的人如有违法犯罪的情况，在伦理性方面的犯罪可能性并不高，具体表现在遵守"公民道德纲要"中所提出的要求。可以通过自我教育、榜样示范、社会实践等方面来实现。

（二）提升规则意识

规则是职场环境运行的基石，它们确保了工作的有序进行和团队的协作效率。遵守职场规则能够帮助我们建立良好的工作习惯和职业素养。规则意识的提升可以帮助我们更好地遵守职场规则，完成工作任务，赢得同事和上司的尊重与信任。

1. 规则意识的含义

绝大多数人类认同的规则都是人类认识自然、改造自然的结晶，不少规则包含着科学的因素，这些人类认同的规则表面上看起来是对个人自由的限制，其实质却是对整个人类自由的维护，从小培养学生对规则的亲善、认同、接纳等心理尤为重要。

职场中的很多规定和制度是为了保护员工的权益而设立的，了解并遵守这些规则时，能够更好地维护自己的权益，避免因为不懂规则而陷入困境或受到不公正的待遇。

2. 职场规则意识的形成过程

（1）初步认识规则。初入职场会对新的工作环境和规则有一个初步的认识，包括了解公司的规章制度、工作流程以及团队文化等，通过观察和询问，会逐渐掌握职场的基本规则和要求，开始形成对职场的初步认知。

（2）适应并接受规则。随着对职场的深入了解，逐渐适应并接受了这些规则。这时开始意识到规则的重要性，并主动遵守它们。在接受的过程中可能会遇到一些挑战和困难，但通过不断学习和实践，逐渐掌握了职场的规则和技巧后，就可以提升规则意识，提高职业素养和能力。

（3）理解和把握规则。经验的积累会对职场规则有了更深入、更全面的理解，能够灵活运用规则，解决工作中的问题，并能够在团队中发挥积极的作用。同时，要意识到规则并非一成不变，它们会随着环境和需求的变化而调整。因此，在职场中需要保持敏锐的洞察力，不断学习和更新自己的规则意识。

3. 提升规则意识的方法

在认识、接受、理解规则的过程中，个人的主动性、学习能力和适应能力都起着至关重要的作用。只有不断学习、实践和反思，才能不断提升自己的职场规则意识，更好地适应职场的变化和挑战，可以从以下几个方面进行：

（1）遵守规章制度。深入了解公司的规章制度，作为职场一员应该对公司的各项规定有清晰的认识。通过仔细阅读员工手册、参加入职培训以及向公司前辈请教，可以更好地了解公司的文化、价值观和规章制度，确保自己的行为符合公司的要求。

（2）关注行业标准，树立行业榜样。不同行业有其特定的规则和标准，了解并遵守这些规则至关重要。通过关注行业新闻、参加专业培训和研讨会，及时了解行业发展的最新动态和趋势；学习行业榜样的经验，丰富知识，从而调整自己的行为和策略，更好地适应职场的变化。

（3）自我反思和总结。定期回顾自己在工作中的表现和行为，分析自己是否遵守了职场规则，是否达到了公司的期望和要求。通过反思和总结，找出自己的不足之处，并制订相应的改进计划，同时保持谦逊和学习的态度，不断提升自己的职业素养和规则意识。

违反规章制度被辞退

丁某到某物流公司任业务经理，在经办公司业务时，丁某发现可从中获利，即与配偶合伙成立相关业务公司,并利用职务之便私刻物流公司公章,伪造买卖合同,与配偶公司进行货物倒卖。物流公司发现丁某的行为,以丁某严重违反规章制度、营私舞弊、给公司造成重大损害为由,将丁某辞退。丁某不服,以辞退决定系违法解除劳动合同为由,向当地劳动人事争议仲裁委员会申请仲裁,要求物流公司支付经济赔偿金4689.16元。

仲裁委经审理认为,《劳动法》第三条规定,劳动者应遵守劳动纪律和职业道德。《劳动合同法》第三十九条规定,劳动者严重违反用人单位的规章制度、严重失职、营私舞弊,给用人单位造成重大损害的,用人单位可以与劳动者解除劳动合同,并有权向劳动者追偿经济损失。丁某的行为不仅违反了公司的规章制度,而且违反了作为职工应当遵守的职业道德,甚至可能面临相关的刑事处罚。最终,仲裁委驳回了丁某的仲裁请求。

资料来源:翩翩君子,三茅网(2016年04月01日)

分析: 作为员工,应该遵守公司的规章制度和职业道德,不得利用职务之便牟取私利。如果违反了相关规定,公司有权解除劳动合同并要求员工承担相应的法律责任。同时,劳动仲裁委员会在审理此类案件时,也会依法维护公司的合法权益。

劳动合同分析会

一、目标:分析劳动合同中易出现的问题。

二、活动形式:会议。

三、道具:劳动合同。

四、过程:

1. 老师向学生提供一份企业通用的劳动合同范本,重点提示学生容易产生劳动纠纷的合同条款,如合同期限、试用期、录用标准、工作时间、假期、薪资待遇。

2. 学生搜集相应的法律案例,提取案例中的争议点,对应老师提供的合同样板,分析自身应如何避免类似劳动纠纷。

(建议时间:15分钟)

1. 在未来的职场工作中,应该如何树立法律意识,保护自身的权益?

2. 电子合同已经开始在社会普及开来,与纸质合同相比,电子合同拥有同等法律效力吗?

9.2 劳动禁忌和职场健康

违规安排职业禁忌劳动者

2020年12月24日，上海市松江区卫健委执法人员对某建筑材料有限公司开展职业卫生监督检查。检查时发现，该公司所提供的2019年职业健康检查报告中，劳动者钱某的检查报告及复查报告结论均为职业禁忌（噪声：职业禁忌），该公司未能提供该员工任何调岗相关材料。

经调查证实，自2019年职业健康检查机构出具检查报告至本机关本次监督检查时，该公司仍然安排有噪声职业禁忌的劳动者钱某从事接触噪声的电焊、打磨岗位，且未对劳动者个人职业病防护采取指导、督促措施。针对该用人单位的违法行为，松江区卫健委依据《中华人民共和国职业病防治法》第三十五条第二款和第七十五条第（七）项的规定，本机关责令其限期改正违法行为，并作出下列行政处罚：

1. 未对劳动者个人职业病防护采取指导、督促措施：警告；
2. 安排有职业禁忌的劳动者从事接触职业病危害的作业：罚款人民币100000元整。

资料来源：韩佳怡，上海松江（2021年01月29日）

分析： 我国的《中华人民共和国职业病防治法》有明确规定，用人单位不得安排有职业禁忌的劳动者从事其所禁忌的作业。而在岗职工在职业健康体检的过程中被发现有职业禁忌证的，用人单位应当将其尽早调离原岗位，妥善安置。

一、劳动禁忌

（一）劳动禁忌的含义

劳动禁忌是指在某些工作场合或特定情况下，由于安全、健康或其他原因，禁止或限制从事某些劳动活动或行为的规定。这些规定旨在保护劳动者的权益，确保他们在工作过程中的安全和健康。劳动禁忌可能涉及多个方面，包括工作环境、工作内容、工作时间等。例如，在特定的行业或职业中，可能存在对特定工种或岗位的劳动禁忌，如禁止孕妇从事高强度体力劳动或接触有毒有害物质的工作。此外，某些工作场所可能禁止吸烟、饮食等行为，以防止火灾或食品安全问题。同时，劳动禁忌还可能涉及一些劳动过程中的行为规范，如禁止在车间嬉戏打闹、禁止携带违禁物品进入生产区域等，这些规定旨在确保劳动过程的有序和安全。

需要注意的是，劳动禁忌的具体内容可能因国家、地区、行业或企业的不同而有所差异。因此，劳动者在从事工作时，应了解并遵守所在地区或行业的劳动禁忌规定，以确保自身权益和安全。

此外，对于雇主而言，了解和遵守劳动禁忌规定也是其应尽的责任。雇主应提供安全的工作环境，合理安排工作内容和时间，避免让劳动者从事可能危害其健康或安全的工作。同时，雇主还应加强劳动者的安全教育和培训，增强劳动者的安全意识和技能水平。

总之，劳动禁忌是保障劳动者权益和安全的重要措施之一。劳动者和雇主都应了解和遵守相关规定，共同营造一个安全、健康、有序的工作环境。

（二）劳动禁忌事项

1. 体力劳动禁忌

体力劳动禁忌的含义是指在从事体力劳动时，需要避免的一些行为、条件或情况，以防止对劳动者造成身体伤害或健康损害。这些禁忌是基于对劳动者身体健康的考虑，旨在保护劳动者在从事体力劳动时的安全和健康。体力劳动禁忌可能包括以下几个方面：

（1）过度负重：避免长时间或过度地承受重物，以防止肌肉疲劳、骨骼磨损和关节问题。长时间搬运重物或承受过重的负荷会增加身体负担，可能导致劳损、扭伤或更严重的伤害。

（2）长时间重复劳动：避免长时间进行同一种劳动，特别是那些需要高度集中注意力和精确度的劳动。长时间重复相同的动作可能导致肌肉疲劳、神经紧张、劳损等问题，影响劳动者的健康和工作效率。

（3）危险环境：避免在危险的环境中从事体力劳动，如高温、高湿、高噪声、高辐射等环境。这些环境可能对劳动者的身体造成不良影响，增加受伤的风险。

（4）不适当的姿势：在从事体力劳动时，应保持正确的姿势和体态，避免长时间保持一个固定的姿势。不适当的姿势可能导致肌肉紧张、疼痛或骨骼问题，对劳动者的健康产生负面影响。

（5）缺乏休息和恢复时间：合理安排工作和休息时间，避免长时间连续工作而缺乏休息和恢复时间。适当的休息和恢复有助于减轻身体负担，预防疲劳和劳损。

2. 脑力劳动禁忌

脑力劳动禁忌的含义是指在从事脑力劳动时，需要避免的一些行为、条件或情况，以防止对劳动者造成心理压力、脑力疲劳或健康损害。这些禁忌是为了保护脑力劳动者的大脑功能和身心健康，确保他们能够高效、健康地进行脑力工作。

脑力劳动禁忌可能包括以下几个方面：

（1）长时间连续工作：避免长时间连续进行脑力劳动，尤其是在没有适当休息和放松的情况下。长时间连续工作会导致脑力疲劳，影响思维能力和工作效率。

（2）不良工作环境：避免在嘈杂、光线不足或空气质量差的环境中工作。这些环境因素会干扰脑力劳动者的注意力，增加脑力负担，影响工作效果。

（3）过度用脑：避免过度使用大脑，特别是在处理复杂、高难度的任务时。过度用脑会导致脑力疲劳，甚至引发神经衰弱和脑功能紊乱。

（4）忽视休息和锻炼：脑力劳动者应合理安排工作和休息时间，保证充足的睡眠和适当的锻炼。休息和锻炼有助于恢复大脑功能，缓解脑力疲劳，提高工作效率。

（5）忽视心理健康：脑力劳动者需要关注自己的心理健康，避免过度焦虑、压力过大等负面情绪的影响。这些情绪会影响大脑的正常功能，降低工作效率。

3. 女职工和未成年工劳动禁忌

（1）国家对女职工实行特殊劳动保护，其中包括：①禁止安排女职工从事矿山井下、国家规定的第四级及体力劳动强度的劳动和其他禁忌从事的劳动。②不得安排女职工在经期从事高处、低温、冷水作业和国家规定的第三级体力劳动强度的劳动。③不得安排女职工在怀孕期间从事国家规定的第三级及体力劳动强度的劳动和孕期禁忌从事的劳动。对怀孕七个月以上的女职工，不得安排其延长工作时间和夜班劳动。④女职工生育享受不少于九十天的产假。⑤不得安排女职工在哺乳未满一周岁的婴儿期间从事国家规定的第三级体力劳动强度的劳动和哺乳期禁忌从事的其他劳动，不得安排其延长工作时间和夜班劳动。

（2）国家对未成年工（指年满十六周岁未满十八周岁的劳动者）实行特殊劳动保护，其中包括：①不得安排未成年工从事矿山井下、有毒有害、国家规定的第四级体力劳动强度的劳动和其他禁忌从事的劳动。②用人单位应当对未成年工定期进行健康检查。

 案例 9.5

职业禁忌

2022年2月，重庆市卫健委执法人员对某企业进行职业卫生检查时发现：该公司处于正常生产状态，主要从事钻头生产，喷砂、磨刀岗位存在其他粉尘（合金），切口、平头仪表、土铣、下料、锻打岗位，切口、四坑、四方柄、直槽二坑等岗位存在噪声等职业病危害，现场劳动者谭某正在从事的四方泵工作，有噪声职业病危害，但职业健康检查报告显示谭某拥有职业禁忌证，不宜从事噪声岗位作业。通过立案调查，查实该企业存在违法行为：该企业安排有职业禁忌的劳动者谭某从事其所禁忌的作业，此行为违反了《中华人民共和国职业病防治法》第三十五条第二款的规定。依据《中华人民共和国职业病防治法》第七十五条第（七）项规定，执法机关处以该企业罚款人民币125000元整。之后，该企业自觉完全履行处罚决定内容，违法行为也已整改到位。

资料来源：周丙兰，搜狐网（2022年11月01日）

分析： 用人单位安排有职业禁忌的劳动者从事禁忌作业不仅对劳动者的身体健康造成影响，更是一种违法行为。如发现有职业禁忌证的劳动者，及时调离禁忌岗位，保护劳动者的身体情况，预防职业病的发生。

二、职场健康

职场健康的重要性日益受到人们的关注。以下将从身体健康和心理健康两个方面，详细探讨如何保持职场健康。

（一）身体健康

1. 职业对身体健康的影响

身体健康，通常指的是一个人的生理状态良好，能够正常地进行日常生活和工作，没有严重的疾病或长期的不适感。身体健康受到多种因素的影响，包括遗传、环境、生活方式等。在职场中，不同的职业环境、工作内容和工作条件都可能对劳动者的身体健康产生不同程度的影响。一方面，长期从事体力劳动的人通常拥有较强的肌肉力量和耐力，但也可能面临关节磨损、肌肉拉伤等风险。长时间久坐或重复性的动作可能导致身体某些部位的过度使用，从而引发疼痛或损伤。另一方面，某些职业可能涉及长时间暴露在有害环境中，如有毒化学物质、粉尘、噪声或辐射等。这些有害因素可能对劳动者的呼吸系统、皮肤、眼睛、听力等造成损害，甚至增加患职业病的风险。

因此，职业对身体健康的影响是多方面的，需要劳动者和雇主共同关注和应对。劳动者应了解自身职业可能带来的健康风险，并采取适当的防护措施。雇主也应积极改善工作环境和条件，为劳动者提供更安全、健康的工作环境。同时，定期进行体检和关注身体健康状况也是非常重要的。职业对身体健康的影响不容忽视。通过了解可能的风险并采取相应的措施，我们可以更好地保护自己的身体健康，实现工作与生活的和谐平衡。

2. 职业病的含义

职业病是指在某种特定的职业环境中，由于长期接触某种职业性有害因素，经过一定的潜伏期之后，出现的具有特征性的健康损害及表现。这些有害因素可能包括物理、化学、生物等因素，如长时间使用电脑导致的颈椎病、长时间接触噪声导致的听力损失等。我国法律法规明确规定，企事业单位有义务为员工提供安全、卫生的工作环境，预防职业病的发生。

3. 职业病具备条件

《中华人民共和国职业病防治法》（以下简称《职业病防治法》）规定的职业病，必须

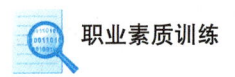

同时具备以下四个条件：

（1）患病主体是企业、事业单位或个体经济组织的劳动者；

（2）必须是在从事职业活动的过程中产生的；

（3）必须是因接触粉尘、放射性物质和其他有毒、有害物质等职业病危害因素引起的；

（4）必须是国家公布的职业病分类和目录所列的职业病。

4. 职业病的分类

根据《职业病防治法》和相关部门的规定，我国法定职业病分类和目录包括十类132种职业病，分别是职业性尘肺病及其他呼吸系统疾病、职业性皮肤病、职业性眼病、职业性耳鼻喉口腔疾病、职业性化学中毒、物理因素所致职业病、职业性放射性疾病、职业性传染病、职业性肿瘤以及其他职业病。

（1）职业性尘肺病及其他呼吸系统疾病。职业性尘肺病是由于长期吸入生产性粉尘而引发的肺部疾病，主要包括硅肺、煤工尘肺等。这些疾病会导致肺部纤维化，严重影响患者的呼吸功能。

（2）职业性皮肤病。职业性皮肤病主要包括接触性皮炎、光敏性皮炎等。这类疾病是由于劳动者接触致敏物质或暴露于有害光照条件下引发的。

（3）职业性眼病。职业性眼病主要包括化学性眼部烧伤、电光性眼炎等。这些疾病是由于工作场所中的有害化学物质或光线损伤导致的。

（4）职业性耳鼻喉口腔疾病。职业性耳鼻喉口腔疾病包括噪声聋、铬鼻病等。这些疾病是由于长期暴露于高分贝噪声或有害气体中引发的。

（5）职业性化学中毒。职业性化学中毒是由于劳动者暴露于有毒化学物质而引发的。这类疾病涉及铅及其化合物中毒、汞及其化合物中毒等。

（6）物理因素所致职业病。物理因素所致职业病是由于劳动者在高温、高压等极端环境下工作引发的。这类疾病主要包括中暑、减压病等。

（7）职业性放射性疾病。职业性放射性疾病是由于劳动者接触放射性物质而引发的。这类疾病涉及放射性皮肤疾病、放射性肿瘤等。

（8）职业性传染病。职业性传染病是由于工作场所中存在的病原体引发的。这类疾病主要包括炭疽、森林脑炎等。

（9）职业性肿瘤。职业性肿瘤是由于长期接触致癌物质而引发的。例如，石棉所致肺癌、间皮瘤，联苯胺所致膀胱癌。

（10）其他职业病。其他职业病包括金属烟热、滑囊炎、化学灼伤等。这些疾病是由于劳动者接触有害物质或处于高风险作业环境引发的。

5. 职业病的预防

随着我国工业化的高速发展，职业病防控日渐重要，唯有重视预防，才能消除和控制职业危害，保护员工健康对企业和社会发展都有利。根据《职业病防治法》的规定，企业是职业病预防的主体，需要落实职业卫生管理的各项制度和措施。

（1）用好防护品。劳动者在生产过程中必须坚持正确使用个人防护用品，合理有效使用防护服、防护口罩、防护手套和防尘器具等，自觉养成勤洗手，工作后洗澡，不在生产场所进食吸烟、喝水等良好的卫生习惯，以防误食毒物，造成中毒。

（2）规范操作。进入容器、设备等狭小或密闭空间作业时，除应严格办理有关审批手续外，必须正确使用防毒设施，采取规范操作规程施工，防止人员中毒。

（3）定期组织检查。从事有毒有害作业的职工，定期组织职业健康检查，对查出患有职业禁忌证和疑似职业病的员工及时治疗，不适于从事有毒有害作业的人员应及时调离或调换工作。

（4）建立职业病档案。组织新入厂的员工进行上岗前健康检查，建立健全健康检查和职业病档案，加强职业病监护工作。

（5）合理安排工作。避免长时间高强度的工作，合理安排工作时间和休息时间，减少工作压力和疲劳度。这样可以有效减轻劳动者的身体负担，降低职业病的发生风险。

（6）保持良好的工作环境。确保工作场所的通风、采光、温度、湿度等环境条件符合标准，防止有害物质的聚集和传播。对于易产生粉尘、噪声等有害因素的工作场所，应采取有效的防护措施，如安装除尘设备、隔音设施等。

（7）加强职业病知识宣传和培训。提高劳动者对职业病的认识和预防意识，促使他们主动采取预防措施。同时，通过培训和教育，使劳动者掌握正确的操作方法和技巧，减少职业病的发生风险。

（8）改进生产工艺和设备。采用无毒或低毒的原料替代高毒原料，使用自动化生产线减少人工操作，防止有害物质泄漏。这些措施有助于从根本上降低职业病的发生风险。

案例 9.6

职业病的发现与预防

老魏是某大型机械制造企业工程制造部的员工，从事铆焊已 11 年，其工作场所是大车间。近年来，老魏时常感觉耳膜震痛，与同事、朋友日常交谈力不从心，听力明显下降。后来，老魏前往疾控部门进行职业健康体检，专家调取了其近 5 年的体检资料，发现他的听力测试结果异常，但他没按医生建议定期复查，最终被诊断为职业性重度噪声聋。

劳动者出现以下情况时，应怀疑听力受到损害：下班后耳朵仍有嗡嗡声；与人交谈时，觉得声音变小或听不清楚；别人发现你说话声音变大；听不到门铃或电话声；听音乐时觉得音质有改变；习惯把电视或收音机的音量调得十分大等。

资料来源：郑莹欢，浙江在线（2019 年 04 月 25 日）

分析：对于职业性噪声聋，关键在预防。例如，用人单位要组织接触噪声的劳动者，

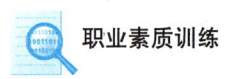

按照规定做好上岗前、在岗期间、离岗时职业健康体检。而劳动者如果怀疑自身有职业性噪声聋，应及时到相关机构进行健康检查。

（二）心理健康

心理健康是指个体在心理、情感和行为上的一种良好状态。在职场中，心理健康的重要性不言而喻。一个心理健康的职场人，能够更好地应对工作压力，保持良好的工作状态，提高工作效率。同时，心理健康也是维护人际关系和谐、促进社会稳定的基础。

1. 职场心理健康的重要性

职场心理健康的重要性不容忽视，它关乎着个人的工作效率、职业发展、人际关系以及整体的生活质量。

（1）职场心理健康直接影响着工作效率。一个拥有健康心理状态的员工，能够更专注地投入工作中，保持高度的工作热情和创造力，从而更高效地完成任务。相反，如果员工心理压力大、情绪不稳定，就可能导致工作效率下降，甚至出现错误和疏漏。

（2）职场心理健康对职业发展至关重要。一个健康的心理状态有助于员工保持积极的心态，勇于面对挑战和困难，不断提升自己的能力和素质。这样员工就更有可能获得晋升和职业发展的机会，实现个人价值。

（3）职场心理健康还关系到人际关系。一个心理健康的员工，能够更好地处理与同事、上司和客户之间的关系，避免冲突和误解，营造和谐的职场氛围。良好的人际关系不仅有助于工作的顺利开展，还能提升员工的幸福感和满足感。

（4）职场心理健康对整体生活质量有重要影响。一个心理健康的员工，能够更好地平衡工作与生活的关系，减少工作压力对家庭和个人生活的负面影响。同时，良好的心理状态也有助于员工保持身体健康，提高生活质量。

因此，企业和个人都应重视职场心理健康问题。企业可以通过开展心理健康培训、建立心理咨询机制等方式，帮助员工提升心理素质，应对职场压力。个人则应关注自己的心理状态，学会调整心态、释放压力，保持健康的心理状态。

2. 职场心理问题发生原因

职场心理问题的发生原因多种多样，涉及个人、环境、组织等多个层面。以下是一些常见的原因：

（1）工作压力是职场心理问题的一个主要原因。现代职场竞争激烈，工作任务繁重，员工往往面临着巨大的工作压力。这种压力可能来自工作任务本身，也可能来自与同事之间的竞争、交往等。长时间处于高压状态下，员工容易出现焦虑、抑郁等心理问题。

（2）人际关系问题也是职场心理问题的常见原因。职场中的人际关系复杂，涉及同事、领导、客户等多个方面。如果员工在处理人际关系时遇到困难，如遭受排挤、欺凌或沟通不畅等，就可能导致心理问题的产生。

（3）职业发展的不确定性也是职场心理问题的一个因素。许多员工对自己的职业发展感到迷茫，不清楚自己的职业方向和目标。这种不确定性可能导致员工产生焦虑、失落等负面情绪，进而引发心理问题。

（4）工作环境和氛围也对员工的心理健康产生影响。如果工作环境恶劣，如噪声大、光线不足、空间狭小等，或者工作氛围紧张、压抑，就可能导致员工出现心理问题。

（5）个人因素也是职场心理问题产生的一个重要原因。个人的性格、价值观、生活经历等都可能影响其对职场环境的适应能力和应对方式。例如，性格内向、自卑的人可能更容易在职场中感到压力和焦虑。

综上所述，职场心理问题的发生原因是多方面的，需要我们从多个角度进行分析和应对。企业和组织应该关注员工的心理健康，提供必要的支持和帮助；员工个人也应该关注自己的心理状态，学会调整心态、释放压力，以保持良好的心理健康状态。

3. 心理问题应对方式

在职场中，每个人都会面临不同程度的心理压力，如何应对这些心理问题，成为我们在职场中保持良好心态的关键。以下五个方面可以帮助我们更好地应对职场心理问题：

（1）加强心理素质培养，提高心理承受能力。心理素质是一个人面对压力、困境和挑战时所表现出的心理承受能力。通过不断锻炼和培养，我们可以提高自己的心理素质，使自己在面对职场压力时更加从容应对。这包括积极面对挫折、保持乐观心态、培养自我调节能力等。

（2）学会调节情绪，合理安排工作与生活。情绪调节是职场心理问题的关键环节。在面对压力和挑战时，我们需要学会正确对待自己的情绪，避免情绪波动对工作和生活产生负面影响。合理分配工作和休息时间，保持工作与生活的平衡，有助于减轻心理压力，提高工作效率。

（3）开展心理健康教育，提高员工心理素养。心理健康教育是提高员工心理素质的重要途径。企业可以定期举办心理健康讲座、培训等活动，让员工了解心理健康知识，增强心理保健意识。同时，鼓励员工互相关心、互相支持，形成良好的团队氛围，有助于员工共同应对职场心理问题。

（4）建立企业心理健康支持体系，为员工提供心理援助。企业应当关注员工心理健康，建立健全心理援助机制，为员工提供及时、有效的心理支持。这包括设立心理咨询室、开展心理健康评估、提供专业心理辅导等服务。当员工遇到心理问题时，可以及时获得帮助，避免问题恶化。

（5）注重员工个人成长，提升职业发展能力。员工的职业发展是企业长远发展的基石。企业应当关注员工的个人成长，为员工提供晋升机会和培训资源。通过提升员工的职业素养和能力，增强他们在职场中的自信心，有助于降低心理压力，提高工作满意度。

职场健康是员工和企业共同关注的问题。只有关注身体健康和心理健康，才能在职场中保持良好的状态，实现个人与企业的共同发展。企事业单位应当积极采取措施，创造一个安全、健康的工作环境，为员工提供心理支持，助力职场健康。

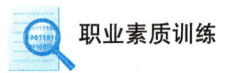 职业素质训练

总结案例

走出心理困境

在一个大型科技公司,王琳是一位才华横溢的软件工程师。她工作认真负责,常常加班到深夜,以追求完美的工作成果。然而,随着项目的增多和工作压力的增大,王琳渐渐感到力不从心,她开始失眠、焦虑,甚至对工作产生了厌倦感。

起初,王琳试图通过自我调节来缓解压力,她尝试进行运动、听音乐,甚至请假休息几天。但这些方法并没有从根本上解决问题,她仍然感到疲惫不堪,工作效率也大打折扣。

后来,王琳决定寻求专业的心理咨询帮助。在与心理医生的交流中,她逐渐认识到自己的问题所在:过度追求完美、忽视自我关怀、缺乏合理的工作生活平衡。心理医生给予了她一些实用的建议,如设定合理的工作目标、学习放松技巧、培养兴趣爱好等。

在心理医生的帮助下,王琳逐渐走出了心理困境。她开始调整自己的工作方式,合理安排时间,注重工作与生活的平衡。她还加入了一个瑜伽班,通过运动来放松身心。慢慢地,她的焦虑情绪得到了缓解,工作效率也重新回到了巅峰状态。

分析: 这个故事告诉我们,职场心理健康对于个人的工作和生活都至关重要。当我们面临压力和挑战时,不要忽视自己的心理需求,要学会寻求帮助和调整心态。

如何预防事故发生

一、目标:通过案例故事分享的方式,了解安全生产事故带来的巨大危害。

二、活动形式:案例故事分享。

三、道具:案例故事。

四、过程:

1. 通过网络收集案例故事的方式,结合学校实训环节中可能出现的安全问题,分析在出现安全事故前如何避免事故发生,以及在事故发生后如何采取应急措施。

2. 将相关安全问题在课堂中分享,一起讨论在事故发生后,如何采取应急措施。

(建议时间:15分钟)

探索与思考

1. 结合你未来可能从事的职业说说增强职场法律意识和规则意识有何重要性?
2. 如何预防职业病?

9.3 职场安全和应急避险

违章作业引发受伤

在某小区的中、低压线技改工程后续倒改工作中，一场本可以避免的悲剧发生了。三名工人在厨房内，未按照规定的操作步骤进行吹扫旧管道余气，便直接切割、拆除了旧燃气管道。由于管道内残余的燃气在室内扩散，遇到室内能量源，便引发了爆燃事故，导致三名工人及房主均受到了不同程度的伤害。

这起事故的背后，暴露出了一系列严重的问题。第一，作为直接责任方的公司，其安全管理工作明显不到位。未能确保作业人员具备必要的安全生产知识，未能及时发现并消除作业人员违章作业的生产安全事故隐患。此外，公司的安全操作规程和安全生产规章制度也未能得到严格执行，这无疑增加了事故发生的可能性。第二，作为工程总承包单位，其责任同样不可推卸。他们未能督促作业人员严格执行本项目的安全生产规章制度和安全操作规程，导致作业人员在进行危险作业时缺乏必要的指导和监督。这种对安全生产的漠视和疏忽，最终造成了无法挽回的后果。

资料来源：王天琪，北京青年报（2023年05月25日）

分析： 安全是生命之本，违章是事故之源。相关企业公司要加强安全生产规章制度，提升员工的安全意识，避免出现安全生产事故隐患和违法行为。

一、掌握职场安全知识

职场的安全不仅是指对物理环境安全的了解，更涵盖了心理、职业健康以及工作场所安全规范等多个方面，需要掌握职场相关安全知识，增强安全意识，包括对法律的学习了解、工作场所中可能存在的各种物理风险的认知和防范措施，对职业安全知识的认识和关注。

（一）我国安全生产法律体系

我国安全生产法律体系由安全生产法律、安全生产行政法规、安全生产部门规章和危化品部门规章组成，职场中其他相关法律对生产安全也有一定规定。

其中安全生产法律主要有《安全生产法》《职业病防治法》《消防法》《道路交通安全法》

《矿山安全法》《建筑法》《煤炭法》《环境保护法》《特种设备安全法》。安全生产行政法规主要有《危险化学品安全管理条例》《安全生产许可证条例》《易制毒化学品管理条例》《工伤保险条例》《建设工程安全生产管理条例》《特种设备安全监察条例》《国务院关于进一步加强企业安全生产工作的通知》等。

《劳动法》第六章规定了劳动者有获得劳动安全卫生保护的权利，其中，第五十二条规定："用人单位必须建立、健全劳动卫生制度，严格执行国家劳动安全卫生规程和标准，对劳动者进行劳动安全卫生教育，防止劳动过程中的事故，减少职业危害。"第五十四条规定："用人单位必须为劳动者提供符合国家规定的劳动安全卫生条件和必要的劳动防护用品，对从事有职业危害作业的劳动者应当定期进行健康检查。"

《民法典》第一千二百五十四条规定："物业服务企业等建筑物管理人应当采取必要的安全保障措施防止前款规定情形的发生；未采取必要的安全保障措施的，应当依法承担未履行安全保障义务的侵权责任。"

1. 安全生产方针

安全生产方针规定，安全生产工作应当以人为本，坚持安全发展，坚持安全第一、预防为主、综合治理的方针；强化和落实生产经营单位的主体责任，建立生产经营单位负责、职工参与、政府监管、行业自律和社会监督的机制。

2. 从业人员的安全生产权利

生产经营单位与从业人员订立的劳动合同，应当载明有关保障从业人员劳动安全、防止职业危害的事项，以及依法为从业人员办理工伤保险的事项。生产经营单位不得以任何形式与从业人员订立协议，免除或者减轻其对从业人员因生产安全事故伤亡依法应承担的责任。生产经营单位的从业人员有权了解其作业场所和工作岗位存在的危险因素、防范措施及事故应急措施，有权对本单位的安全生产工作提出建议。从业人员有权对本单位安全生产工作中存在的问题提出批评、检举、控告；有权拒绝违章指挥和强令冒险作业。生产经营单位不得因从业人员对本单位安全生产工作提出批评、检举、控告或者拒绝违章指挥、强令冒险作业而降低其工资、福利等待遇或者解除与其订立的劳动合同。

3. 从业人员的安全生产义务

从业人员在作业过程中，应当严格遵守单位的安全生产规章制度和操作规程，服从管理，正确佩戴和使用劳动防护用品。从业人员应当接受安全生产教育和培训，掌握本职工作所需的安全生产知识，提高安全生产技能，增强事故预防和应急处理能力。从业人员发现事故隐患或者其他不安全因素，应当立即向现场安全生产管理人员或者本单位负责人报告；接到报告的人员应当及时予以处理。

（二）提升安全意识的方法

提升安全意识对于个人、家庭、社会以及经济都具有重要意义，重视安全生产，严格遵守安全规定，注意自身行为可能带来的安全风险，时刻保持警觉，增强安全意识，共同营造一个安全、和谐、稳定的社会环境。

1. 安全意识的含义

安全意识是人们头脑中建立起来的生产必须安全的观念，是人们在生产活动中，对各种各样可能对自己或他人造成伤害的外在环境条件的一种戒备和警觉的心理状态。安全意识有以下几种表现形式（如图9-3所示）。

（1）"安全第一"意识。"安全第一"是做好一切工作的试金石，是落实"以人为本"的根本措施。坚持安全第一，就是对国家负责，对企业负责，对人的生命负责。

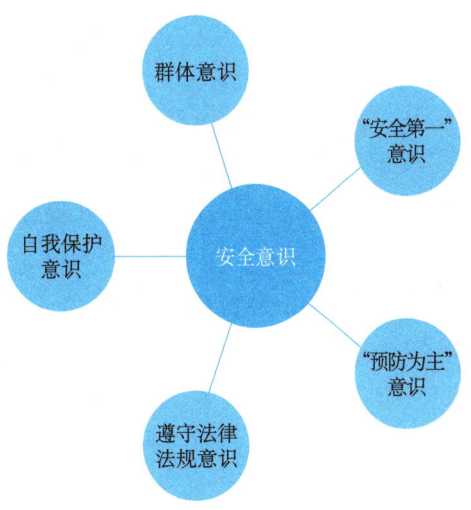

图9-3　安全意识的表现形式

（2）"预防为主"意识。是实现安全第一的前提条件，也是重要手段和方法。"隐患险于明火，防范胜于救灾"，要积极探索规律，采取有效的事前预防和控制措施，做到防患于未然，将事故消灭在萌芽状态。

（3）遵守法律法规意识。随着我国法律意识和法治观念的进一步提高，自觉树立法律法规意识，自觉遵章守纪，也是做好安全的前提。

（4）自我保护意识。安全是自己的，也是大家的，避免因为自己失误，伤害自己，伤害他人，甚至危及社会的稳定，给国家造成不可估量的损失。

（5）群体意识。一定要树立良好的群体意识，相互帮助，相互保护，相互协作，密切配合，这是保障安全的重要条件。

安全意识的具体表现包括敏感发现危险源、重视危险源的危险性、及时消除或控制危险源，从某种意义上可认为安全意识是一种自我防范事故发生的能力。增强安全意识，不仅是为了生产生活，更是服务于生命本身的一种责任，是对家庭成员、对企业、对社会负责的表现。

2. 提升安全意识的方法

（1）建立安全第一的生产方针。把安全工作摆在正确的位置和日常重要的议事日程，日常生产中保持清醒的头脑，建立安全第一的生产方针，查找安全生产中的不安全因素和各类事故隐患苗头，及时采取有针对性的整改措施，防患于未然，将安全意识落到实处。

（2）积极参加有效的安全培训。统一思想认识，可以学习安全知识和自我防范技能。通过学习丰富思维、明白作业原理、掌握安全作业方法，来提高分析、处理和解决问题的能力，积累相关安全工作经验，从认识的表象不断上升为概念、判断、推理，从而形成运用逻辑、理智化的安全理性思维，避免无知、侥幸心理，甚至蛮干作业的思想状态出现。

（3）自觉学习安全生产法规。做到懂法、守法，能够有意识地反对违反安全规章制度的行为，发现安全隐患时及时提出。

（4）努力提高自身技术业务素养。提高自身的业务知识、文化修养、安全法律法规和相关标准等知识、安全技能和操作技能，以及各种非正常情况下的应变和处理问题的能力。

（5）努力提高自身的心理素质。心理素质是员工对于安全生产的一种心理状态，指影响各类安全的人的心理过程和个性心理特征，主要指个体的气质、能力、性格、情绪、需要、动机、态度等内容。心理素质好的员工，往往会启动自己的思维运作，联通工作的全过程，考虑如何高效地完成工作，达到怎样的效果，工作安全性能否得到保证。

 案例 9.7

安全生产事故的发生原因

某酒业公司在清洗酒窖的过程中，不幸发生了一起窒息事故，造成了两人不幸遇难，同时直接经济损失达到了惊人的 277.31 万元。这起事故的发生，揭示了三个主要原因。

首先，事故的直接原因之一是酒窖内缺氧。事故发生的酒窖位于地下，是一个有限的空间。由于长时间停产未使用，这个密闭空间内残留的有机物在发酵过程中消耗了大量的氧气，导致了酒窖内缺氧窒息的环境。

其次，违规作业也是事故发生的重要原因。作业人员在进行有限空间作业时，并未按照规定采取任何有效的防护措施。他们没有对酒窖的密闭空间进行通风和检测，就盲目地进入了酒窖内部进行作业，从而直接导致了事故的发生。

最后，盲目施救也是事故伤亡扩大的原因之一。当施救人员接到事故通知后，他们并未采取任何有效的防护措施，就冒险进入酒窖内部进行施救，这无疑加剧了事故的严重性，导致了伤亡人数的扩大。

这起事故的发生，不禁让人惋惜生命的离去，也警示我们必须高度重视有限空间作业的安全管理。

分析： 在我国，安全生产始终是重中之重，任何忽视安全生产的行为都会付出沉重的代价。这起事故再次提醒我们，必须时刻保持警惕，坚决杜绝违章作业，加强安全管理，建立健全应急预案，提高救援能力，确保每一个人的生命安全。

二、了解职场常见风险

物理环境风险、工作场所风险、职业特性风险和信息安全风险是职场中常见的风险类型。企业和员工应共同努力，通过制定和执行有效的风险管理措施，降低这些风险对职场安全和稳定的影响。

（一）物理环境风险

物理类风险主要与工作场所的物理环境相关，如可能存在火灾、地震、爆炸等自然灾害的风险。同时，工作场所的建筑结构、电气设备等方面也可能存在安全隐患，如设备故障、电线老化等，这些都可能导致意外伤害的发生。

（二）工作场所风险

这类风险与日常的工作任务和工作方式密切相关，涉及多个方面，包括被运动的物体撞击或挤压、被坠落的物体砸到、陷入或卷入物体之内或之间，以及可能发生的人员跌倒或坠落等。例如，某些工作涉及高空作业，如果安全措施不到位，就有发生坠落事故的风险。此外，机械设备操作不当、物品堆放不稳等也会导致伤害，这些风险是由设备故障、操作失误、工作环境不良等因素引发，对员工的生命安全构成威胁。

为了降低工作场所风险，企业应加强设备维护、改善工作环境、提供必要的安全防护设备，同时加强员工的安全教育和培训，增强安全意识和自我保护能力。

（三）职业特性风险

职业特性风险是指与特定职业或工作性质相关的风险，这些风险因职业活动的特殊性质、工作环境或工作条件而异。某些特定职业面临的是更高的身体受伤风险，如建筑工人、消防员等；而某些职业面临更高的心理压力或职业病风险，如医护人员、教师等。

针对不同职业的特点应制定相应的风险管理措施，提供必要的防护和健康管理支持，加强员工的职业和心理健康教育，提高员工的职业素质和适应能力。

（四）信息安全风险

在信息化建设中，各类应用系统及其赖以运行的基础网络、处理的数据和信息，由于部分系统会存在软硬件缺陷、系统集成缺陷以及信息安全管理中的潜在薄弱环节，会导致不同程度的安全风险，包括数据泄露、网络攻击、恶意软件感染等形式，对企业的业务运营和员工的个人信息安全构成威胁。企业应建立完善的信息安全管理制度，加强网络安全防护，提供更为安全的工作环境；员工加强自身的安全意识，保障工作的顺利进行。

三、应急避险常用技能

掌握应急避险技能的重要性不言而喻，它能在关键时刻帮助我们迅速、有效地应对危险，保护自己和他人的生命安全。例如，在火灾中，了解如何正确逃生，可以有效降低伤害和损失。注重学习和实践这些技能，可以提高自我保护能力，更好地应对职场中可能出现的隐患和风险。

（一）火灾避险

1. 火灾初期逃生

发现火灾时，切勿惊慌，不少火灾的蔓延与前期处理不当有很大关系，忘记呼救、忘记报警、手忙脚乱拿助燃物品灭火都有可能"火上浇油"。

如果火情发生在身边，这时应迅速判断着火位置、火势大小及蔓延方向，如果门外有大火或浓烟，切勿轻易开门，应设法在室内躲避，如果门不烫手，可以用脚顶住房门，小心打开门缝观察是否可以安全逃生。

如果在一定距离处发现火情，第一时间离开现场，同时大声呼救，争取周边人的注意和帮助，随后立即拨打"119"报警。

居家空间发生小型火灾时，家具、被褥等着火一般用水灭火，电气起火需要先切断电源，再用干粉灭火器灭火，尤其是一些电器起火时注意从侧面靠近，以防爆炸或触电伤人。油锅起火应迅速关闭炉灶阀门，直接盖上锅盖或用湿抹布覆盖，身上起火不要乱跑，可以就地打滚或者用厚重衣物压灭火苗。

2. 火场逃生

如果火势蔓延，身处火场中应冷静处理，千万不要慌乱，使用湿毛巾捂住口鼻，尽量放低体位，靠墙迅速移动，并按照安全疏散指示标识有序撤离，避免使用电梯，因为电梯可能在火势蔓延中停电或故障。

（1）小火逃生。小火时逃生路线还没有被烈火浓烟封堵，温度较低、烟气浓度不大，这个时候要立即逃生，如果起火点在上方，往下疏散逃生，尽量不要待在屋内，以防火灾蔓延或遭遇爆炸等其他险境。如果起火点在下方，应先用手背触碰门把手，若门把手已经发烫，不要贸然开门，应在室内等待救援；或者开门时发现有毒烟气已经充斥电梯间和楼梯间，甚至火已烧至家门，此时也不要贸然出门逃生。

（2）大火逃生。突遇大火时面对浓烟烈火首先要保持冷静，判断危险地点和安全地点，选择合适的逃生路线，迅速撤离，将浸湿的棉被或棉大衣、毛毯盖在身上用湿毛巾捂住口鼻，尽量将身体贴近地面或弯腰前进，以防烟雾中毒。逃离火灾现场时，要沿着标示有"安全出口"的通道逃生，高楼逃生时要使用楼梯，切忌使用电梯逃生。楼梯通道、安全出口等是火灾发生时最重要的逃生之路，应保证通畅无阻，切不可堆放杂物或设闸上锁，以便紧急时能安全迅速地通过。

（3）其他情况逃生。高楼着火，可利用缓降器逃生，或将绳索（或将床单、被套、窗帘等连成绳索）固定一端，顺绳而下，切忌跳楼逃生。在等待救援的过程中，可通过大声呼救、挥动布条、敲击金属物品、投掷软物品等方式引起救援人员的注意；夜间可用手电筒、应急灯等能发光的物品发出信号。身处险境，应尽快撤离，不要把逃生时间浪费在寻找、撤离贵重物品上。已经远离险地的人员切勿重返险地。

 案例 9.8

火灾避险意识的重要性

某街道一物流配送门店发生火灾，造成 7 人死亡，直接经济损失为 993 万元。事故调查报告显示，起火原因是未熄灭的烟头引燃包装纸箱，报告同时指出，造成人员伤亡的原因之一为员工火灾应急处置不当。

火灾发生初期，店外人员未第一时间采取有效措施灭火，而是去抢救货物。火势较小时，二楼有员工立即通知了其他 4 名员工撤离，但 4 人均因工作繁忙拒绝下楼。在起火至浓烟封堵门店的近 10 分钟时间内，门面二层被困人员没有及时从安全出口疏散逃生，也没有选择从二层东面未设置防盗窗的窗口逃生；7 号门面一层厕所内被困人员与通往 8 号门面的侧门直线距离仅 1.5 米，未选择通过侧门从 8 号门面逃生，延误了初期火灾扑救和疏散逃生最佳时机。

资料来源：娄底市双峰县"6·17"较大火灾事故调查组，娄底市应急管理局（2021 年 03 月 08 日）

分析：该事故中的群众防火、逃生自救意识比较差，发现火灾没有立即采取有效措施逃生。日常消防安全管理不到位，疏散通道被堵住，都是这次事故发生的重要原因。

（二）触电事故避险

使用电器时，如果发现有漏电现象，应该马上停止使用，拔掉电源插头，电线落地，注意不能跑步离开。发生触电事故时，以最快速度拉闸或拔掉插头，及时切断电源。不可用手随意去拉触电者的身体，以防连锁触电。就地用干燥的竹竿、扁担、木棒拨开或用干燥的绳索拉开触电者身上的电线或电气用具。

救护者也可以站在干燥的木板或板凳上，或者穿上不带钉子的胶底鞋，再去拉触电者的干燥衣服。如果触电者在高处，要防止触电者脱离电源后从高处跌落下来。如果是高压电源触电，应及时通知供电部门停电抢救。救护人员应使用符合触电电源电压等级的绝缘工具救护。

脱离电源后迅速联系"120"或附近医院，争取医生及时赶来救治。若触电者一度昏迷但未失去知觉，应将其扶到空气比较流畅而温暖的地方静卧休息，同时维持好现场秩序，避免再次有人触电。若触电者已经失去知觉，但还有呼吸，应立即将其抬到空气比较流畅而温暖的地方。若触电者呼吸困难，或者逐渐衰弱，并且出现痉挛，应施行人工呼吸救护。若触电者已经停止呼吸，但尚有心跳，应立刻进行人工呼吸。若触电者的心脏停止跳动，则需要进行胸外心脏按压法抢救。

案例 9.9

错误操作导致意外

某建筑公司为某工厂新建一座仓库。有天晚上，仓库新抹了水泥地面，工长安排两名瓦工晚上为新抹的水泥地面"压光"。电工在现场临时架设了照明线，照明灯安装在一根木棍上，"压光"时瓦工采用倒退方法施工。

当其中一名瓦工退到临时照明灯旁边时，想把临时照明灯再往后放一放，起身用右手拿起了临时照明灯，因灯头有点晃，就用左手去稳固灯头，当左手握住灯头的时候喊叫了一声就因为触电倒下了。另一名瓦工听到喊叫声，赶紧来到近前，看到那名瓦工手握灯头倒在地上，赶紧将电源切断，没有及时救助，先到处跑去喊人，把他送到了医院，但触电后没有就地正确抢救，半夜送往路途较远的医院，耽误了抢救时间，到医院时这名瓦工已经无法救治了。

分析：照明灯接线虽然并不复杂，但每年因此触电死亡的人，数量并不少，主要原因是电工安全意识不够，根本不按规定要求安装接线，这个惨痛的案例也为我们未来生活或工作提供了安全警示作用。

（三）心肺复苏急救

心肺复苏术是较为常用的抢救方式，这种方法适用于呼吸心跳骤停的情况，一旦判断呼吸心跳骤停，颈动脉搏动消失，应该给予立即的心肺复苏，具体流程如图9-4所示，简要说明如下。

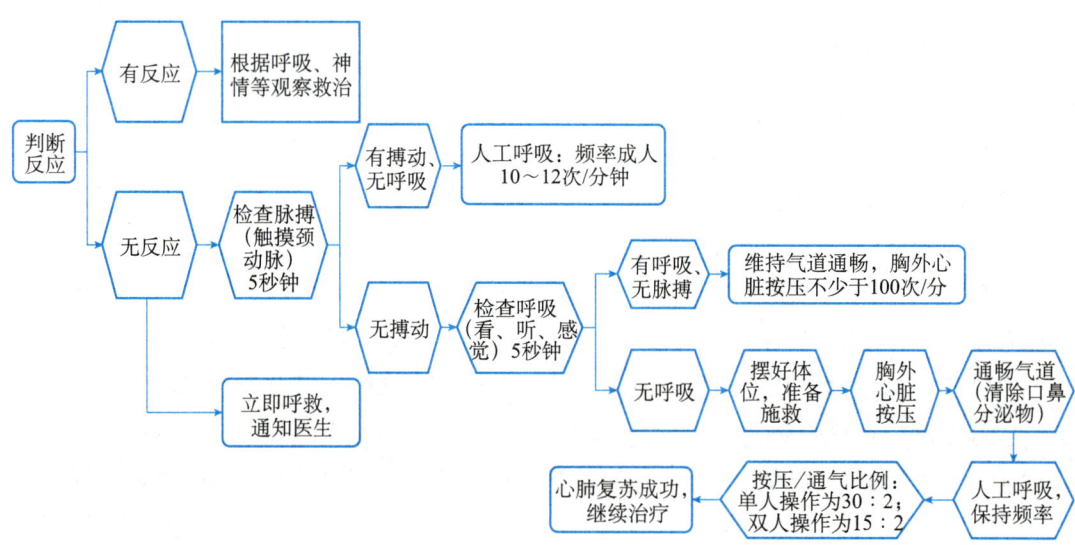

图 9-4　心肺复苏抢救流程图

1. 具体步骤

（1）做心肺复苏首先需要采用快速定位压实法，沿患者肋弓食指或中指向中央滑动，找到两肋弓患者的交点，然后向上移动两层手指，在按压时，位置一定要准确，开始按压时，手掌根部靠近两指交点处，在两肋交点处作为按压区。

（2）选择按压部位，双手掌根同向重叠，十指相扣，掌心翘起，手指不能离开胸壁，双臂伸直，上半身前倾，以髋关节为支点，垂直向下用力，有节奏地按压至少三十次，注意按压深度至少五厘米。

（3）打开气道，观察口腔内是否有异物存在，一般采用的是仰头举颌颏法。口对口呼吸，将放在伤病员前额的手的小拇指、食指捏紧伤病员的鼻翼，吸一口气，用双唇包严伤病员口唇，缓慢地将气体吹入，吹气时间需要持续一秒以上。

（4）一般需要做完五个胸外心脏按压到口对口人工呼吸的循环，再观察患者的呼吸、脉搏。若没有好转，则需要重复以上抢救步骤。

2. 注意事项

（1）按压部位准确，用力均匀，放松时双手不能离开胸壁，按压要持续进行，如有停顿不能超过五秒。

（2）无论单人或双人心肺复苏（新生儿除外）按压与通气比都为 30∶2，新生儿单人心肺复苏按压与通气比为 30∶2，双人为 15∶2。

（3）心肺复苏需持续进行，如果血压能测到颈动脉搏动恢复，瞳孔散大变为缩小，皮肤由青紫变为红润，考虑抢救成功。心肺复苏过程非常费力，注意避免出现体力不支的情况，在拨打"120"急救电话后，同时呼喊其他人轮流急救，以确保患者的生命安全。

总结案例

避险意识淡薄导致悲剧发生

在湖南省某地，一建筑工地发生山体垮塌事故，该事故造成了3名工人不幸遇难。事故调查报告揭示了这起悲剧背后的原因，不禁让人深思，也敲响了安全生产的警钟。

事故发生时，当地正遭遇持续的暴雨天气。在接到预警信息后，施工单位迅速采取了停工措施，以保障工人的生命安全。然而，就在停工后的几天，悲剧仍然发生了。报告中显示，事故发生前，有3名工人前往山上采摘枞菌。就在他们短暂离开的几分钟时间里，山体突然发生垮塌，而这3名工人在事故中不幸丧生。

经过事故调查，施工单位在安全管理上存在诸多不足。尽管施工单位采取了一系列措施，如修改便道、封闭隐患区域、张贴警示牌，以及对施工人员进行边坡安全隐患技术和安全交底等，但这些措施并未得到彻底的执行。报告指出，施工单位对工人的管理不到位，导致工人可以擅自进入隐患危险区域。正是这一疏忽，最终导致了悲剧的发生。

资料来源：吉首市"5.16"较大山体垮塌事故调查报告，漯河市应急管理局（2022年08月15日）

分析： 这起事故给我们敲响了警钟，施工单位在采取防范措施的同时，还应加强对工人的安全管理，确保他们的人身安全得到有效保障。同时，我们也应认识到，自然灾害无法完全避免，但通过提高预警响应能力、严格执行安全规定，以及加强施工现场的管理，我们可以将事故发生的可能性降到最低。

活动与训练

安全意识训练

一、目标：掌握提升安全意识的方法。

二、活动形式：模拟演习。

三、道具：教室、多媒体。

四、过程：

1. 创设具有安全隐患的工作情境，如踩凳子模拟高空作业，寻找可能发生的安全事故，分组讨论解决办法。

2. 每组学生总结讨论结果，整理工作中可能发生的情况和应对方式，树立安全意识。

（建议时间：20分钟）

探索与思考

1. 提升安全意识的方法有哪些？
2. 如果发生了火灾事故，应该采取哪些步骤紧急避险？

参考文献

[1] 李双星. 人工智能时代，我们重新认识劳动[J]. 中国工人，2024（2）：24-29.

[2] 李文杰. 人工智能时代终身学习权的保护：问题与出路[J]. 当代教育论坛，2024（2）：1-9.

[3] 田云国，宋丽丽. 信息化环境下高职学生终身学习能力培养的困境与路径分析[J]. 湖北开放职业学院学报，2024，37（2）：63-65.

[4] 马蒂亚斯·祖特尔. 实用行为学[M]. 北京：人民邮电出版社，2024.

[5] 方亿群. 酒桌上的商务礼仪——沟通艺术与职场素养的交融[J]. 中国酒，2024（2）：72-73.

[6] 杨苗，张元. 我国国家职业分类大典应用探析[J]. 中国培训，2023（2）：62-65.

[7] 林清，王文燕. 中职生职商（CQ）提升训练[M]. 合肥：合肥工业大学出版社，2023.

[8] 叶小鱼. 职场沟通技巧[M]. 北京：人民邮电出版社，2023.

[9] 陆莎.《人民日报》(1949-2022)中国女性职业媒介形象报道研究[D]. 呼和浩特：内蒙古大学，2023.

[10] 杨静. 高职普通话教学中学生口语表达能力提升研究[J]. 现代职业教育，2023（1）：137-140.

[11] 晏昱凌. "文字讨好症"：现代职场的沟通之道[J]. 中国眼镜科技杂志，2023（7）：97-98.

[12] 顾敏佳. 信息时代科普演讲的实践境况与传播效果研究[J]. 重庆工商大学学报（社会科学版），2023，40（6）：166-176.

[13] 徐丽红.《民法典》背景下劳动法与民法之关系探究[J]. 中国劳动关系学院学报，2023，37（1）：68-80.

[14] 杨苗，张元. 我国新经济发展时代的新职业概述[J]. 中国培训，2022（11）：57-59.

[15] 杨磊，周珂，蓝敏婧. 互联网时代拟初次就业大学生职业信念测量与分析[J]. 浙江海洋大学学报（人文科学版），2022，39（4）：99-105.

[16] 卢艳海. 初入职场 角色转换最重要[J]. 成才与就业，2022（1）：48-49.

[17] 张云涛. 高职院校大学生职业行为习惯养成教育体系构建研究[J]. 科技资讯，2022（20）：34-35.

[18] 英国DK公司. DK职场基本能力手册[M]. 靳婷婷，译. 北京：北京联合出版公司出

版社，2022.
- [19] 王敏.高职学生职业核心素养培养体系研究［M］.武汉：武汉大学出版社，2021.
- [20] 许琼林，刘兴华，吴访升，等.职业素养（第二版）［M］.北京：清华大学出版社，2021.
- [21] 廖建钢，陈赣宁.职业素养教程［M］.广州：广东出版社，2021.
- [22] 乔东，李海燕.劳模精神、劳动精神、工匠精神学习读本［M］.北京：中国工人出版社，2021.
- [23] 习近平.在庆祝中国共产党成立100周年大会上的讲话［N］.人民日报，2021.
- [24] 刘恩超.大学生职业规划与创业指导［M］.北京：中国财政经济出版社，2021.
- [25] 陈莉.刻板印象：形成与改变［J］.教学与研究，2021（4）：1.
- [26] 陈园.疫情加速职场人才数字技能的发展［J］.中国对外贸易，2021（7）：2.
- [27] 杨大伟.劳动教育与职业素养［M］.北京：语文出版社，2020.
- [28] 押男.女性白领职业转换中的质变学习研究［D］.西安：陕西师范大学，2020.
- [29] 叶元兴，马静，赵玉泽，等.基于150起实验室事故的统计分析及安全管理对策研究［J］.实验技术与管理，2020（012）：037.
- [30] 埃尔克.海拉特.心智投资：破解职业倦怠的内修法则［M］.刘婷，译.北京：世界图书出版社，2019.
- [31] 张建军，刘继斌，姚歆.职业素养训练［M］.北京：北京理工大学出版社，2022.
- [32] 金正昆.职场礼仪［M］.北京：北京联合出版公司，2019.
- [33] 秦红美.女职工劳动特别保护研究［D］.成都：西南财经大学，2019.
- [34] 许远.未来的职场职业教育准备好了吗？——兼论职业核心素养对于未来职场的重要性［J］.中国培训，2017（24）：20-23.
- [35] 徐耀强.论"工匠精神"［J］.红旗文稿，2017（010）：25-27.
- [36] 郭捷.劳动法学［M］.北京：中国政法大学出版社，2017.
- [37] 郑瑞涛，张旭光，周爽.职业素养训练［M］.北京：清华大学出版社，2015.
- [38] 王林清，杨心忠.劳动合同纠纷裁判精要与规则适用［M］.北京：北京大学出版社，2014.